技工院校数控类专业教材（高级技能层级）

数控机床编程与操作 （数控铣床 加工 中心分册）

（第二版）

沈建峰 主编

中国劳动社会保障出版社

简介

本书主要内容包括数控铣床/加工中心及其编程基础、FANUC系统的编程与操作、华中系统的编程与操作、SIEMENS系统的编程与操作、SIEMENS 828D系统的编程与操作、职业技能等级认定应会试题实例。

本书由沈建峰任主编，史永利任副主编，冯志强、谢尧、李永胜参加编写，吕增武、曾峰任主审，宋佳宁参加审稿。

图书在版编目（CIP）数据

数控机床编程与操作．数控铣床、加工中心分册 /
沈建峰主编．-- 2版．-- 北京：中国劳动社会保障出版
社，2024．--（技工院校数控类专业教材）．-- ISBN
978-7-5167-6693-4

Ⅰ. TG547

中国国家版本馆 CIP 数据核字第 2024F4T484 号

中国劳动社会保障出版社出版发行

（北京市惠新东街1号　邮政编码：100029）

*

河北品睿印刷有限公司印刷装订　　新华书店经销

787毫米×1092毫米　16开本　21印张　447千字
2024年12月第2版　　2024年12月第1次印刷

定价：**43.00元**

营销中心电话：400-606-6496
出版社网址：https://www.class.com.cn
https://jg.class.com.cn

版权专有　　　侵权必究

如有印装差错，请与本社联系调换：（010）81211666
我社将与版权执法机关配合，大力打击盗印、销售和使用盗版
图书活动，敬请广大读者协助举报，经查实将给予举报者奖励。

举报电话：（010）64954652

为了更好地适应技工院校数控类专业的教学要求，全面提升教学质量，我们组织有关学校的骨干教师和行业、企业专家，在充分调研企业生产和学校教学情况，广泛听取教师对教材使用反馈意见的基础上，对技工院校数控类专业高级技能层级的教材进行了修订。

本次教材修订工作的重点主要体现在以下几个方面：

第一，更新教材内容，体现时代发展。

根据数控类专业毕业生所从事岗位的实际需要和教学实际情况的变化，合理确定学生应具备的能力与知识结构，对部分教材内容及其深度、难度做了适当调整。

第二，反映技术发展，涵盖职业技能标准。

根据相关工种及专业领域的最新发展，在教材中充实新知识、新技术、新设备、新工艺等方面的内容，体现教材的先进性。教材编写以国家职业技能标准为依据，内容涵盖数控车工、数控铣工、加工中心操作工、数控机床装调维修工、数控程序员等国家职业技能标准的知识和技能要求，并在配套的习题册中增加了相关职业技能等级认定模拟试题。

第三，精心设计形式，激发学习兴趣。

在教材内容的呈现形式上，较多地利用图片、实物照片和表格等将知识点生动地展示出来，力求让学生更直观地理解和掌握所学内容。针对不同的知识点，设计了许多贴近实际的互动栏目，以激发学生的学习兴趣，使教材"易教易学，易懂易用"。

第四，采用 CAD/CAM 应用技术软件最新版本编写。

在 CAD/CAM 应用技术软件方面，根据最新的软件版本对 UG、Creo、Mastercam、CAXA、SolidWorks、Inventor 进行了重新编写。同时，在教材中不仅局限于介绍相关的软件功能，而是更注重介绍使用相关软件解决实际生产中的问题，以培养学生分析和解决问题的综合职业能力。

第五，开发配套资源，提供教学服务。

本套教材配有习题册和方便教师上课使用的多媒体电子课件，可以通过登录技工教育网（https://jg.class.com.cn）下载。另外，在部分教材中使用了二维码技术，针对教材中的教学重点和难点制作了动画、视频、微课等多媒体资源，学生使用移动终端扫描二维码即可在线观看相应内容。

本次教材的修订工作得到了河北、辽宁、江苏、山东、河南等省人力资源和社会保障厅及有关学校的大力支持，在此我们表示诚挚的谢意。

目　录

① 在介绍系统相关知识或某些机床面板上也可用 SINUMERIK 表示。

第一章　数控铣床/加工中心及其编程基础

第一节　数控机床概述

一、数控机床的分类

数控机床是指采用数控技术，并按给定的运动轨迹进行自动加工的机电一体化加工设备。根据机床主轴的方向不同，数控机床可分为卧式机床（主轴位于水平方向）和立式机床（主轴位于竖直方向）。而根据其加工用途分类，数控机床主要有以下几种类型：

1. 数控铣床

用于完成铣削加工或镗削加工的数控机床称为数控铣床。如图 1-1 所示为立式数控铣床。

2. 加工中心

加工中心是指带有刀库（带有回转刀架的数控车床除外）和刀具自动交换装置（automatic tool changer，ATC）的数控机床。通常所说的加工中心是指带有刀库和刀具自动交换装置的数控铣床。如图 1-2 所示为卧式加工中心。

图 1-1　立式数控铣床

图 1-2　卧式加工中心

3. 数控车床

数控车床是一种用于完成车削加工的数控机床。通常情况下也将以车削加工为主并辅以铣削加工的数控车削中心归类为数控车床。如图 1-3 所示为卧式数控车床。

4. 数控钻床

数控钻床主要用于完成钻孔、攻螺纹等加工。数控钻床是一种采用点位控制的数控机床，即控制刀具从一点到另一点的位置，而不控制刀具运动轨迹。如图1-4所示为立式数控钻床。

图1-3　卧式数控车床

图1-4　立式数控钻床

5. 数控电火花成形机床

数控电火花成形机床（即通常所说的电脉冲机床）是一种特种加工机床，它利用两个不同极性的电极在绝缘液体中产生的电蚀现象去除材料而完成加工，对于形状复杂的模具和难加工材料的加工有其独特优势。数控电火花成形机床如图1-5所示。

6. 数控线切割机床

数控线切割机床如图1-6所示，其工作原理与数控电火花成形机床相同，但其电极是电极丝（如钼丝、铜丝等）和工件。

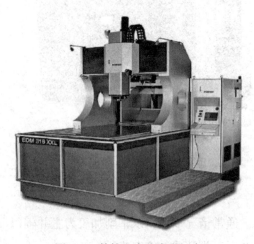

图1-5　数控电火花成形机床

图1-6　数控线切割机床

7. 其他数控机床

数控机床除以上几种常见类型外，还有数控磨床、数控冲床、数控激光加工机床、数控超声波加工机床等多种。

二、数控机床的特点

现代数控机床集高效率、高精度、高柔性于一身，具有许多普通机床无法实现的特殊功能。因此，数控机床具有适应性强、加工精度高、生产效率高、自动化程度高、劳动强度低等特点。

1. 适应性强

数控机床在更换产品（生产对象）时，只需改变数控加工程序及调整有关数据就能满足新产品的生产需要，不需改变机械部分和控制部分的硬件。这一特点不仅可以满足当前产品更新快的市场竞争需要，而且较好地解决了单件、中小批量和多变产品的加工问题。适应性强是数控机床最突出的优点，也是数控机床得以产生和迅速发展的主要原因。

2. 加工精度高

中、小型数控机床的定位精度可达 0.005 mm，重复定位精度可达 0.002 mm，而且还可利用软件进行精度校正和补偿，因此，可以获得比数控机床本身精度还要高的加工精度和重复定位精度。加上数控机床是按预定程序自动工作的，加工过程不需要人工干预，工件的加工精度全部由机床保证，消除了操作人员的人为误差，因此，加工出来的工件精度高，尺寸一致性好，质量稳定。

3. 生产效率高

数控机床具有良好的结构特性，可进行大切削用量的强力切削，有效节省了基本作业时间，还具有自动变速、自动换刀和其他辅助操作自动化等功能，使辅助作业时间大为缩短，因此一般比普通机床的生产效率高。

4. 自动化程度高，劳动强度低

数控机床的工作是按预先编制好的加工程序自动连续完成的，操作人员除了输入加工程序、操作键盘、装卸工件、进行关键工序的中间检测以及观察机床运行，不需要进行繁杂的重复性手工操作，劳动强度与紧张程度均大为减轻。加上数控机床一般具有良好的安全防护、自动排屑、自动冷却和自动润滑装置，操作人员的劳动条件也大为改善。

三、数控铣床/加工中心的加工对象

根据数控铣床/加工中心的特点，适合在数控铣床/加工中心上加工的零件主要有平面类零件（见图 1-7）、变斜角类零件（见图 1-8）、曲面类零件（见图 1-9）、既有平面又有孔系的零件（见图 1-10）、结构和形状复杂的零件（见图 1-11）、外形不规则的异形零件（见图 1-12）和新产品试制件等。

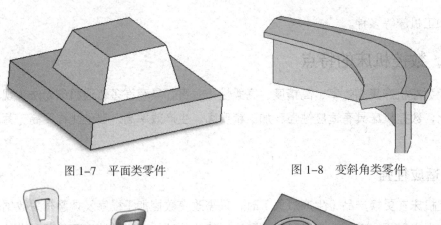

图 1-7　平面类零件　　　　　　　　　图 1-8　变斜角类零件

图 1-9　曲面类零件

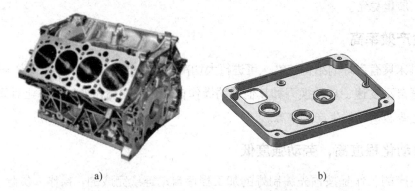

a)　　　　　　　　　　　　　　　b)

图 1-10　既有平面又有孔系的零件

a）箱体类零件　　b）盘套类零件

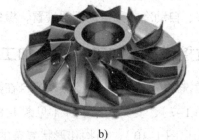

a)　　　　　　　　　　　　　　b)

图 1-11　结构和形状复杂的零件

a）凸轮类零件　　b）整体叶轮类零件

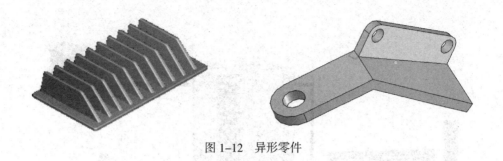

图 1-12 异形零件

第二节 加工中心的组成和典型数控系统

一、加工中心的组成

加工中心（立式加工中心）的结构如图 1-13 所示，它一般由机床本体、数控装置、刀库和换刀装置、辅助装置等几部分构成。

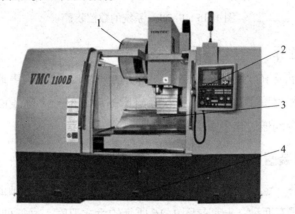

图 1-13 加工中心的结构

1—刀库和换刀装置 2—数控装置 3—机床本体 4—辅助装置

1. 机床本体

如图 1-14 所示，立式加工中心的机床本体主要由床身、工作台、立柱、主轴部件等组成。安装时，将立柱固定在水平床身上，保证安装后的垂直导轨与两水平导轨之间的垂直度等要求；将主轴部件安装在立柱上，保证主轴与立柱之间的平行度等要求。

2. 数控装置

FANUC 系统的数控装置如图 1-15 所示，它主要由数控系统、伺服驱动装置和伺服电动机组成。其工作过程为数控系统发出的信号经伺服驱动装置放大后

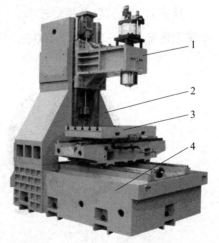

图 1-14 立式加工中心的机床本体

1—主轴部件 2—立柱 3—工作台 4—床身

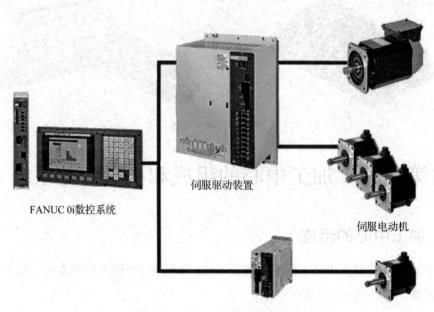

图 1-15　FANUC 系统的数控装置

指挥伺服电动机进行工作。

　　数控系统是数控机床的"大脑"，数控机床的所有加工动作均需通过数控系统来指挥。数控系统与伺服电动机之间的连接部分为数控机床的电气部分（一般位于机床的背面），所有数控系统发出的指令均通过电气部分来传递。

3.　刀库和换刀装置

　　刀库的作用是储备一定数量的刀具，通过机械手等装置实现与主轴上刀具的交换。在加工中心上使用的刀库主要有两种，一种是图 1-16 所示的盘式刀库，另一种是图 1-17 所示的链式刀库。

　　盘式刀库装刀容量相对较小，一般为 1~24 把刀具，主要适用于小型加工中心；链式刀库装刀容量大，一般为 1~100 把刀具，主要适用于大、中型加工中心。

a)　　　　　　　　　　　　　　b)

图 1-16　盘式刀库

a）卧式圆盘刀库　b）斗笠式圆盘刀库

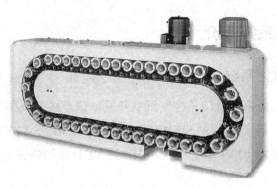

图 1-17 链式刀库

加工中心的换刀方式一般有机械手换刀和主轴换刀（即不带机械手的换刀）两种。斗笠式圆盘刀库通常采用主轴换刀，而卧式圆盘刀库和链式刀库一般采用机械手换刀。

4. 辅助装置

加工中心常用的辅助装置如图 1-18 所示，有气动装置、润滑装置、冷却装置、排屑装置和防护装置等。其中气动装置主要向主轴、刀库、机械手等部件提供高压气体。加工中心的冷却方式分为气冷和液冷两种，分别采用高压气体和切削液进行冷却。

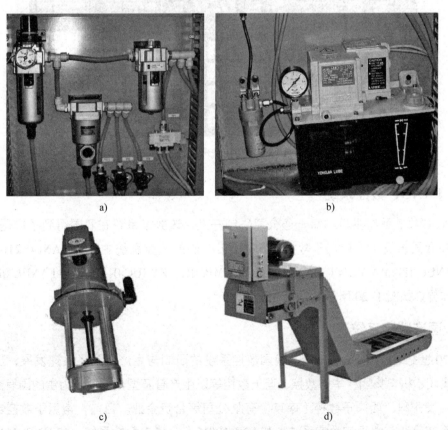

图 1-18 常用的辅助装置
a）气动装置 b）润滑装置 c）冷却装置 d）排屑装置

二、典型数控系统简介

1. SIEMENS 数控系统

SIEMENS 数控系统由德国西门子公司研制开发，该系统在我国数控机床中的应用相当普遍。目前，在我国市场上常用的 SIEMENS 系统有 SIEMENS 840D/C、SIEMENS 810T/M、SIEMENS 802D、SIEMENS 828D 等型号。SIEMENS 802D 数控铣床/加工中心系统操作界面如图 1-19 所示。

图 1-19　SIEMENS 802D 数控铣床/加工中心系统操作界面

2. FANUC 数控系统

FANUC 数控系统由日本富士通公司研制开发，该数控系统在我国得到了广泛的应用。目前，在我国市场上，应用于数控铣床/加工中心的数控系统主要有 FANUC 21i-MA/MB/MC、FANUC 18i-MA/MB/MC、FANUC 0i-MA/MB/MC、FANUC 0-MD 等。FANUC 0i-M 数控系统操作界面如图 1-20 所示。

3. 国产数控系统

自 20 世纪 80 年代初期开始，我国数控系统的研制与生产得到了飞速发展，出现了航天数控集团、机电集团、华中数控、蓝天数控等以生产普及型数控系统为主的国有企业，以及北京—发那科、西门子数控（南京）有限公司等合资企业。目前，常用于数控铣床的国产数控系统有北京凯恩帝数控系统，如 KND100M 等；华中数控系统，如 HNC-21M 等（见图 1-21）；广州数控系统，如 GSK990M 等。

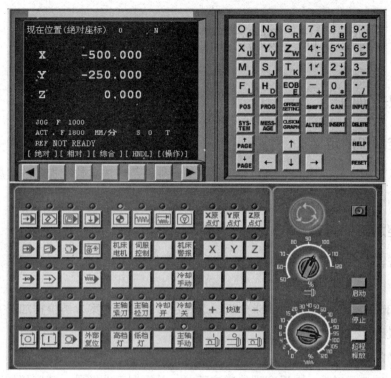

图 1-20　FANUC 0i-M 数控系统操作界面

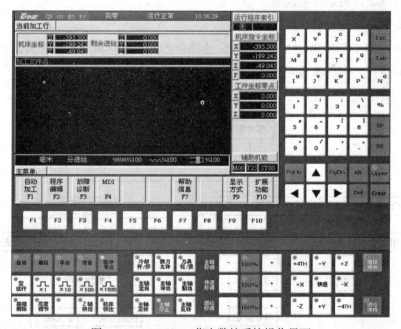

图 1-21　HNC-21M 华中数控系统操作界面

4. 其他数控系统

除了以上三类主流数控系统，国内使用较多的数控系统还有日本三菱数控系统、法国施耐德数控系统、西班牙法格数控系统和美国 A-B 数控系统等。

第三节　数控加工与数控编程概述

一、数控加工

1. 数控加工的定义

数控加工是指在数控机床上自动加工零件的一种工艺方法。数控加工的实质是数控机床按照事先编制好的加工程序并通过数字控制过程，自动地对零件进行加工。

2. 数控加工的内容

一般来说，数控加工流程如图 1-22 所示，主要包括以下几个方面的内容：

（1）分析图样，确定加工方案

对所要加工的工件进行技术要求分析，选择合适的加工方案，再根据加工方案选择合适的数控加工机床。

（2）工件的定位与装夹

根据工件的加工要求，选择合理的定位基准，并根据工件批量、精度和加工成本选择合适的夹具，完成工件的定位与装夹。

（3）刀具的选择与安装

根据工件的加工工艺性与结构工艺性，选择合适的刀具材料与刀具种类，完成刀具的安装与对刀，并将对刀所得参数正确设定在数控系统中。

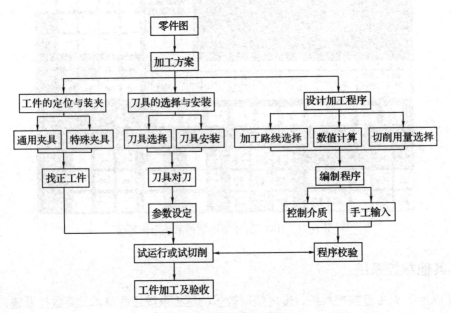

图 1-22　数控加工流程

（4）编制数控加工程序

根据工件的加工要求，对工件进行编程，并经初步校验后将这些程序通过控制介质或手动方式输入机床数控系统。

（5）试运行、试切削并校验数控加工程序

对所输入的程序进行试运行，并进行首件试切。首件试切一方面用来对加工程序进行最后的校验，另一方面用来校验工件的加工精度。

（6）数控加工

当试切的首件经检验合格并确认加工程序正确无误后，便可进入数控加工阶段。

（7）零件的验收与质量分析

零件入库前，先进行零件的检验，并通过质量分析，找出误差产生的原因，得出纠正误差的方法。

二、数控编程

1. 数控编程的定义

为了使数控机床能根据零件的加工要求进行动作，必须将这些要求以机床数控系统能识别的指令形式告知数控系统，这种数控系统可以识别的指令称为程序，制作程序的过程称为数控编程。

数控编程的过程不仅指编写数控加工指令的过程，还包括从零件分析到编写加工指令，再到制成控制介质以及程序校验的全过程。

在编制程序前首先要进行零件的加工工艺分析，确定加工工艺路线、工艺参数、刀具的运动轨迹和位移量、切削参数（切削速度、进给量、背吃刀量）以及各项辅助功能（如换刀、主轴正反转、切削液开关等）；然后根据数控机床规定的指令和程序格式编写加工程序单；再把程序单中的内容记录在控制介质（如移动硬盘、U 盘、CF 卡等）上，检查无误后采用手工输入或计算机传输方式输入数控机床的数控装置中，从而指挥机床加工工件。

2. 数控编程的分类

数控编程可分为手工编程和自动编程两种。

（1）手工编程

手工编程是指编制加工程序的全过程（如分析图样、确定加工方案、数值计算、编写程序单、制作控制介质、校验程序等）由手工来完成。

手工编程不需要计算机、编程器、编程软件等辅助设备，只需要有合格的编程人员即可完成。手工编程具有编程快速、及时的优点，但其缺点是不能进行复杂曲面的编程。手工编程比较适合批量较大、形状简单、计算方便、轮廓由直线或圆弧组成的零件的加工。

（2）自动编程

自动编程是指用计算机（或编程器）自动编制数控加工程序的过程。

自动编程的优点是效率高，程序正确性高。自动编程由计算机（或编程器）代替人完成复杂的坐标计算和书写程序单的工作，它可以解决许多手工编程无法完成的复杂零件编程难题，但其缺点是必须具备自动编程系统或编程软件。自动编程较适合于形状复杂零件的加工程序的编制，如模具加工、多轴联动加工等场合。

实现自动编程的方法主要有语言式自动编程、图形交互式自动编程、语音式自动编程、会话式自动编程四种。其中图形交互式自动编程和会话式自动编程是目前自动编程的发展方向。

3. 手工编程的步骤

手工编程的步骤如图 1-23 所示，主要有以下几个方面的内容：

（1）分析图样

分析图样包括零件轮廓分析，以及零件尺寸精度、几何精度、表面粗糙度、技术要求、材料、热处理等要求的分析。

（2）确定加工工艺

确定加工工艺包括选择加工方案，确定加工路线，选择定位与夹紧方式，选择刀具，选择各项切削参数，选择对刀点和换刀点。

（3）数值计算

数值计算包括选择编程原点，对零件图样各基点进行正确的数学计算，为编写程序单做好准备。

（4）编写程序单

根据数控机床规定的指令和程序格式编写加工程序单。

（5）制作控制介质

简单的数控程序可以直接采用手工方式输入机床。当程序自动输入机床时，必须制作控制介质。现在大多数程序采用移动硬盘、U 盘、CF 卡等作为控制介质，采用计算机传输方式输入机床。

（6）校验程序

程序必须经过校验后才能使用。一般采用机床空运行的方式进行校验，有图形显示卡的机床可直接在显示屏上进行校验，还可采用计算机数控仿真软件进行校验。以上方式只能进行数控程序、机床动作的校验，如果要校验工件的加工精度，则要进行首件试切。

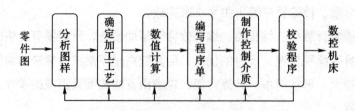

图 1-23　手工编程的步骤

4. 数控铣床／加工中心的编程特点

根据机床的特点，数控铣床／加工中心的编程具有以下特点：

（1）为了方便编程中的数值计算，在数控铣床／加工中心的编程中广泛采用刀具半径补偿。

（2）为适应数控铣床／加工中心的加工需要，对于常见的镗孔、钻孔等切削加工动作，可以通过数控系统本身具备的固定循环功能来实现，以简化编程。

（3）大多数的数控铣床／加工中心都具备镜像加工、比例缩放等特殊编程指令和极坐标编程指令，可以提高编程效率，简化程序。

（4）根据加工批量的大小，决定加工中心采用自动换刀还是手动换刀。对于单件或很小批量的工件加工，一般采用手动换刀；而对于批量大于 10 件且刀具更换频繁的工件加工，一般采用自动换刀。

（5）数控铣床／加工中心广泛采用子程序编程的方法。编程时尽量将不同工序内容的程序分别安排到不同的子程序中，以便于对每一独立的工序进行单独的调试，也便于因加工顺序不合理而重新调整加工程序。主程序主要用于完成换刀及子程序调用等工作。

第四节　数控铣床／加工中心编程基础知识

一、数控编程的坐标系

1. 机床坐标系

（1）机床坐标系的定义

在数控机床上加工零件，机床的动作是由数控系统发出的指令来控制的。为了确定机床的运动方向和移动距离，就要在机床上建立一个坐标系，这个坐标系称为机床坐标系，又称标准坐标系。

（2）机床坐标系的规定

数控铣床的加工动作主要分为刀具的动作和工件的动作两部分，因此，在确定机床坐标系的方向时规定：永远假定刀具相对于静止的工件而运动。对于工件运动而不是刀具运动的机床，编程人员在编程过程中也按照刀具相对于工件运动进行编程。

（3）机床坐标系的方向

对于机床坐标系的方向，均将增大刀具和工件间距离的方向确定为正方向。

数控机床的坐标系采用右手直角笛卡儿坐标系，如图 1-24 所示。左图中拇指指向 X 轴的正方向，食指指向 Y 轴的正方向，中指指向 Z 轴的正方向。围绕 X、Y、Z 坐标轴的旋转坐标分别用 A、B、C 表示，根据右手螺旋定则，拇指的指向为 X、Y、Z 坐标轴中任意轴的正方向，则其余四指的旋转方向即为旋转坐标 A、B、C 的正方向。

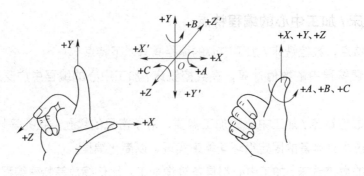

图1-24 右手直角笛卡儿坐标系

1）Z轴方向。Z轴的运动由传递切削力的主轴所决定，不管是哪种机床，与主轴轴线平行的坐标轴即为Z轴。根据坐标系正方向的确定原则，在钻削、镗削、铣削加工中，钻入或镗入工件的方向为Z轴的负方向。

2）X轴方向。X轴一般为水平方向，它垂直于Z轴且平行于工件的装夹平面。对于立式铣床，Z轴是垂直于工作台的，则站在工作台前，从主轴向立柱看，水平向右的方向为X轴的正方向，如图1-25所示。对于卧式铣床，Z轴是水平的，则从主轴向工件看（即从机床背面向工件看），水平向右的方向为X轴的正方向，如图1-26所示。

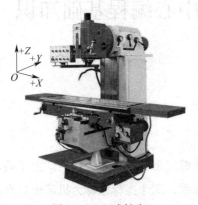

图1-25 立式铣床

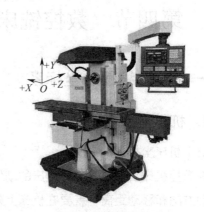

图1-26 卧式铣床

3）Y轴方向。Y轴垂直于X轴、Z轴，根据右手直角笛卡儿坐标系进行判别。

提示

确定坐标系各坐标轴时，总是先根据主轴确定Z轴，再确定X轴，最后确定Y轴。

4）旋转轴方向。用A、B、C相应地表示轴线平行于X、Y、Z轴的旋转轴。A、B、C轴的正方向相应地表示为X、Y、Z轴正方向上右旋旋进的方向。

（4）机床原点与机床参考点

1）机床原点。机床原点（又称机床零点）是机床上设置的一个固定的点，即机床坐标系的原点。它在机床装配、调试时就已调整好，一般情况下不允许用户进行更改，因此它是一个固定的点。

机床原点是数控机床进行加工运动的基准参考点，如图 1-27 所示。数控铣床 / 加工中心的机床原点一般设在刀具远离工件的极限点处，即坐标轴正方向的极限点处，并由机械挡块来确定其具体的位置。

2）机床参考点。机床参考点是数控机床上一个特殊位置的点，如图 1-27 所示。通常，第一参考点一般位于靠近机床原点的位置，并由机械挡块来确定其具体的位置。机床参考点与机床原点的距离由系统参数设定，其值可以是零，如果其值为零，则表示机床参考点与机床原点重合。

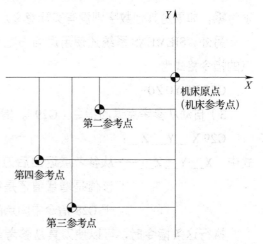

图 1-27　机床原点和参考点

对于大多数数控机床，开机第一步总是先使机床返回参考点（即所谓的机床回零）。当机床处于参考点位置时，系统显示屏上显示的机床坐标系值就是系统中设定的参考点距离参数值。开机回参考点的目的是建立机床坐标系，即通过参考点当前的位置和系统参数中设定的参考点与机床原点的距离反推出机床原点的位置。机床坐标系建立后，只要机床不断电，将永远保持不变，且不能通过编程对它进行更改。

机床上除设立了第一参考点外，还可用参数设定第二参考点、第三参考点、第四参考点，设立这些参考点的目的是建立一个固定的点，在该点处数控机床执行换刀等特殊动作。

（5）返回参考点指令

对于机床回参考点动作，除可采用手动回参考点的操作外，还可以通过编程指令自动实现。FANUC 系统与返回参考点相关的编程指令主要有 G27、G28、G29 三种，这三种指令均为非模态指令。

1）返回参考点校验指令（G27）。指令格式如下：

G27 X__ Y__ Z__；

式中　X__ Y__ Z__——参考点在工件坐标系中的坐标值。

返回参考点校验指令 G27 用于检查刀具是否正确返回程序中指定的参考点位置。执行该指令时，如果刀具通过快速定位指令 G00 正确定位到参考点上，则对应轴的返回参考点指示灯亮；否则将产生机床系统报警。

2）返回参考点指令（G28）。指令格式如下：

G28 X__ Y__ Z__；

式中　X__ Y__ Z__——返回过程中经过的中间点，其坐标值可以用增量值也可以用绝对值，但必须用 G91、G90 指令指定。

执行返回参考点指令时，刀具以快速点定位方式经中间点返回参考点，中间点的位置由该指令后的 X__ Y__ Z__ 决定。返回参考点过程中设定中间点的目的是防止刀具在返回参考点过程中与工件或夹具发生干涉。

SIEMENS 系统的返回参考点指令格式为：

G74 X0 Y0 Z0；

X0 Y0 Z0 是指令中的固定格式，该值并不是指返回过程中经过的中间点坐标，该值必须为零，如果是其他数字则没有实际意义。

另外，SIEMENS 系统还使用返回固定点指令 G75 使主轴返回某个固定点，如返回换刀点的指令格式为：

G75 X0 Y0 Z0；

3）自动从参考点返回指令（G29）。指令格式如下：

G29 X__ Y__ Z__；

式中　X__ Y__ Z__——从参考点返回后刀具所到达的终点坐标。可用 G91、G90 指令决定该值是增量值还是绝对值。如果是增量值，则该值指刀具终点相对于 G28 指令中间点的增量值。

执行这条指令时，可以使刀具从参考点出发，经过一个中间点到达这个指令中 X、Y、Z 坐标值所指定的位置。G29 指令指定的中间点的坐标与前面 G28 指令所指定的中间点坐标为同一坐标值，因此，这条指令只能出现在 G28 指令的后面。

由于在编写 G29 指令时有种种限制，而且在选择 G28 指令后这条指令并不是必需的，因此，建议用 G00 指令代替 G29 指令。

例 1-1　如图 1-28 所示，刀具回参考点前已定位至 A 点，取 B 点为中间点，R 点为参考点，C 点为执行 G29 指令到达的终点。其指令如下：

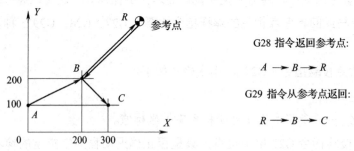

图 1-28　G28 指令与 G29 指令动作

G91 G28 X200.0 Y100.0 Z0；　　　　（增量坐标方式，经中间点返回参考点）

M06 T01；　　　　　　　　　　　　（换刀）

G29 X100.0 Y-100.0 Z0；　　　　　（从参考点经中间点返回）

或

G90 G28 X200.0 Y200.0 Z0；　　　　（绝对坐标方式，经中间点返回参考点）

M06 T01；

G29 X300.0 Y100.0 Z0；

在以上程序的执行过程中，首先执行 G28 指令，刀具从 A 点出发，以快速点定位方式经中间点 B 返回参考点 R，返回参考点后执行换刀动作；再执行 G29 指令，从参考点 R 出发，以快速点定位方式经中间点 B 定位到 C 点。

2. 工件坐标系

（1）工件坐标系的定义

机床坐标系的建立保证了刀具在机床上的正确运动。但是，由于加工程序的编制通常是针对某一工件、根据零件图进行的，为了便于尺寸计算及检查，加工程序的坐标原点一般与零件图的尺寸基准相一致。这种针对某一工件、根据零件图建立的坐标系称为工件坐标系（又称编程坐标系）。

（2）工件坐标系原点

工件坐标系原点又称编程坐标系原点，该点是指工件装夹完成后，选择工件上的某一点作为编程或工件加工的原点。工件坐标系原点在图中以符号"◑"表示。

（3）工件坐标系原点的选择原则

1）工件坐标系原点应选在零件图的基准尺寸上，以便于计算坐标值，减少错误。

2）工件坐标系原点应尽量选在精度较高的表面，以提高工件的加工精度。

3）Z 轴方向上的工件坐标系原点一般取在工件的上表面。

4）当工件对称时，一般以工件的对称中心作为 XY 平面的原点，如图 1-29a 所示。

5）当工件不对称时，一般取工件上的一个垂直交角作为 XY 平面的原点，如图 1-29b 所示。

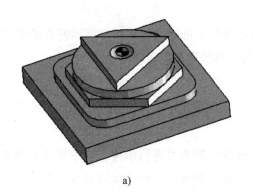
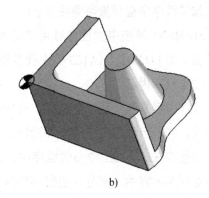

a)　　　　　　　　　　　　　　　　　　b)

图 1-29　工件坐标系原点的选择

a）工件对称　b）工件不对称

二、数控加工程序的格式与组成

根据数控系统本身的特点和编程的需要，每一种数控系统都有一定的程序格式。对于不同的数控系统，其程序格式也不尽相同。因此，编程人员在按数控程序的常规格式进行编程的同时，还必须严格遵守数控系统说明书中规定的格式。

1. 程序的组成

一个完整的程序由程序号、程序内容和程序结束标记三部分组成。

FANUC 系统程序格式如下：

O0101;　　　　　　　　　　　　　程序号

N10 G90 G94 G17 G40 G80 G54;

N20 G91 G28 Z0;

N30 M06 T01;

N40 G90 G00 X0 Y30.0;　　　　　　程序内容

N50 M03 S800;

⋮

N200 G91 G28 Z0;

N210 M30;　　　　　　　　　　　程序结束标记

（1）程序号

每一个存储在零件存储器中的程序都需要指定一个程序号来加以区别，这种用于区别零件加工程序的代号称为程序号。程序号是加工程序的识别标记，因此，同一机床中的程序号不能重复。

程序号写在程序的最前面，必须单独占一行。

FANUC 系统程序号的书写格式为 O××××，其中 O 为地址字，其后为四位数字，数值为 0000～9999，在书写时其数字前的零可以省略不写，如 O0020 可写成 O20。另外，需要注意的是，O0000 和 O8000 以后的程序号，有时在数控系统中有特殊的用途，因此在普通数控加工程序中应尽量避免使用。

SIEMENS 系统中的程序号用字符 % 代替 O，有时还可以直接用英文字母开头的多字符程序名（如 LOAD1、AA123 等）代替程序号，数字前的零不能省略。

（2）程序内容

程序内容是整个程序的核心。程序内容由许多程序段组成，每个程序段由一个或多个指令构成，它表示数控机床的全部动作。

在数控铣床 / 加工中心的程序中，如采用子程序调用方式进行编程，则子程序的调用也作为主程序内容的一部分，主程序中只完成换刀、改变转速、工件定位等动作，其余加工动作都由子程序来完成。

（3）程序结束标记

程序结束通过 M 指令来实现，它必须写在程序的最后。

可以作为程序结束标记的 M 指令有 M02 和 M30，它们代表零件加工主程序的结束。为了保证最后程序段的正常执行，通常要求 M02（M30）必须单独占一行。

此外，子程序结束有专用的结束标记。FANUC 系统中用 M99 表示子程序结束后返回主程序，而在 SIEMENS 系统中则通常用 M17、M02 或字符 "RET" 作为子程序的结束标记。

2. 程序段的组成

程序段是程序的基本组成部分，每个程序段由若干个数据字构成，而数据字又由表示地址的英文字母、特殊符号和数字构成，如 X30.0、G90 等。

程序段格式是指一个程序段中字母、符号、数字的排列、书写方式和顺序。通常情况下，程序段格式有字—地址程序段格式、使用分隔符的程序段格式、固定程序段格式三种。后两种程序段格式除在数控线切割机床中的 3B 或 4B 指令中还能见到外，已很少使用了。因此，这里主要介绍字—地址程序段格式。

字—地址程序段格式如下：

N__	G__	X__　Y__　Z__	F__	S__	T__	M__	LF;
程序	准备	尺寸功能	进给	主轴	刀具	辅助	结束
段号	功能		功能	功能	功能	功能	标记

例如，N50 G01 X30.0 Y30.0 Z30.0 F100 S800 T01 M03；

（1）程序段号

程序段号由地址符 N 开头，其后为若干位数字。

在大部分系统中，程序段号仅作为跳转或程序检索的目标位置指示。因此，它的大小和次序可以颠倒，也可以省略。程序段在存储器内以输入的先后顺序排列，而程序的执行是严格按信息在存储器内的先后顺序一段一段地执行的，也就是说执行的先后次序与程序段号无关。但是，当程序段号省略时，该程序段将不能作为跳转或程序检索的目标程序段。

程序段号也可以由数控系统自动生成，程序段号的递增量可以通过机床参数进行设置，一般可设定增量值为 10。

（2）程序段内容

程序段的中间部分是程序段内容。程序段内容应具备六个基本要素，即准备功能、尺寸功能、进给功能、主轴功能、刀具功能、辅助功能，但并不是所有程序段都必须包含所有功能，有时一个程序段内可仅包含其中一个或几个功能。

例 1-2　如图 1-30 所示，为了将刀具从 P_1 点移到 P_2 点，必须在程序段中明确以下几点：

①移动的目标是哪里？

②沿什么样的轨迹移动？

③移动速度是多少？

④刀具的切削速度是多少？

⑤选择哪一把刀具？

⑥机床还需要哪些辅助动作？

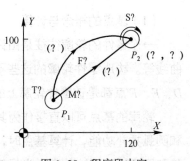

图 1-30　程序段内容

对于图 1-30 中的直线刀具轨迹，其程序段可写成以下格式：

N10 G90 G01 X120.0 Y100.0 F100 S300 T01 M03；

如果在该程序段前已指定了刀具功能、主轴功能、辅助功能，则该程序段可写成：

N10 G01 X120.0 Y100.0 F100;

（3）程序段结束标记

程序段以结束标记 CR（或 LF）结束，实际使用时，常用符号"；"或"*"表示 CR（或 LF），本书统一用"；"表示程序段结束。

（4）程序段的跳跃

有时在程序段的前面有符号"/"，该符号称为斜杠跳跃符号，该程序段称为可跳跃程序段。

例如，/N10 G00 X100.0;

针对这样的程序段，可以由操作人员对程序段的执行情况进行控制。当操作机床使数控系统程序段的跳跃信号生效时，程序执行时将跳过这些程序段；当程序段的跳跃信号无效时，程序段照常执行，此时该程序段和不加符号"/"的程序段相同。

（5）程序段注释

为了方便检查、阅读数控程序，在许多数控系统中允许对程序进行注释，注释可以作为对操作人员的提示显示在显示屏上，但注释对机床动作没有丝毫影响。

程序段注释应放在程序段最后，不允许将注释插在地址和数字之间。FANUC 系统的程序段注释用"（ ）"括起来，SIEMENS 系统的程序段注释则跟在"；"之后。本书为了便于读者阅读，一律用"；"表示程序段结束，而用"（ ）"表示程序段注释。

例如，O0102;　　　　　　　　　　（程序号）

G21 G17 G40 G49 G80 G90;

T01 M06;　　　　　　　　　　（换刀指令）

⋮

三、手工编程中的数学处理

在数控编程过程中，先要计算出刀具运动轨迹点的坐标。这种根据零件图，按照已确定的加工路线和允许的编程误差，计算数控系统所需输入的数据，称为数控加工的数值计算。

1. 数值计算的内容

（1）基点的概念与计算

一个零件的轮廓往往是由许多不同的几何元素组成的，如直线、圆弧、二次曲线和其他曲线等。构成零件轮廓的这些不同几何元素的连接点称为基点。如图 1-31 所示，A、B、C、D、E、F 点都是该零件轮廓上的基点。显然，相邻基点间只能是一个几何元素。

轮廓的基点可以直接作为其运动轨迹的起点或终点。目前，一般的数控机床都具有直线和圆弧插补功能，计算基点时，只需计算轨迹（线段）的起点或终点在选定坐标系中的坐标值和圆弧运动轨迹的圆心坐标值。因此，基点的计算较为方便，常采用手工计算。

（2）节点的概念与计算

当采用不具备非圆曲线插补功能的数控机床加工非圆曲线轮廓的零件时，在加工程序的编制工作中，常常需要用直线或圆弧近似代替非圆曲线，称为拟合处理。拟合线段的交点或切点就称为节点。如图 1-32 所示，P_1、P_2、P_3、P_4、P_5 点为直线拟合非圆曲线时的节点。

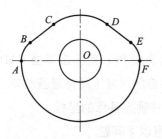

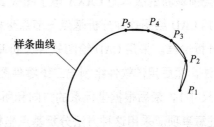

图 1-31　零件轮廓中的基点　　　　　　　图 1-32　零件轮廓中的节点

对采用直线或圆弧拟合的非圆曲线进行编程时，应按节点划分程序段。逼近线段的近似区间越大，节点数目越少，相应的逼近误差也就越大。节点拟合计算的难度和工作量都较大，故宜通过计算机完成；有时也可由人工计算完成，但对编程者的数学处理能力要求较高。

（3）刀位点轨迹的计算

采用立铣刀进行轮廓铣削加工时，因刀位点规定在刀具中心处，所以大多数情况下刀具的刀位点轨迹与工件轮廓轨迹不重合，通常是沿轮廓偏移一个刀具半径值，如图 1-33 所示。对于具有刀具半径补偿功能的数控机床，刀具在切削平面内的刀位点轨迹大多由数控系统根据零件的加工轮廓和设定的刀具半径值自动计算，无须用户计算。

如果采用球头铣刀手工编程加工球面（见图 1-34），则需计算球头铣刀球心的运动轨迹。

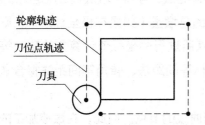

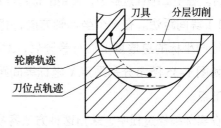

图 1-33　刀具半径补偿的刀位点轨迹　　　　图 1-34　用球头铣刀加工球面

（4）辅助计算

辅助计算包括增量计算、辅助程序段计算和切削用量计算等，辅助计算通常较为简单。

2. CAD 绘图软件的应用

（1）常用 CAD 绘图软件

目前在国内常用的 CAD 绘图软件有 AutoCAD 和 CAXA 电子图板等。

AutoCAD 是 Autodesk 公司的主导产品，是当今较为流行的绘图软件之一，具有强大的二维功能（如绘图、编辑、填充和图案绘制、尺寸标注、二次开发等功能），同时还具有基本三维绘图功能。在国内，目前最新的版本为 AutoCAD 2024 版等。

CAXA 电子图板软件由北京数码大方科技股份有限公司开发，是我国自行开发的全国产化软件，全中文界面也特别适合职业院校学生和技术工人学习与使用。该软件的版本每年均会更新，当前最新的版本为 CAXA 电子图板 2024 版。

（2）用 CAD 绘图软件分析基点与节点坐标

1）分析过程。采用 CAD 绘图软件分析基点与节点坐标时，首先应掌握 CAD 绘图软件的使用方法，然后用该软件绘制出二维零件图并标出相应的尺寸（通常是基点与工件坐标系原点间的尺寸），最后根据坐标系的方向和所标注的尺寸确定基点的坐标。

2）注意事项。采用这种方法分析基点坐标时要注意以下问题：

①绘图要细致认真，不能出错。

②绘制图形时应严格按 1：1 的比例进行。

③尺寸标注的精度要设置正确，通常设置为小数点后三位。

④标注尺寸时找点要精确，不能捕捉无关点。

3）CAD 绘图分析法的特点。由于采用 CAD 绘图分析法可以避免大量复杂的人工计算，操作方便，基点分析精度高，出错率低，因此，建议尽可能采用这种方法分析基点与节点坐标。这种方法的不利之处是要求编程人员必须掌握有关软件的应用方法，同时还增加了设备的投入。

3. 非圆曲线节点的拟合计算

（1）非圆曲线节点的拟合计算方法

由于大多数数控系统不具备非圆曲线的插补功能，因此，这些曲线通常采用直线或圆弧进行拟合。在手工编程过程中，常用的拟合计算方法有等间距法、等插补段法和三点定圆法等。

1）等间距法。在一个坐标轴方向，将拟合轮廓的总增量（如果在极坐标系中，则指转角或径向坐标的总增量）进行等分后，对其设定节点所进行的坐标值计算方法称为等间距法，如图 1-35 所示分别采用 X 坐标等间距法、Y 坐标等间距法、转角等间距法拟合非圆曲线的节点。

在实际编程过程中，采用这种方法容易控制非圆曲线的节点。因此，在数控加工的宏程序（或参数）编程过程中普遍采用这种方法。

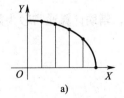 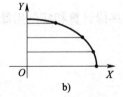 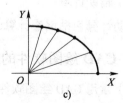

图 1-35　非圆曲线节点的等间距拟合

a）X 坐标等间距法　b）Y 坐标等间距法　c）转角等间距法

2）等插补段法。当设定非圆曲线相邻两节点间的弦长相等时，对该轮廓曲线所进行的节点坐标值计算方法称为等插补段法，如图1-36所示。

3）三点定圆法。这是一种用圆弧拟合非圆曲线时常用的计算方法，其实质是过已知曲线上的三点（包括圆心和半径）作一个圆。

（2）非圆曲线的拟合误差

无论采用上述三种拟合方法中的哪一种进行曲线拟合计算，均会在拟合过程中产生拟合误差（见图1-37），而且各拟合段的误差大小各不相同。

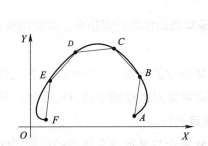

图1-36　非圆曲线节点的等插补段拟合

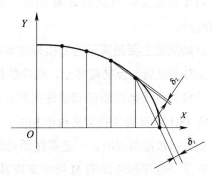

图1-37　非圆曲线的拟合误差

在曲线拟合过程中，要尽量控制其拟合误差。通常情况下，拟合误差 δ 应小于或等于编程允许误差 $\delta_{允}$，即 $\delta \leq \delta_{允}$。考虑到工艺系统和计算误差的影响，$\delta_{允}$ 一般取零件公差的 1/10～1/5。

在实际编程过程中，主要采用以下几种方法减小拟合误差：

1）采用合适的拟合方法。相比较而言，采用圆弧拟合方法的拟合误差要小一些。

2）减小拟合线段的长度。减小拟合线段的长度可以减小拟合误差，但增加了编程的工作量。

3）利用计算机进行曲线拟合计算。采用计算机进行曲线的拟合，在拟合过程中自动控制拟合精度，以减小拟合误差。

第五节　数控机床的有关功能和规则

一、数控系统功能

数控系统常用的功能有准备功能、辅助功能、其他功能三种，这些功能是编制数控程序的基础。

1. 准备功能

准备功能又称G功能或G指令，是用于使数控机床做好某些准备动作的指令。它由地址G和后面的两位数字组成，从G00到G99共100种，如G01、G41等。目前，随着数控系统功能的不断扩展，有的系统已采用三位数的功能指令，如SIEMENS系统中的G450、

G451 等。

虽然从 G00 到 G99 共有 100 种 G 指令，但并不是每种指令都有实际意义，实际上有些指令在国际标准（ISO）或我国现行标准中并没有指定其功能，这些指令主要用于将来修改标准时指定新功能。还有一些指令，即使在修改标准时永远也不指定其功能，这些指令可由机床设计者根据需要定义其功能，但必须在机床的出厂说明书中予以说明。

2. 辅助功能

辅助功能又称 M 功能或 M 指令。它由地址 M 和后面的两位数字组成，从 M00 到 M99 共 100 种。

辅助功能主要是用于控制机床或系统的开、关等辅助动作的功能指令，如切削液的开、关，主轴的正转、反转或停止，程序的结束等。

同样，由于数控系统和机床生产厂家不同，其 M 指令的功能也不尽相同，甚至有些 M 指令与 ISO 标准指令的含义也不相同。因此，一方面需要对数控指令进行标准化；另一方面，在进行数控编程时，一定要按照机床说明书的规定进行。

在同一程序段中既有 M 指令又有其他指令时，M 指令与其他指令执行的先后次序由机床系统参数设定。因此，为保证程序以正确的次序执行，有很多 M 指令，如 M30、M02、M98 等，最好以单独的程序段进行编程。

3. 其他功能

（1）坐标功能

坐标功能（又称尺寸功能）用来设定机床各坐标的位移量。它一般以 X、Y、Z、U、V、W、P、Q、R（用于指定直线坐标），A、B、C、D、E（用于指定角度坐标）以及 I、J、K（用于指定圆心坐标）等地址为首，在地址后紧跟 "+" 或 "–" 号和一串数字，如 X100.0、A+30.0、I–10.0 等。

（2）刀具功能

刀具功能是指数控系统进行选刀或换刀的功能指令，又称 T 功能。刀具功能用地址 T 和后缀的数字来表示，常用刀具功能指定方法有 T+4 位数法和 T+2 位数法。

1）T+4 位数法。T+4 位数法可以同时指定刀具号及选择刀具补偿，四位数中的前两位数用于指定刀具号，后两位数用于指定刀具补偿存储器号，刀具号与刀具补偿存储器号不一定要相同。目前大多数数控车床采用 T+4 位数法。

例如，"T0101；" 表示选用 1 号刀具和 1 号刀具补偿存储器中的补偿值；"T0102；" 表示选用 1 号刀具和 2 号刀具补偿存储器中的补偿值。

2）T+2 位数法。T+2 位数法仅能指定刀具号，刀具补偿存储器号则由其他指令（如 D 指令或 H 指令等）进行选择。同样，刀具号与刀具补偿存储器号不一定要相同。目前绝大多数加工中心采用 T+2 位数法。

例如，"T15 D01；" 表示选用 15 号刀具和 1 号刀具补偿存储器中的补偿值。

（3）进给功能

用来指定刀具相对于工件的运动速度的功能指令称为进给功能，由地址 F 和其后缀的数字组成。根据加工的需要，进给功能分为每分钟进给和每转进给两种。

1）每分钟进给。直线运动的单位为毫米 / 分（mm/min）；旋转运动的单位为度 / 分（°/min）。每分钟进给通过准备功能指令 G94（FANUC 0 TD 系统数控车床用 G98 指令）来指定，其值为大于 0 的常数。

例如，程序段"G94 G01 X20.0 F100；"的进给速度为 100 mm/min。

2）每转进给。在加工螺纹、镗孔过程中，常使用每转进给来指定进给速度，其单位为毫米 / 转（mm/r），通过准备功能指令 G95 来指定。

例如，程序段"G95 G01 X20.0 F0.2；"的进给速度为 0.2 mm/r。

在编程时，进给速度不允许用负值来表示，一般也不允许用 F0 指定进给停止。但在实际操作过程中，可通过机床操作面板上的进给倍率开关对进给速度进行修正，因此，通过进给倍率开关可以控制进给速度的值为 0。至于机床开始与结束进给过程中的加速、减速运动，则由数控系统自动实现，编程时无须考虑。

程序中的进给速度，对于直线插补，为机床各坐标轴的合成速度；对于圆弧插补，为圆弧切线方向的速度，如图 1-38 所示。

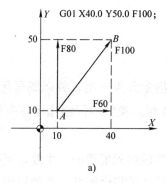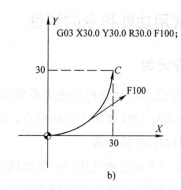

图 1-38 进给速度的合成

a）直线插补 b）圆弧插补

（4）主轴功能

用来控制主轴转速的功能指令称为主轴功能，又称 S 功能，由地址 S 和其后缀的数字组成。根据加工的需要，主轴功能分为转速和线速度两种。

1）转速。转速的单位是转 / 分（r/min），用准备功能指令 G97 来指定，其值为大于 0 的常数。

例如，程序段"G97 S1000；"表示主轴转速为 1 000 r/min。

2）线速度。在加工过程中，有时为了保证工件表面的加工质量，转速常用线速度来指定，线速度的单位为米 / 分（m/min），用准备功能指令 G96 来指定。采用线速度进行编程时，为防止转速过高而引起事故，有很多数控系统都设有最高转速限定指令。

例如，程序段"G96 S100；"表示恒线速度为 100 m/min。

线速度与转速之间可以进行换算，其关系如图 1-39 所示。

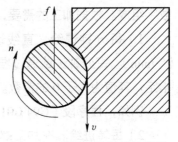

$$v=\frac{\pi Dn}{1\ 000}$$

$$n=\frac{1\ 000v}{\pi D}$$

式中　v——切削线速度，m/min；

　　　D——刀具直径，mm；

　　　n——主轴转速，r/min。

图 1-39　线速度与转速的关系

在编程时，主轴转速不允许用负值表示，但允许用 S0 使转速为 0。在实际操作过程中，可通过机床操作面板上的主轴倍率开关对主轴转速进行调整，一般其调整范围为 50%～120%。

3）主轴的启停。在程序中，主轴的正转、反转、停转由辅助功能 M03、M04、M05 进行控制。其中，M03 表示主轴正转，M04 表示主轴反转，M05 表示主轴停转。

例如，G97 M03 S300；　　　　　　（主轴正转，转速为 300 r/min）

　　　　M05；　　　　　　　　　　（主轴停转）

二、常用功能指令的属性

1. 指令分组

所谓指令分组，就是将系统中不能同时执行的指令分为一组，并以编号区别。例如，G00、G01、G02、G03 就属于同组指令，其编号为 01 组。类似的同组指令还有很多，详见 FANUC 和 SIEMENS 指令表。

同组指令具有相互取代作用。同组指令在一个程序段内只能有一个生效，当在同一程序段内出现两个或两个以上的同组指令时，一般以最后输入的指令为准，有的机床还会出现机床系统报警。因此，在编程过程中要避免将同组指令编入同一程序段内，以免引起混淆。对于不同组的指令，在同一程序段内可以进行不同的组合。

例如，程序段"G90 G94 G40 G80 G17 G21 G54；"是规范的程序段，所有指令均为不同组指令。

而"G01 G02 X30.0 Y30.0 R30.0 F100；"是不规范的程序段，其中 G01 与 G02 是同组指令。

2. 模态指令

模态指令（又称续效指令）表示该指令在一个程序段中一经指定，在接下来的程序段中一直持续有效，直到出现同组的另一个指令时该指令才失效，如常用的 F、S、T 指令。与其对应的仅在编入的程序段内才有效的指令称为非模态指令（又称非续效指令），如 G 指令中的 G04 指令、M 指令中的 M00 和 M06 指令等。

模态指令的使用避免了在程序中出现大量的重复指令，使程序变得清晰、明了。同样，尺寸功能如出现前后程序段的重复，则该尺寸功能也可以省略。如下例程序段中有下划线的指令可以省略。

例如，G01 X20.0 Y20.0 F150；

　　　 G01 X30.0 Y20.0 F150；

　　　 G02 X30.0 Y-20.0 R20.0 F100；

本例中有下划线的指令可以省略。因此，该程序段可写成以下形式：

　　　 G01 X20.0 Y20.0 F150；

　　　　　X30.0；

　　　 G02 Y-20.0 R20.0 F100；

关于模态指令与非模态指令的具体规定，通常情况下，绝大部分的 G 指令与所有的 F、S、T 指令均为模态指令，M 指令的情况比较复杂，请查阅有关系统出厂说明书。

3. 开机默认指令

为了避免编程人员出现指令遗漏现象，数控系统中对每一组指令都选取其中的一个作为开机默认指令，该指令在开机或系统复位时可以自动生效，因而在程序中允许不再编写。

常见的开机默认指令有 G01、G17、G40、G49、G54、G80、G90、G94、G97 等。如当程序段中没有 G96 或 G97 指令时，"M03 S200；"指定的正转转速为 200 r/min。

三、坐标功能指令的指定规则

1. 绝对坐标与增量坐标

（1）绝对坐标（G90）

在 ISO 指令中，绝对坐标用 G90 表示。程序中坐标功能字后面的坐标以原点作为基准，表示刀具终点的绝对坐标。

例 1-3 如图 1-40 所示，用 G90 指令编程时，其程序段分别为：

AB：G90 G01 X10.0 Y10.0 F100；

CD：G02 X0 Y20.0 R20.0 F100；（G90 为开机默认指令，编程时可省略）

（2）相对坐标（G91）

在 ISO 指令中，相对坐标用 G91 表示。程序中坐标功能后面的坐标以刀具起点作为基准，表示刀具终点相对于刀具起点坐标值的增量。

例 1-4 如图 1-40 所示，用 G91 指令编程时，其程序段分别为：

AB：G91 G01 X-20.0 Y-10.0 F100；

CD：G91 G02 X-20.0 Y20.0 R20.0 F100；

G90 与 G91 属于同组模态指令，在程序中可根据需要随时进行变换。在实际编程中，采用 G90 指令还是 G91 指令进行编程，要根据具体的零件和零件的尺寸标注来确定。

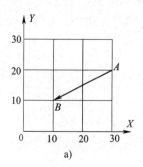 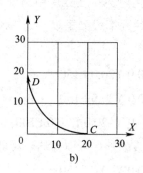

图 1-40　绝对坐标与增量坐标

（3）SIEMENS 系统中的绝对坐标与增量坐标

在 SIEMENS 系统中，除采用 G90 和 G91 指令分别表示绝对坐标和增量坐标外，有些系统（如 802D、810D 等）还可用符号"AC"和"IC"通过赋值的形式表示绝对坐标和增量坐标，该符号可与 G90 和 G91 指令混合使用，具体格式如下：

=AC（　）　　　（绝对坐标，赋值必须有一个等于符号，数值写在括号中）

=IC（　）　　　（增量坐标）

例 1-5　图 1-40 中的轨迹 AB 与 CD，如采用混合编程，则其程序段分别为：

AB：G90 G01 X10.0 Y=IC（-10.0）F100；

CD：G91 G02 X-20.0 Y=AC（20.0）CR=20.0 F100；

2.　米制编程与英制编程

坐标功能是使用米制还是英制，多数数控系统用准备功能来选择，如 FANUC 系统采用 G21、G20 指令进行米制与英制的切换，而 SIEMENS 系统则采用 G71、G70 指令进行米制与英制的切换。

例如，G91 G20 G01 X20.0；

　　　　或 G91 G70 G01 X20.0；（刀具向 X 轴正方向移动 20 in）

　　　　G91 G21 G01 X50.0；

　　　　或 G91 G71 G01 X50.0；（刀具沿 X 轴正方向移动 50 mm）

米制与英制切换对旋转轴无效，旋转轴的单位总是度（°）。

3.　小数点编程

以米制为例，数字单位分为两种，一种是以毫米为单位，另一种是以脉冲当量（即机床的最小输入单位）为单位，现在大多数机床常用的脉冲当量为 0.001 mm。

对于数字的输入，有些系统可省略小数点（如 SIEMENS 系统），有些系统可以通过系统参数设定是否省略小数点，有些系统则不可以省略小数点。对于不可以省略小数点的系统，当使用小数点进行编程时，数字以 mm［英制为 in，角度为（°）］为输入单位；而当不用小数点编程时，则以机床的最小输入单位作为输入单位。

如从 A 点（0，0）移到 B 点（50，0）有以下三种表达方式：

X50.0　　　　（小数点后的零不省略）

X50.　　　　（小数点后的零可以省略）

X50000　　　（脉冲当量为 0.001 mm）

以上三组数值均表示坐标值为 50 mm，50.0 与 50000 从数学角度上看两者相差了 1 000 倍。因此，在进行数控编程时，不管哪种系统，为保证程序的正确性，最好不要省略小数点的输入。此外，当脉冲当量为 0.001 mm 的系统采用小数点编程，其小数点后的位数超过四位时，数控系统按四舍五入处理。例如，当输入 X50.1234 时，经数控系统处理后的数值为 X50.123。

4. 平面选择指令（G17/G18/G19）

如图 1-41 所示，当机床坐标系和工件坐标系确定后，对应地就确定了三个坐标平面，即 XY 平面、ZX 平面和 YZ 平面，可分别用 G17、G18、G19 指令表示这三个平面。

G17　（XY 平面）

G18　（ZX 平面）

G19　（YZ 平面）

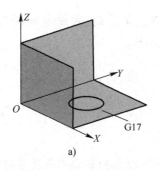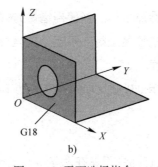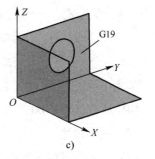

图 1-41　平面选择指令

第六节　数控铣床/加工中心编程的常用功能指令

一、与插补相关的功能指令

1. 快速点定位指令（G00）

（1）指令格式

G00 X__ Y__ Z__;

式中　X__ Y__ Z__——刀具目标点坐标。当使用增量方式时，X__ Y__ Z__为目标点相对于
　　　　　　　　　　　起始点的增量坐标。不运动的坐标可以不写。

例如，G00 X30.0 Y10.0;

（2）指令说明

G00 指令不用指定移动速度，其移动速度由机床系统参数设定。在实际操作中，可通过机床面板上的增量步长选择按键 F0、F25、F50、F100 对 G00 指令的移动速度进行调节。

快速移动的轨迹通常为折线形轨迹。

如图 1-42 所示，图中快速移动轨迹 OA 和 AD 的程序段如下：

OA：G00 X30.0 Y10.0;

AD：G00 X0 Y30.0;

对于 OA 程序段，刀具在移动过程中先在 X 轴和 Y 轴方向移动相同的增量，即图中的 OB 轨迹，然后从 B 点移至 A 点。同样，对于 AD 程序段，则由轨迹 AC 和 CD 组成。

由于 G00 指令的轨迹通常为折线形轨迹，因此，要特别注意采用 G00 方式进刀、退刀时刀具相对于工件、夹具所处的位置，以避免在进刀、退刀过程中刀具与工件、夹具等发生碰撞。

2. 直线插补指令（G01）

（1）指令格式

G01 X__ Y__ Z__ F__;

式中　X__ Y__ Z__ ——刀具目标点坐标。当使用增量方式时，X__ Y__ Z__ 为目标点相对于起始点的增量坐标。不运动的坐标可以不写。

　　　　F__ ——刀具切削进给速度。

如图 1-43 所示，图中切削运动轨迹 CD 的程序段如下：

G01 X0 Y20.0 F100;

（2）指令说明

G01 指令是直线运动指令，它指令刀具在两坐标或三坐标轴间以插补联动的方式按指定的进给速度做任意斜率的直线运动。因此，执行 G01 指令的刀具轨迹是直线形轨迹，它是连接起点和终点的一条直线。

在 G01 指令程序段中必须含有 F 指令。如果在 G01 指令程序段中没有 F 指令，而在 G01 指令程序段前也没有指定 F 指令，则机床不运动，有时还会出现系统报警。

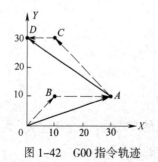

图 1-42　G00 指令轨迹

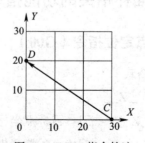

图 1-43　G01 指令轨迹

3. 圆弧插补指令（G02/G03）

（1）指令格式

$$G17 \begin{Bmatrix} G02 \\ G03 \end{Bmatrix} X\underline{\ \ }\ Y\underline{\ \ }\ \begin{Bmatrix} R\underline{\ \ } \\ I\underline{\ \ }\ J\underline{\ \ } \end{Bmatrix} F\underline{\ \ };$$

$$G18 \begin{Bmatrix} G02 \\ G03 \end{Bmatrix} X\underline{\ \ }\ Z\underline{\ \ }\ \begin{Bmatrix} R\underline{\ \ } \\ I\underline{\ \ }\ K\underline{\ \ } \end{Bmatrix} F\underline{\ \ };$$

$$G19 \begin{Bmatrix} G02 \\ G03 \end{Bmatrix} Y\underline{\ \ }\ Z\underline{\ \ }\ \begin{Bmatrix} R\underline{\ \ } \\ J\underline{\ \ }\ K\underline{\ \ } \end{Bmatrix} F\underline{\ \ };$$

G02 指令表示顺时针圆弧插补。

G03 指令表示逆时针圆弧插补。

式中　X__ Y__ Z__ ——圆弧的终点坐标值，其值可以是绝对坐标，也可以是增量坐标，在增量方式下，其值为圆弧终点坐标相对于圆弧起点坐标的增量值；

R__ ——圆弧半径，在 SIEMENS 系统中，圆弧半径用符号"CR="表示；

I__ J__ K__ ——圆弧的圆心相对其起点分别在 X 轴、Y 轴和 Z 轴上的增量值。

（2）指令说明

如图 1-44 所示，圆弧插补顺逆方向的判断方法如下：沿垂直于圆弧所在平面（如 XY 平面）的另一根轴（Z 轴）的正方向向负方向看，顺时针方向为顺时针圆弧，逆时针方向为逆时针圆弧。

在判断 I、J、K 值时，一定要注意该值为矢量值。如图 1-45 所示，该圆弧在编程时的 I 值和 J 值均为负值。

例 1-6 如图 1-46 所示的轨迹 *AB*，用圆弧插补指令编写的程序段如下：

*AB*₁　G03 X2.68 Y20.0 R20.0 F100；

或　　G03 X2.68 Y20.0 I–17.32 J–10.0 F100；

*AB*₂　G02 X2.68 Y20.0 R20.0 F100；

或　　G02 X2.68 Y20.0 I–17.32 J10.0 F100；

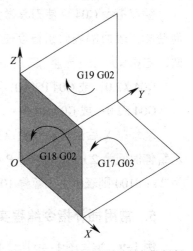

图 1-44　圆弧插补顺逆方向的判断

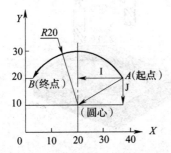

图 1-45　圆弧编程中的 I 值和 J 值

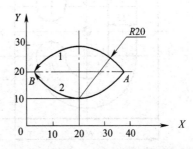

图 1-46　R 值、I 值、J 值编程举例

圆弧半径 R 值有正值与负值之分。当圆弧圆心角小于或等于 180°（见图 1-47 中圆弧 AB_1）时，程序中的 R 值为正值。当圆弧圆心角大于 180° 并小于 360°（见图 1-47 中圆弧 AB_2）时，R 值为负值。需要注意的是，该指令格式不能用于整圆插补的编程，整圆插补需用 I、J、K 方式编程。

例 1-7 如图 1-47 中的轨迹 AB，用 R 指令格式编写的程序段如下：

AB_1 G03 X30.0 Y-40.0 R50.0 F100；

AB_2 G03 X30.0 Y-40.0 R-50.0 F100；

例 1-8 如图 1-48 所示，以 C 点为起点和终点的整圆加工程序段如下：

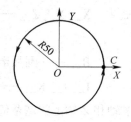

图 1-47 R 值的正负判别

G03 X50.0 Y0 I-50.0 J0；

或简写成 G03 I-50.0；

4. 暂停指令（G04）

暂停指令 G04 可使刀具做短时间无进给加工或机床空运转，从而使加工表面的表面粗糙度值减小。因此，G04 指令一般用于铣平面、锪孔等加工的光整加工，其指令格式如下：

图 1-48 整圆加工实例

G04 X2.0；或 G04 P2000；（FANUC 系统）

G04 F2.0；或 G04 S100； （SIEMENS 系统）

地址符 X 后面可用小数点进行编程，如 X2.0（F2.0）表示暂停时间为 2 s，而 X2 则表示暂停时间为 2 ms；地址符 P 后面不允许带小数点，单位为毫秒，如 P2000 表示暂停时间为 2 s；S100 则表示主轴暂停 100 转。

5. 常用插补指令编程实例

例 1-9 编写图 1-49 所示槽（槽深为 6 mm）的加工指令，刀具选 ϕ12 mm 键槽铣刀。其加工程序见表 1-1。

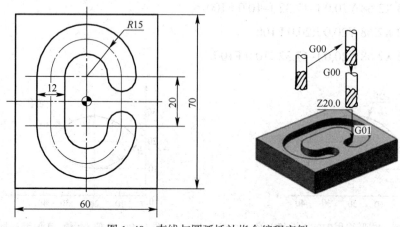

图 1-49 直线与圆弧插补指令编程实例

表 1–1 加工程序

程序段号	FANUC 0i 系统程序	SIEMENS 802D 系统程序	程序说明
	O0103;	AA103.MPF;	程序号
N10	G90 G94 G21 G40 G17 G54;	G90 G94 G71 G40 G17 G54;	程序初始化
N20	G91 G28 Z0;	G74 Z0;	刀具 Z 向回参考点
N30	M03 S600;	M03 S600;	主轴正转，转速为 600 r/min
N40	G90 G00 X15.0 Y10.0;	G00 X15.0 Y10.0;	刀具定位，切削液开
N50	Z20.0 M08;	Z20.0 M08;	
N60	G01 Z–6.0 F100;	G01 Z–6.0 F100;	加工工件
N70	G03 X–15.0 Y10.0 R15.0;	G03 X–15.0 Y10.0 CR=15.0;	加工上方圆弧槽
N80	G01 Y–10.0;	G01 Y–10.0;	加工直线槽
N90	G03 X15.0 Y–10.0 R15.0;	G03 X15.0 Y–10.0 CR=15.0;	加工下方圆弧槽
N100	G00 Z50.0;	G00 Z50.0;	刀具退出
N110	M05;	M05;	主轴停转
N120	M30;	M02;	程序结束

二、工件坐标系零点偏移和取消指令（G54~G59、G53）

1. 指令格式

G54;（G54~G59，程序中设定工件坐标系零点偏移）

G53;（程序中取消工件坐标系设定，即选择机床坐标系）

2. 指令说明

工件坐标系原点通常通过零点偏移的方法进行设定，其设定过程如下：选择装夹后工件的编程坐标系原点，找出该点在机床坐标系中的绝对坐标值（见图 1–50），将这些值通过机床面板的操作输入机床偏置存储器参数（G54~G59 共六个）中，从而将机床坐标系原点偏移至工件坐标系原点。找出工件坐标系在机床坐标系中位置的过程称为对刀。

通过零点偏移设定工件坐标系的实质就是在编程与加工前让数控系统知道工件坐标系在机床坐标系中的具体位置。通过这种方法设定的工件坐标系，只要不对其进行修改、删除操作，它将永久保存，即使机床关机，该工件坐标系也将保留。

一般通过对刀操作和机床面板的操作输入不同的零点偏移数值，可以设定 G54~G59 共六个不同的工件坐标系，在编程及加工过程中可以通过 G54~G59 指令对不同的工件坐标系进行选择。

例 1–10　如图 1–51 所示各坐标点，试编写刀具刀位点在 O 点、A 点、B 点和 C 点间快速移动的程序。

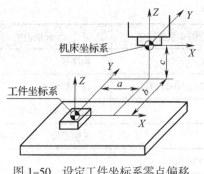

图1-50　设定工件坐标系零点偏移

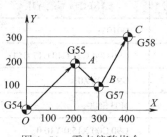

图1-51　零点偏移指令

解： 采用这种方式确定坐标点的位置时，数控系统机床偏置存储器中设定的值如图1-52所示，其加工程序如下：

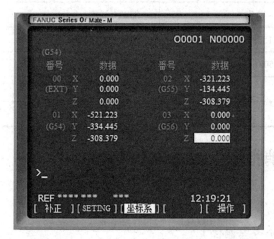

图1-52　机床偏置存储器中设定的值

G90；	（绝对坐标编程）
G54 G00 X0 Y0；	（选择 G54 坐标系，快速定位到该坐标系 XY 平面原点）
G55 G00 X0 Y0；	（选择 G55 坐标系，快速定位到该坐标系 XY 平面原点）
G57 G00 X0 Y0；	（选择 G57 坐标系，快速定位到该坐标系 XY 平面原点）
G58 G00 X0 Y0；	（选择 G58 坐标系，快速定位到该坐标系 XY 平面原点）
M30；	（程序结束并复位）

想一想

机床偏置存储器中各数值之间有没有联系？为什么？

三、常用 M 功能指令

不同的机床生产厂家对有些 M 指令定义了不同的功能，但有部分 M 指令在所有机床上都具有相同的意义。具有相同意义的常用 M 指令及其功能见表1-2。

表 1–2　　　　　　　　　　常用 M 指令及其功能

序号	指令	功能	序号	指令	功能
1	M00	程序暂停	7	M30	程序结束并复位
2	M01	程序选择停止	8	M06	刀具交换
3	M02	程序结束	9	M08	切削液开
4	M03	主轴正转	10	M09	切削液关
5	M04	主轴反转	11	M98	调用子程序
6	M05	主轴停转	12	M99	返回主程序

1. 程序暂停（M00）

执行 M00 指令后，机床所有动作均停止，以便进行某种手动操作，如精度的检测等；重新按下"循环启动"按键后，再继续执行 M00 指令后的程序。该指令常用于粗加工与精加工之间精度检测时的暂停。

2. 程序选择停止（M01）

M01 指令的执行过程与 M00 指令类似，不同的是只有按下机床控制面板上的"选择停止"开关后，该指令才有效；否则，机床继续执行后面的程序。该指令常在检查工件的某些关键尺寸时使用。

3. 程序结束（M02）

程序结束指令 M02 执行后，表示本加工程序内所有内容均已完成，但程序结束后，机床显示屏上的执行光标不返回程序开始段。

4. 程序结束并复位（M30）

M30 指令广泛用作程序结束指令，其执行过程与 M02 指令相似。不同之处在于当程序内容结束后，随即关闭机床的所有操作动作（如主轴停转、切削液关闭等），机床显示屏上的执行光标返回程序开始段，为加工下一个工件做好准备。

5. 主轴功能（M03/M04/M05）

M03 指令用于主轴顺时针方向旋转（简称正转），M04 指令用于主轴逆时针方向旋转（简称反转），主轴停转用 M05 指令表示。

6. 切削液开、关（M08/M09）

切削液开用 M08 指令表示，切削液关用 M09 指令表示。

7. 子程序调用指令（M98/M99）

在 FANUC 系统中，M98 规定为子程序调用指令，调用子程序结束后返回其主程序时用 M99 指令。在 SIEMENS 系统中，规定用 M17、M02 指令或符号"RET"作为子程序结束指令。

四、程序开始与结束

针对不同的数控机床，其程序开始部分和结束部分的内容都是相对固定的，包括一些机床信息，如程序初始化、换刀、工件原点设定、快速点定位、主轴启动、切削液开启等功能。因此，程序的开始部分和程序的结束部分可编成相对固定的格式，从而减少编程的重复工作量。

FANUC 0i 系统和 SIEMENS 802D 系统程序开始部分与结束部分见表 1–3。

表 1–3　　　　　　程序开始部分与结束部分

程序段号	FANUC 0i 系统程序	SIEMENS 802D 系统程序	程序说明
	O0104;	AA104.MPF;	程序号
N10	G90 G94 G21 G40 G17 G54;	G90 G94 G71 G40 G17 G54;	程序初始化
N20	G91 G28 Z0;	G74 Z0;	刀具 Z 向回参考点
N30	M03 S__;	M03 S__;	主轴正转
N40	G90 G00 X__ Y__ M08;	G00 X__ Y__ M08;	刀具定位，切削液开
N50	Z__;	Z__;	
⋮	⋮	⋮	加工工件
N150	G00 Z50.0;（或 G91 G28 Z0;）	G00 Z50.0;（或 G74 Z0;）	刀具退出
N160	M05;	M05;	主轴停转
N170	M30;	M02;	程序结束

注：N10～N50 为程序开始部分，N150～N170 为程序结束部分。

第七节　基础编程综合实例

一、绘制刀具轨迹

例 1–11　试根据表 1–4 所列的加工程序，在 *XY* 坐标平面内绘制刀具刀位点的运动轨迹。

表 1–4　　　　　　加工程序

程序段号	FANUC 0i 系统程序	SIEMENS 802D 系统程序	程序说明
	O0105;	AA105.MPF;	程序号
N10	G90 G94 G21 G40 G17 G54;	G90 G94 G71 G40 G17 G54;	程序初始化
N20	G91 G28 Z0;	G74 Z0;	刀具退回 Z 向参考点
N30	M03 S2000;	M03 S2000;	主轴正转，转速为 2 000 r/min
N40	G90 G00 X–50.0 Y–15.0 M08;	G00 X–50.0 Y–15.0 M08;	刀具定位，切削液开
N50	Z20.0;	Z20.0;	

程序段号	FANUC 0i 系统程序	SIEMENS 802D 系统程序	程序说明
N60	G01 Z–1.0 F40;	G01 Z–1.0 F40;	刀具 Z 向下刀
N70	G01 Y15.0 F100;	G01 Y15.0 F100;	加工文字 "N"
N80	X–30.0 Y–15.0;	X–30.0 Y–15.0;	
N90	Y15.0;	Y15.0;	
N100	G00 Z3.0;	G00 Z3.0;	加工文字 "B"
N110	X–10.0 Y–15.0;	X–10.0 Y–15.0;	
N120	G01 Z–1.0 F40;	G01 Z–1.0 F40;	
N130	G01 Y15.0 F100;	G01 Y15.0 F100;	
N140	X2.5;	X2.5;	
N150	G02 Y0 R7.5;	G02 Y0 CR=7.5;	
N160	G02 Y–15.0 R7.5;	G02 Y–15.0 CR=7.5;	
N170	G01 X–10.0;	G01 X–10.0;	
N180	G00 Z3.0;	G00 Z3.0;	
N190	X–10.0 Y0;	X–10.0 Y0;	
N200	G01 Z–1.0 F40;	G01 Z–1.0 F40;	
N210	G01 X2.5 F100;	G01 X2.5 F100;	
N220	G00 Z3.0;	G00 Z3.0;	加工文字 "A"
N230	X30.0 Y–15.0;	X30.0 Y–15.0;	
N240	G01 Z–1.0 F40;	G01 Z–1.0 F40;	
N250	X40.0 Y15.0 F100;	X40.0 Y15.0 F100;	
N260	X50.0 Y–15.0;	X50.0 Y–15.0;	
N270	G00 Z3.0;	G00 Z3.0;	
N280	X35.0 Y0;	X35.0 Y0;	
N290	G01 Z–1.0 F40;	G01 Z–1.0 F40;	
N300	G01 X45.0;	G01 X45.0;	
N310	G91 G28 Z0 M09;	G74 Z0 M09;	刀具返回 Z 向参考点
N320	M05;	M05;	主轴停转
N330	M30;	M02;	程序结束

解： 在 XY 坐标平面内，刀位点的运动轨迹如图 1–53 所示。

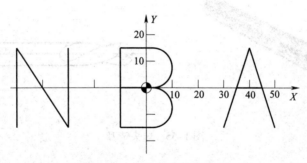

图 1–53　刀位点的运动轨迹

二、铣削圆弧槽

例 1-12 选用 *R*2 mm 的球头铣刀加工图 1-54a 所示工件上的圆弧槽（加工深度为 1 mm），毛坯为 80 mm×80 mm×15 mm 的铝件，试编写其数控铣削加工程序。

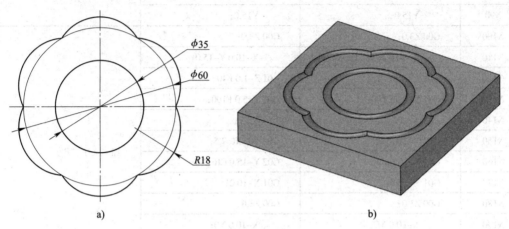

图 1-54　圆弧槽铣削编程实例

a）圆弧槽轮廓　b）毛坯

1. 加工准备

（1）选择数控机床

加工本例工件时，选用的机床为 XK7650 型 FANUC 0i（或 SIEMENS 802D）系统数控铣床。

（2）选择刀具

加工本例工件时，选择图 1-55 所示的球头铣刀（刀具材料为硬质合金，球头半径为 2 mm）或图 1-56 所示的中心钻。

（3）选择切削用量

加工时的切削用量推荐值如下：主轴转速 $n=3\,000$ r/min；XY 平面内进给时的进给速度 $v_f=100$ mm/min，Z 向进给时的进给速度 $v_f=40$ mm/min；背吃刀量等于槽深，取 $a_p=1$ mm。

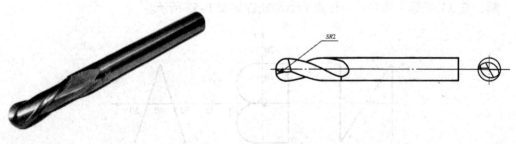

图 1-55　球头铣刀

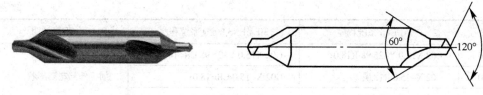

图 1–56 中心钻

2. 设计加工路线

（1）设计加工步骤

加工本例工件时，采用先 Z 向切入，再在 XY 平面内切削加工的方式，其加工步骤如下：

1）采用精密机床用平口虎钳（简称机用虎钳）进行装夹，装夹时须进行精确的校正。

2）正确选择刀具并进行安装。

3）采用手工方式输入加工程序，采用数控系统的绘图功能进行加工程序的校验。

4）采用单步方式完成工件的数控加工，先加工外部花瓣形状，再加工内部整圆。

5）自检零件。

6）进行机床的维护与保养。

（2）确定基点坐标

编程过程中使用的各基点坐标如图 1–57 所示。

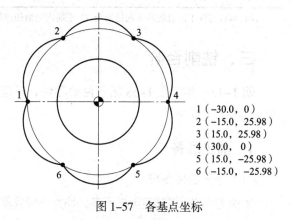

1（−30.0，0）
2（−15.0，25.98）
3（15.0，25.98）
4（30.0，0）
5（15.0，−25.98）
6（−15.0，−25.98）

图 1–57 各基点坐标

3. 编制加工程序

加工本例工件时，以毛坯上表面中心作为编程原点，编程时注意整圆的编程方法。圆弧槽数控铣削加工程序见表 1–5。

表 1–5 　　　　　　　　　　　　　圆弧槽数控铣削加工程序

程序段号	FANUC 0i 系统程序	SIEMENS 802D 系统程序	程序说明
	O0106；	AA106.MPF；	程序号
N10	G90 G94 G21 G40 G17 G54；	G90 G94 G71 G40 G17 G54；	程序初始化
N20	G91 G28 Z0；	G74 Z0；	刀具退回 Z 向参考点
N30	M03 S3000；	M03 S3000；	主轴正转，转速为 3 000 r/min
N40	G90 G00 X−30.0 Y0 M08；	G00 X−30.0 Y0 M08；	刀具定位，切削液开
N50	Z20.0；	Z20.0；	
N60	G01 Z−1.0 F40；	G01 Z−1.0 F40；	刀具 Z 向下刀
N70	G02 X−15.0 Y25.98 R18.0 F100；	G02 X−15.0 Y25.98 CR=18.0 F100；	加工外部花瓣形状
N80	G02 X15.0 R18.0；	G02 X15.0 CR=18.0；	
N90	G02 X30.0 Y0 R18.0；	G02 X30.0 Y0 CR=18.0；	

续表

程序段号	FANUC 0i 系统程序	SIEMENS 802D 系统程序	程序说明
N100	G02 X15.0 Y–25.98 R18.0;	G02 X15.0 Y–25.98 CR=18.0;	加工外部花瓣形状
N110	G02 X–15.0 R18.0;	G02 X–15.0 CR=18.0;	
N120	G02 X–30.0 Y0 R18.0;	G02 X–30.0 Y0 CR=18.0;	
N130	G00 Z3.0;	G00 Z3.0;	刀具退刀后重新定位
N140	X–17.5 Y0;	X–17.5 Y0;	
N150	G01 Z–1.0 F40;	G01 Z–1.0 F40;	加工内部整圆
N160	G02 I17.5 F100;	G02 I17.5 F100;	
N170	G91 G28 Z0 M09;	G74 Z0 M09;	刀具返回 Z 向参考点
N180	M05;	M05;	主轴停转
N190	M30;	M02;	程序结束

注：编程过程中注意变换 Z 向进给与 XY 平面内进给的进给速度。

三、铣削台阶

例 1–13 加工图 1–58 所示台阶零件，毛坯尺寸为 100 mm×80 mm×20 mm，试编写其数控铣削加工程序。

1. 加工准备

（1）分析零件图样

本例工件的尺寸精度要求不高，均为一般公差。工件加工表面的表面粗糙度 Ra 值为 3.2 μm。

（2）选择数控机床

加工本例工件时，选用的机床为 XK7650 型 FANUC 0i（或 SIEMENS 802D）系统数控铣床。

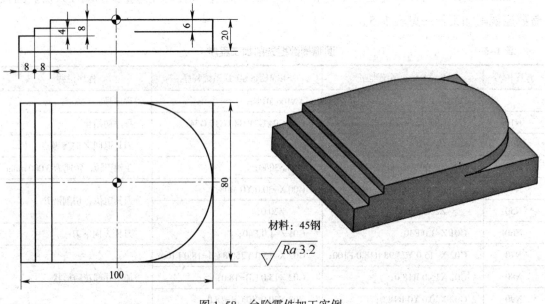

图 1-58 台阶零件加工实例

（3）选择刀具、切削用量和夹具

加工本例工件时，选择图 1-59 所示的 $\phi 20$ mm 立铣刀（刀具材料为高速钢）进行加工，切削用量推荐值如下：转速 n=600 r/min，进给速度 v_f=100 mm/min，背吃刀量 a_p=8 mm。工件采用机用平口钳装夹。

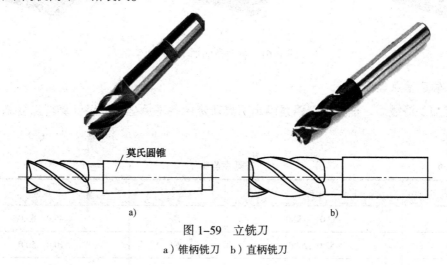

莫氏圆锥

a)　　　　　b)

图 1-59　立铣刀

a）锥柄铣刀　b）直柄铣刀

2. 设计加工路线

（1）设计刀具加工轨迹

加工本例工件时，刀具中心在 XY 平面内的轨迹如图 1-60 所示。当铣削台阶时，刀具从 A 点→B 点，然后 Z 向抬刀并返回 C 点，再 Z 向落刀至加工高度后，从 C 点→D 点。加工圆弧面时，为防止刀具法向进刀产生加工刀痕，采用圆弧过渡方式切入及切出（根据本例的实际情况，也可采用法向方式切出）。本例工件各部位的加工次序如图 1-61 所示。

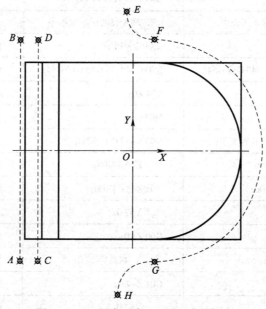

图 1-60　刀具中心在 XY 平面内的轨迹

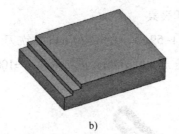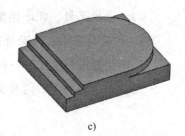

a)　　　　　　　　　b)　　　　　　　　　c)

图 1-61　各部位的加工次序

（2）确定基点坐标

确定加工路线后，根据加工路线确定刀具轨迹中各基点坐标。经计算得出各基点坐标，见表 1-6。

表 1-6　　　　　　　　　　各基点坐标

基点	坐标	基点	坐标
A	-52.0, -52.0	E	-5.0, 65.0
B	-52.0, 52.0	F	10.0, 50.0
C	-44.0, -52.0	G	10.0, -50.0
D	-44.0, 52.0	H	-5.0, -65.0

3. 编制加工程序

如图 1-58 所示，选择工件上表面的对称中心作为工件编程原点。采用基本编程指令编写的数控铣削加工程序见表 1-7。

表 1-7　　　　　　　　　台阶零件数控铣削加工程序

程序段号	FANUC 0i 系统程序	SIEMENS 802D 系统程序	程序说明
	O0107;	AA107.MPF;	程序号
N10	G90 G94 G21 G40 G17 G54;	G90 G94 G71 G40 G17 G54;	程序初始化
N20	G91 G28 Z0;	G74 Z0;	Z 向回参考点
N30	M03 S600;	M03 S600;	主轴正转，转速为 600 r/min
N40	G90 G00 X-52.0 Y-52.0;	G00 X-52.0 Y-52.0;	刀具在 XY 平面中快速定位
N50	Z20.0 M08;	Z20.0 M08;	刀具 Z 向快速定位，切削液开
N60	G01 Z-8.0 F100;	G01 Z-8.0 F100;	第一个台阶的切入深度位置
N70	Y52.0;	Y52.0;	A→B，延长线上切出
N80	G00 Z3.0;	G00 Z3.0;	刀具抬起
N90	X-44.0 Y-52.0;	X-44.0 Y-52.0;	快速定位至 C 点
N100	G01 Z-4.0;	G01 Z-4.0;	第二个台阶的切入深度位置
N110	Y52.0;	Y52.0;	C→D

续表

程序段号	FANUC 0i 系统程序	SIEMENS 802D 系统程序	程序说明
N120	G00 Z3.0;	G00 Z3.0;	刀具抬起
N130	X−5.0 Y65.0;	X−5.0 Y65.0;	快速定位至 E 点
N140	G01 Z−6.0;	G01 Z−6.0;	圆弧台阶的切入深度位置
N150	G03 X10.0 Y50.0 R15.0;	G03 X10.0 Y50.0 CR=15.0;	圆弧切入
N160	G02 Y−50.0 R50.0;	G02 Y−50.0 CR=50.0;	加工圆弧台阶
N170	G03 X−5.0 Y−65.0 R15.0;	G03 X−5.0 Y−65.0 CR=15.0;	圆弧切出
N180	G00 Z100.0 M09;	G00 Z100.0 M09;	刀具 Z 向快速抬刀，切削液关
N190	M05;	M05;	主轴停转
N200	M30;	M02;	程序结束

第八节　刀具补偿功能的编程方法

一、刀具补偿功能

1. 刀位点的概念

在数控编程过程中，为了编程人员编程方便，通常将数控刀具假想成一个点，该点称为刀位点或刀尖点。因此，刀位点既是用于表示刀具特征的点，又是对刀和加工的基准点。常用数控刀具的刀位点如图 1–62 所示，车刀和镗刀的刀位点通常指刀具的刀尖，钻头的刀位点通常指钻尖，立铣刀、面铣刀和铰刀的刀位点指刀具底面的中心，球头铣刀的刀位点指球头中心。

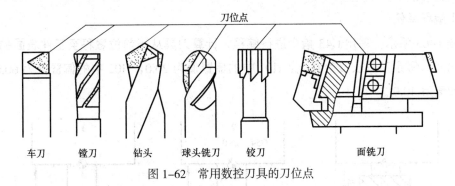

图 1–62　常用数控刀具的刀位点

2. 刀具补偿功能的概念

在数控编程过程中一般不考虑刀具的长度和半径，而只考虑刀位点轨迹与编程轨迹重合。但在实际加工过程中，由于刀具半径与刀具长度各不相同，在加工中势必造成很大的加工误差。因此，实际加工时必须通过刀具补偿指令，使数控机床根据实际使用的刀具尺寸自动调整各坐标轴的移动量，确保实际加工轮廓与编程轨迹完全一致。数控机床的这种根据实际刀具尺寸自动改变坐标轴位置，使实际加工轮廓与编程轨迹完全一致的功能称为刀具补偿功能。

数控铣床的刀具补偿功能分为刀具长度补偿功能和刀具半径补偿功能两种。

二、刀具长度补偿（G43、G44、G49）

1. 刀具长度补偿指令

刀具长度补偿指令是用来补偿假定刀具长度与实际刀具长度之间差值的指令。系统规定所有轴都可采用刀具长度补偿，但同时规定刀具长度补偿只能加在一个轴上，若要对补偿轴进行切换，必须先取消前面轴的刀具长度补偿。

（1）指令格式

G43 H__；　　　（刀具长度正补偿）

G44 H__；　　　（刀具长度负补偿）

G49；或 H00；　（取消刀具长度补偿）

式中　H__——用于指令偏置存储器的偏置号。在地址 H 所对应的偏置存储器中存入相应的偏置值。执行刀具长度补偿指令时，系统首先根据偏移方向指令将指令要求的移动量与偏置存储器中的偏置值做相应的 "+"（G43）或 "-"（G44）运算，计算出刀具的实际移动值，然后指令刀具做相应的运动。

（2）指令说明

G43、G44 为模态指令，可以在程序中保持连续有效。G43、G44 指令的撤销可以使用 G49 指令或选择 H00（刀具偏置值 H00 规定为 0）。

在实际编程中，为避免产生混淆，通常采用 G43 指令而非 G44 指令的格式进行刀具长度补偿的编程。

（3）编程举例

如图 1-63 所示，采用 G43 指令进行编程，计算刀具从当前位置移至工件表面的实际移动量（已知：假定刀具长度为 0，则 H01 中的偏置值为 20.0，H02 中的偏置值为 60.0，H03 中的偏置值为 40.0）。

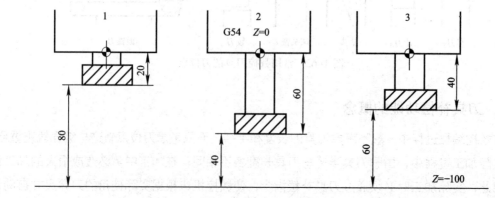

图 1-63　刀具长度补偿

刀具 1：

　　G43 G01 Z-100.0 H01 F100；

　　刀具的实际移动量 =-100 mm+20 mm=-80 mm，刀具向下移 80 mm。

刀具 2：

　　G43 G01 Z-100.0 H02 F100；

　　刀具的实际移动量 =-100 mm+60 mm=-40 mm，刀具向下移 40 mm。

刀具 3：

　　刀具 3 如果采用 G44 指令编程，则输入 H03 中的偏置值应为 -40.0，其编程指令和对应的刀具实际移动量如下：

　　G44 G01 Z-100.0 H03 F100；

　　刀具的实际移动量 =-100 mm-（ -40 mm ）=-60 mm，刀具向下移 60 mm。

2. 刀具长度补偿的应用

（1）将 Z 向对刀值设为刀具长度

对于立式加工中心，刀具长度补偿常被辅助用于工件坐标系零点偏移的设定，即用 G54 指令设定工件坐标系时，仅在 X、Y 方向偏移坐标原点的位置，而 Z 方向不偏移，Z 方向刀位点与工件坐标系 Z0 平面之间的差值全部通过刀具长度补偿值来解决。

如图 1-64 所示，假设用一标准刀具进行对刀，该刀具的长度等于机床坐标系原点与工件坐标系原点之间的距离。对刀后采用 G54 指令设定工件坐标系，则 Z 向偏置值设定为 0，如图 1-65 所示。

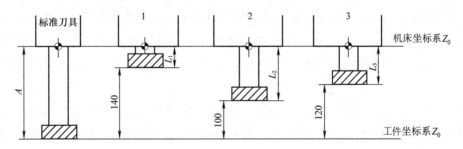

图 1-64　刀具长度补偿的应用

1 号刀具对刀时，将刀具的刀位点移到工件坐标系的 Z_0 处，则刀具 Z 向移动量为 -140，机床坐标系中显示的 Z 坐标值也为 -140，将此时机床坐标系中的 Z 坐标值直接输入相对应的刀具长度偏置存储器，如图 1-66 所示。这样，1 号刀具相对应的偏置存储器 H01 中的值为 -140.0。采用同样的方法，设定在 H02 中的值应为 -100.0，设定在 H03 中的值应为 -120.0。采用这种方法对刀的刀具移动编程指令如下：

G90 G54 G49 G94；

G43 G00 Z__ H__ F100 M03 S__；

⋮

G49 G91 G28 Z0；

⋮

图 1-65　G54 指令工件坐标系参数设定　　　　图 1-66　刀具长度补偿参数设定

提示

　　采用以上方法加工时，显示的 Z 坐标始终为机床坐标系中的 Z 坐标，而非工件坐标系中的 Z 坐标，也就无法直观了解刀具当前的加工深度。

（2）机外对刀后的设定

　　当采用机外对刀时，通常选择其中的一把刀具作为标准刀具，也可将所选标准刀具的长度设为 0，则直接将图 1-64 中测得的机床坐标系 A 值（通常为负值）输入 G54 偏置存储器的 Z 坐标值中，而将不同的刀具长度（见图 1-64 中的 L_1、L_2 和 L_3）输入对应的刀具长度补偿存储器中。

　　另外，也可将 1 号刀具作为标准刀具，则以 1 号刀具对刀后在 G54 偏置存储器中设定的 Z 坐标值为 -140.0。设定在刀具长度补偿存储器中的值依次为 H01=0、H02=40、H03=20。

三、刀具半径补偿（G40、G41、G42）

1. 刀具半径补偿定义

　　在编制轮廓切削加工程序的场合，一般以工件的轮廓尺寸作为刀具中心轨迹进行编程，而实际的刀具中心轨迹与工件轮廓有一偏移量（即刀具半径），如图 1-67 所示。在执行刀具半径补偿指令后，数控系统使刀具中心自动偏离工件轮廓一个刀具半径值，从而加工出所需轮廓，数控系统的这种编程功能称为刀具半径补偿功能。

　　通过运用刀具半径补偿功能编程，可以达到简化编程的目的。

2. 刀具半径补偿指令

（1）指令格式

G41 G01 X__ Y__ F__ D__；　　　（刀具半径左补偿）

G42 G01 X__ Y__ F__ D__；　　　（刀具半径右补偿）

G40；　　　　　　　　　　　　（取消刀具半径补偿）

式中　D__——用于存放刀具半径补偿值的存储器号。

（2）指令说明

G41 指令与 G42 指令的判断方法如下：处在补偿平面外另一根轴的正方向，沿刀具的移动方向看，当刀具处在切削轮廓左侧时，称为刀具半径左补偿；当刀具处在切削轮廓右侧时，称为刀具半径右补偿，如图 1-68 所示。

在地址 D 所对应的偏置存储器中存入的偏置值通常指刀具半径补偿值。与刀具长度补偿一样，刀具号与刀具偏置存储器号可以相同，也可以不同。一般情况下，为防止出错，最好采用相同的刀具号与刀具偏置存储器号。

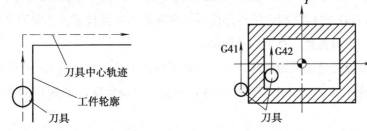

图 1-67　刀具半径补偿功能　　　　　　　　图 1-68　刀具半径补偿偏置方向的判别

G41、G42 为模态指令，可以在程序中保持连续有效。G41、G42 指令的撤销可以使用 G40 指令。

（3）刀具半径补偿过程

刀具半径补偿过程如图 1-69 所示，共分三步，即刀补建立、刀补进行和刀补取消。

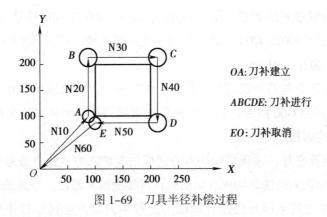

图 1-69　刀具半径补偿过程

O0108；

⋮

```
N10 G41 G01 X100.0 Y100.0 D01;   （刀补建立）
N20 Y200.0;
N30 X200.0;
N40 Y100.0;                       （刀补进行）
N50 X100.0;
N60 G40 G00 X0 Y0;                （刀补取消）
        :
```

1）刀补建立。刀补建立是指刀具从起点接近工件时，刀具中心轨迹从与编程轨迹重合过渡到与编程轨迹偏离一个偏置量的过程。该过程的实现必须有 G00 或 G01 指令才有效。

本例中，刀具补偿过程通过程序段 N10 建立。当执行程序段 N10 时，机床刀具的坐标位置由以下方法确定：将包含 G41 指令的下边两个程序段（N20、N30）预读，连接在补偿平面内最近的两移动语句的终点坐标（见图 1-69 中的 AB 连线），其连线的垂直方向为偏置方向，根据 G41 或 G42 指令确定偏向哪一边，偏置量的大小由偏置号 D01 地址中的数值决定。经补偿后，刀具中心位于图 1-69 中 A 点处，即坐标点（100- 刀具半径，100）处。

2）刀补进行。在包含 G41 或 G42 指令的程序段后，程序进入补偿模式，此时刀具中心轨迹与编程轨迹始终相距一个偏置量，直至刀补取消。

在补偿模式下，数控系统要预读两段程序，找出当前程序段刀位点轨迹与下一个程序段刀位点轨迹的交点，以确保机床把下一个工件轮廓向外补偿一个偏置量，如图 1-69 中的 B 点、C 点等。

3）刀补取消。刀具离开工件，刀具中心轨迹过渡到与编程轨迹重合的过程称为刀补取消，如图 1-69 中的 EO 段。

刀补的取消用 G40 指令或 D00 执行，要特别注意的是，G40 指令必须与 G41 或 G42 指令成对使用。

（4）刀具半径补偿注意事项

1）刀具半径补偿模式的建立与取消程序段只能在 G00 或 G01 移动指令模式下才有效。虽然有部分系统也支持 G02、G03 模式，但为防止出现差错，在刀具半径补偿建立与取消程序段中最好不使用 G02、G03 指令。

2）为保证刀补建立与刀补取消时刀具与工件的安全，通常采用 G01 指令运动方式建立或取消刀补。如果采用 G00 指令运动方式建立或取消刀补，则要采取先建立刀补再下刀和先退刀再取消刀补的编程加工方法。

3）为了便于计算坐标，采用切向切入方式或法向切入方式建立或取消刀补。对于不便于沿工件轮廓线方向切向或法向切入、切出时，可根据情况增加一个圆弧辅助程序段。

4）为了防止在刀具半径补偿建立与取消过程中刀具产生过切现象（见图 1-70a 中的 OM 和图 1-70b 中的 AM），刀具半径补偿建立与取消程序段的起始位置与终点位置最好与补偿方向在同一侧（见图 1-70a 中的 OA 和图 1-70b 中的 AN）。

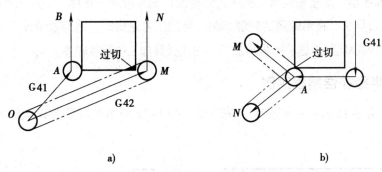

图 1-70　刀补建立与取消时的起始位置与终点位置

a）建立刀补进刀　　b）取消刀补退刀

5）在刀具补偿模式下，一般不允许存在连续两段以上的非补偿平面内移动指令；否则，刀具也会出现过切等危险动作。

非补偿平面移动指令通常指只有 G、M、S、F、T 指令的程序段（如 "G90;" "M05;" 等），程序暂停程序段（如 "G04 X10.0;" 等），G17、G18、G19 平面内的 Z、Y、X 轴移动指令等。

（5）刀具半径补偿的应用

刀具半径补偿功能除了可使编程人员直接按轮廓编程，简化了编程工作，在实际加工中还有许多其他方面的应用。

1）采用同一段程序，对工件进行粗、精加工。

如图 1-71a 所示，编程时按实际轮廓 ABCD 编程，在粗加工时，将偏置量设为 $D=R+\varDelta$，其中 R 为刀具的半径，$\varDelta$ 为精加工余量，这样在粗加工完成后，形成的工件轮廓 $A'B'C'D'$ 的加工尺寸要比实际轮廓 ABCD 每边都大 $\varDelta$。在精加工时，将偏置量设为 $D=R$，这样工件加工完成后，即得到实际加工轮廓 ABCD。同理，当工件加工后，如果测量尺寸比图样要求尺寸大时，也可用同样的方法进行修整。

2）采用同一程序段，加工相同尺寸的内、外轮廓。

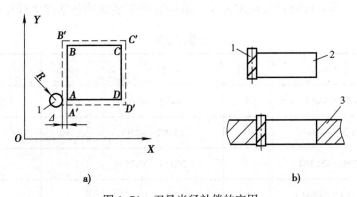

图 1-71　刀具半径补偿的应用

a）采用刀具半径补偿保留精加工余量　　b）采用刀具半径补偿加工同尺寸的内、外轮廓

1—刀具　2—凸件　3—凹件

如图 1–71b 所示，对于相同尺寸的内、外轮廓，编写成同一程序，当加工外轮廓时，将偏置值设为 +D，刀具中心将沿轮廓的外侧切削；当加工内轮廓时，将偏置值设为 –D，这时刀具中心将沿轮廓的内侧切削。这种编程与加工方法在模具加工中运用较多。

3. 刀具半径补偿编程实例

例 1–14 用 ϕ16 mm 的高速钢立铣刀加工图 1–72 所示的外轮廓，试编写其数控铣削加工程序。

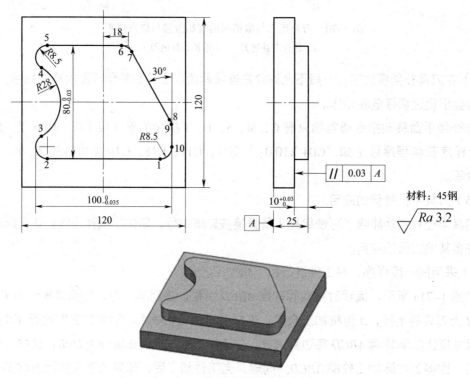

图 1–72 刀具半径补偿编程实例 1

加工本例工件时，选用 ϕ16 mm 的高速钢立铣刀，主轴转速为 600 r/min，进给速度 v_f=100 mm/min，刀具半径补偿采用左补偿。编程过程中使用的各基点坐标见表 1–8。

表 1–8 各基点坐标

基点	坐标	基点	坐标	基点	坐标
1	（41.5，–40.0）	5	（–41.5，40.0）	9	（50.0，–17.703）
2	（–41.5，–40.0）	6	（13.092，40.0）	10	（50.0，–31.5）
3	（–45.794，–24.164）	7	（20.454，35.75）		
4	（–45.794，24.164）	8	（48.861，–13.453）		

参考程序见表 1–9。

表 1-9   参考程序

程序段号	FANUC 0i 系统程序	SIEMENS 802D 系统程序	程序说明
	O0109;	AA109.MPF;	程序号
N10	G90 G94 G40 G21 G17 G54;	G90 G94 G40 G71 G17 G54;	程序初始化
N20	G91 G28 Z0;	G74 Z0;	刀具 Z 向回参考点
N30	G90 G00 X-90.0 Y70.0;	G00 X-90.0 Y70.0 T1D1;	刀具快速定位
N40	G43 Z20.0 H01;	Z20.0;	刀具长度补偿
N50	M03 S600 M08;	M03 S600 M08;	主轴正转，转速为 600 r/min，切削液开
N60	G01 Z-10.0 F100;	G01 Z-10.0 F100;	刀具 Z 向切入
N70	G41 G01 Y40.0 D01;	G41 G01 Y40.0;	建立刀具半径左补偿
N80	X13.092;	X13.092;	切向切入，轨迹 5 → 6
N90	G02 X20.454 Y35.75 R8.5;	G02 X20.454 Y35.75 CR=8.5;	轨迹 6 → 7
N100	G01 X48.861 Y-13.453;	G01 X48.861 Y-13.453;	轨迹 7 → 8
N110	G02 X50.0 Y-17.703 R8.5;	G02 X50.0 Y-17.703 CR=8.5;	轨迹 8 → 9
N120	G01 Y-31.5;	G01 Y-31.5;	轨迹 9 → 10
N130	G02 X41.5 Y-40.0 R8.5;	G02 X41.5 Y-40.0 CR=8.5;	轨迹 10 → 1
N140	G01 X-41.5;	G01 X-41.5;	轨迹 1 → 2
N150	G02 X-45.794 Y-24.164 R8.5;	G02 X-45.794 Y-24.164 CR=8.5;	轨迹 2 → 3
N160	G03 Y24.164 R28.0;	G03 Y24.164 CR=28.0;	轨迹 3 → 4
N170	G02 X-41.5 Y40.0 R8.5;	G02 X-41.5 Y40.0 CR=8.5;	轨迹 4 → 5
N180	G40 G01 X-90.0 Y70.0;	G40 G01 X-90.0 Y70.0;	取消刀具半径补偿
N190	G91 G28 Z0;	G74 Z0;	Z 向退刀，程序结束
N200	M30;	M02;	

    例 1-15 选用 ϕ12 mm 的高速钢键槽铣刀在 ϕ100 mm×20 mm 的圆钢毛坯上加工图 1-73 所示的内轮廓，试编写其数控铣削加工程序。

    加工本例工件时，选择图 1-74 所示的 ϕ12 mm 键槽铣刀（刀具材料为高速钢）进行加工，切削用量推荐值如下：主轴转速 n=600 r/min，进给速度 v_f=100 mm/min，背吃刀量 a_p=6 mm。加工过程中选用三爪自定心卡盘进行装夹，其参考程序见表 1-10。

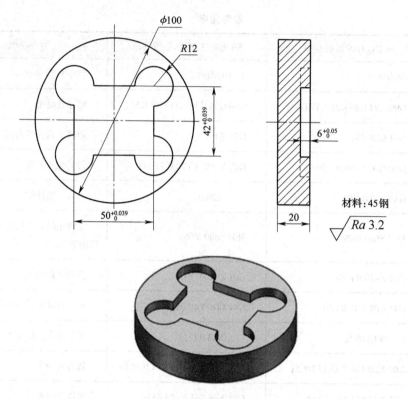

图 1-73 刀具半径补偿编程实例 2

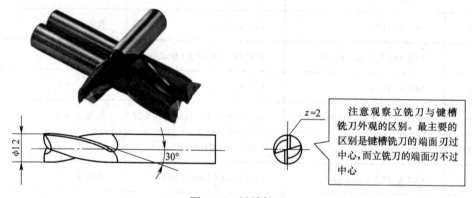

注意观察立铣刀与键槽铣刀外观的区别。最主要的区别是键槽铣刀的端面刃过中心，而立铣刀的端面刃不过中心

图 1-74 键槽铣刀

表 1-10   参考程序

程序段号	FANUC 0i 系统程序	SIEMENS 802D 系统程序	程序说明
	O0110;	AA110.MPF;	轮廓加工程序
N10	G90 G94 G21 G40 G17 G54;	G90 G94 G71 G40 G17 G54;	程序初始化
N20	G91 G28 Z0;	G74 Z0;	刀具返回 Z 向参考点
N30	M03 S600;	M03 S600;	主轴正转，转速为 600 r/min
		T1D1;	

续表

程序段号	FANUC 0i 系统程序	SIEMENS 802D 系统程序	程序说明
N40	G90 G00 X0 Y0;	G00 X0 Y0;	刀具定位，切削液开
N50	Z10.0 M08;	Z10.0 M08;	
N60	G01 Z-6.0 F50;	G01 Z-6.0 F50;	刀具 Z 向下刀
N70	G41 G01 X25.0 Y-10.0 D01 F100;	G41 G01 X25.0 Y-10.0 F100;	在轮廓延长线上建立刀具半径补偿
N80	Y9.0;	Y9.0;	加工内轮廓
N90	G03 X13.0 Y21.0 R-12.0;	G03 X13.0 Y21.0 CR=-12.0;	
N100	G01 X-13.0;	G01 X-13.0;	
N110	G03 X-25.0 Y9.0 R-12.0;	G03 X-25.0 Y9.0 CR=-12.0;	
N120	G01 Y-9.0;	G01 Y-9.0;	
N130	G03 X-13.0 Y-21.0 R-12.0;	G03 X-13.0 Y-21.0 CR=-12.0;	
N140	G01 X13.0;	G01 X13.0;	
N150	G03 X25.0 Y-9.0 R-12.0;	G03 X25.0 Y-9.0 CR=-12.0;	
N160	G01 X15.0;	G01 X15.0;	
N170	G40 G01 X0 Y0;	G40 G01 X0 Y0;	取消刀具半径补偿
N180	G91 G28 Z0 M09;	G74 Z0 M09;	刀具返回 Z 向参考点
N190	M05;	M05;	主轴停转
N200	M30;	M02;	程序结束

第九节　加工中心的刀具交换功能

一、加工中心的自动换刀

在工件的加工过程中，有时需要用到几种不同的刀具加工同一工件，这时，如果是单件生产或较小批量（通常指少于 10 件）生产，则采用手动换刀较为合适；而如果是批量较大的生产，则采用加工中心自动换刀的方式较为合适。

1. 换刀动作

通常情况下，不同数控系统加工中心的换刀程序各不相同，但换刀的动作却基本相同，通常分为刀具选择、刀具换刀前的准备和刀具交换三个基本动作。

（1）刀具选择

刀具选择是将刀库中某个刀位的刀具转到换刀位置，为下次换刀做好准备。其指令格式如下：

T＿；

如 "T01；" "T13；" 等。

刀具选择指令可在任意程序段内执行。有时为了节省换刀时间，通常在加工过程中同时执行 T 指令，示例如下：

G01 X100.0 Y100.0 F100 T12；

执行该程序段时，主轴刀具在执行 G01 指令进给的同时，刀库中的刀具也转到换刀位置。

（2）刀具换刀前的准备

在执行换刀指令前，通常要做好以下几项换刀准备工作：

1）主轴回到换刀点。立式加工中心的换刀点在 XY 方向上是任意的。在 Z 方向上，由于刀库的 Z 向高度是固定的，因此其 Z 向换刀点位置也是固定的，该换刀点通常位于靠近 Z 向机床原点的位置。为了在换刀前接近该换刀点，通常采用以下指令实现。

G91 G28 Z0；　　　　　　　　　（返回 Z 向参考点）

G49 G53 G00 Z0；　　　　　　　（取消刀具长度补偿，并返回机床坐标系 Z 向原点）

2）主轴准停。在进行换刀前，必须实现主轴准停，以使主轴上的两个凸起对准刀柄的两个卡槽。FANUC 系统主轴准停通常通过 M19 指令实现。

3）切削液关闭。换刀前通常需用 M09 指令关闭切削液。

（3）刀具交换

刀具交换是指刀库中位于换刀位置的刀具与主轴上的刀具进行自动换刀的过程。其指令格式如下：

M06；

在 FANUC 系统中，M06 指令中不仅包括了刀具交换的过程，还包含了刀具换刀前的所有准备动作，即返回换刀点、切削液关闭、主轴准停。

2. 加工中心常用换刀程序

（1）带机械手的换刀程序

带机械手的换刀程序格式如下：

T×× M06；

在该指令格式中，T 指令在前，表示选择刀具；M06 指令在后，表示通过机械手执行主轴刀具与刀库刀具的交换。举例如下：

　⋮

G40 G01 X20.0 Y30.0；　　　　（XY 平面内取消刀补）

G49 G53 G00 Z0；　　　　　　　（刀具返回机床坐标系 Z 向原点）

T05 M06；　　　　　　　　　　　（选择 5 号刀具，主轴准停，切削液关，刀具交换）

M03 S600 G54；　　　　　　　　（主轴正转，转速为 600 r/min，选择工件坐标系）

：

执行该程序时，刀具先在 XY 平面内取消刀补，再执行返回 Z 向机床原点命令；主轴准停并沿 Z 轴移至换刀点；刀库转位寻刀，将 5 号刀具转到换刀位置；执行 M06 指令进行换刀。换刀结束后，如需进行下一次加工，则需重新指定机床转速。

（2）不带机械手的换刀程序

当加工中心的刀库为转盘式刀库且不带机械手时，其换刀程序如下：

M06 T07；

提示

该指令格式中的 M06 指令在前，T 指令在后，且 M06 指令和 T 指令不能前后调换位置。如果调换位置，则在指令执行过程中将产生程序出错报警。

执行该指令时，同样先自动完成换刀前的准备动作，再执行 M06 指令，主轴上的刀具放入当前刀库中处于换刀位置的空刀位；然后刀库转位寻刀，将 7 号刀具转换到当前换刀位置，再次执行 M06 指令，将 7 号刀具装入主轴。因此，对于这种方式的换刀，每次换刀过程要执行两次刀具交换。

（3）子程序换刀

在 FANUC 系统中，为了方便编写换刀程序，防止自动换刀过程中出错，系统常自带换刀子程序，子程序号通常为 O8999，其程序内容如下：

O8999；   （立式加工中心换刀子程序）

N10 M05 M09；   （主轴停转，切削液关）

N20 G80；   （取消固定循环）

N30 G91 G28 Z0；   （Z 向返回机床原点）

N40 G49 M06；   （取消刀具长度补偿，交换刀具）

N50 M99；   （返回主程序）

SIEMENS 系统换刀子程序号通常为 L6，其内容与上述子程序类似。

采用子程序换刀时，其主程序调用格式如下：

T06 M98 P8999；

二、换刀点

加工过程中需要换刀时，应规定换刀点。所谓换刀点，是指刀架转位换刀时的位置。对于加工中心来说，由于机械手的位置是固定不变的，因此换刀点的位置是一个固定点。通常情况下，加工中心的换刀点取在靠近机床 Z 向原点的位置。

换刀点应设在工件与夹具的外面，以刀架转位过程中不碰工件和其他部位为准。

第十节　数控铣床／加工中心的使用与维护

一、数控铣床／加工中心的使用要求

1. 数控铣床／加工中心使用的环境要求

对于数控铣床／加工中心工作环境的要求如下：

（1）要避免阳光直接照射和其他热辐射，要避免太潮湿、粉尘或腐蚀性气体过多的场所。

（2）要远离振动大的设备，如冲床、锻压设备等。

（3）在有空调的环境中使用，会明显地减小机床的故障率。

2. 数控铣床／加工中心使用的电源要求

数控铣床／加工中心对电源电压没有什么特殊要求，一般允许波动 ±10%，因此，针对我国的实际供电情况，有条件的企业多采用专线供电或增设稳压装置来减小供电质量的影响及减少电气设备的干扰。

3. 数控铣床／加工中心使用时对操作人员的要求

数控铣床／加工中心的使用与维修比普通机床难度大。为充分发挥机床的优越性，对机床操作人员的挑选和培训是相当重要的一环。数控铣床／加工中心的操作人员必须有较强的责任心，善于合作，技术基础较好，有一定机械加工实践经验，同时要善于动脑，勤于学习。

4. 数控铣床／加工中心使用的加工工艺要求

数控铣床／加工中心的加工与普通机床加工相比，在工艺方面遵循的原则基本一致，在使用方法上也大致相同。不同之处在于数控铣床／加工中心的加工内容更加具体，工艺也更加严密。

二、数控铣床／加工中心的定期检查

数控铣床／加工中心定期检查的部位和要求见表 1–11。

表 1–11　　　　数控铣床／加工中心定期检查的部位和要求

检查周期	检查部位	检查要求
每天	导轨润滑站	检查油标、油量，及时添加润滑油，润滑油泵能定时启动打油及停止
	X、Y、Z 轴和各回转轴导轨	清除切屑和污物，检查润滑是否充分、导轨面有无划伤或损坏
	压缩空气气源	检查气动控制系统压力，应在正常范围内

续表

检查周期	检查部位	检查要求
每天	机床进气口的空气干燥器	及时清理分水器中滤出的水分,保证自动空气干燥器工作正常
	主轴润滑恒温油箱	检查油标高度,不够时及时补足
	机床液压系统	油箱、液压泵无异常噪声,压力表指示正常,管路和各接头无渗漏,油面高度正常
	主轴箱液压平衡系统	平衡压力指示正常,快速移动时平衡工作正常
	数控系统的输入/输出单元	输入/输出单元清洁,运行状态良好
	电气柜通风散热装置	电气柜冷却风扇工作正常,风道过滤网无堵塞
	各种防护装置	导轨、机床防护罩等应无松动、漏水现象
一周	电气柜进气过滤网	清洗电气柜进气过滤网
半年	滚珠丝杠螺母副	清洗丝杠上的旧润滑脂,涂上新润滑脂
	液压油路	清洗溢流阀、减压阀、滤油器,清洗油箱,更换或过滤液压油
	主轴润滑恒温油路	清洗过滤器,更换润滑脂
一年	直流伺服电动机电刷	检查换向器表面,吹净炭粉,去除毛刺;更换长度过短的电刷,并应跑合后才能使用
	润滑油泵、滤油器等	清洗润滑油池,更换滤油器
不定期	导轨上镶条、压紧滚轮、丝杠	按机床说明书调整
	切削液箱	检查液面高度,切削液太脏时需要更换;清洗切削液箱,经常清洗过滤器
	排屑器	经常清理切屑,检查有无卡住现象
	滤油池	及时清除滤油池中的旧油,以免外溢
	主轴驱动带松紧度	按机床说明书调整

三、数控铣床/加工中心常见故障分类和常规处理

1. 常见故障的分类

数控铣床/加工中心由于自身原因不能正常工作,就是产生了故障。常见故障可分为以下几种类型:

(1)系统性故障和随机性故障

按故障出现的必然性和偶然性,分为系统性故障和随机性故障。系统性故障是指机床和系统在某一特定条件下必然出现的故障,随机性故障是指偶然出现的故障。因此,随机性故障的分析与排除比系统性故障困难得多。通常随机性故障往往由于机械结构局部松动、错位,控制系统中元器件出现工作特性漂移,电气元件工作可靠性下降等原因造成,需经反复试验和综合判断才能排除。

（2）有诊断显示故障和无诊断显示故障

以故障出现时有无自诊断显示，可分为有诊断显示故障和无诊断显示故障两种。如今的数控系统都有较丰富的自诊断功能，出现故障时会停机、报警并自动显示相应报警参数号，使维护人员较容易找到故障原因。而出现无诊断显示故障时，往往机床停在某一位置不能动，甚至手动操作也失灵，维护人员只能根据出现故障前后的现象分析及判断，排除故障难度较大。

（3）破坏性故障和非破坏性故障

以故障有无破坏性，分为破坏性故障和非破坏性故障。对于破坏性故障，如伺服系统失控造成撞车，短路烧坏熔断器等，维护难度大，有一定危险，修后不允许这些现象重现。而非破坏性故障可经过多次反复试验直至排除，不会对机床造成危害。

（4）机床运动特性质量故障

机床运动特性质量故障发生后机床照常运行，也没有任何报警显示，但加工出的工件不合格。针对这些故障，必须在检测仪器配合下，对机械结构、控制系统、伺服系统等采取综合措施。

（5）硬件故障和软件故障

按故障发生的部位不同，分为硬件故障和软件故障。硬件故障只需通过更换某些元器件即可排除；而软件故障是由于编程错误造成的，通过修改程序内容或修正机床参数即可排除。

2. 故障常规处理方法

数控铣床/加工中心出现故障后，除少量自诊断功能可以显示故障外（如存储器报警、动力电源电压过高报警等），大部分故障是由综合因素引起的，往往不能确定其具体原因。一般按以下步骤进行故障的常规处理：

（1）充分调查故障现场

机床发生故障后，维修人员应仔细观察寄存器和缓冲工作寄存器尚存内容，了解已执行的程序内容，向操作人员了解现场情况和现象。当有诊断显示报警时，打开电气柜，观察印制电路板上有无相应报警红灯显示。做完这些调查后，就可以按动数控机床上的"复位"键，观察系统复位后报警是否消除，如消除则属于软件故障；否则即为硬件故障。对于非破坏性故障，可让机床重现发生故障时的运行状况，仔细观察故障是否再现。

（2）将可能造成故障的原因全部列出

造成数控铣床/加工中心故障的原因多种多样，有机械的、电气的、控制系统的等。此时，要将可能发生的故障原因全部列出来，以便于排查。

（3）逐步选择并确定故障产生的原因

根据故障现象，参考机床有关维护使用手册罗列出各因素，经优化选择及综合判断，找出导致故障的确切原因。

（4）故障的排除

找到造成故障的确切原因后，就可以对症下药，修理、调整及更换有关元器件。

3. 常见机械故障的排除

（1）进给传动链故障

由于导轨普遍采用滚动摩擦副，因此进给传动故障大部分是由于运动质量下降造成的，如机械部件未到达规定位置、运行中断、定位精度下降、反向间隙过大等，出现此类故障可调整各运动副预紧力，调整松动环节，提高运动精度及调整补偿环节。

（2）机床回零故障

机床在返回基准点时发生超程报警，无减速动作。产生此类故障的原因一般是减速信号没有输入数控系统，一般可检查限位挡块和信号线部位进行排除。

（3）自动换刀装置故障

自动换刀装置故障较为常见，故障表现为刀库运动故障、定位误差过大、换刀动作不到位、换刀动作卡位、整机停止工作等，此类故障一般可通过检查气缸压力、调整各限位开关位置、检查反馈信号线、调整与换刀动作相关的机床参数来排除。

（4）机床不能运动或加工精度低

这是一些综合故障，出现此类故障时，可通过重新调整及改变间隙补偿、检查轴向进给时有无爬行现象等方法来排除。

四、数控铣床／加工中心安全操作规程

数控铣床／加工中心的操作一定要确保规范，以避免发生人身、设备、刀具等的安全事故。数控铣床／加工中心的安全操作规程如下：

1. 加工前的安全操作

（1）工件加工前，一定要先检查机床能否正常运行，可以通过试车进行检查。

（2）操作机床前应仔细检查输入的数据，以免引起误操作。

（3）确保指定的进给速度与加工所要的进给速度相适应。

（4）当使用刀具补偿时，应仔细检查补偿方向与补偿量。

（5）数控系统与可编程机床控制器（programmable machine controller，PMC）的参数都是由机床生产厂家设置的，通常不需要修改；如果必须修改参数，在修改前应确保对参数有深入、全面的了解。

（6）机床通电后，数控装置出现位置显示或报警界面前，不要碰 MDI 面板上的任何键，MDI 面板上的有些键专门用于维护和特殊操作，在开机的同时按下这些键，可能使机床产生数据丢失等误操作。

2. 加工过程中的安全操作

（1）手动操作

当手动操作机床时，要确定刀具和工件的当前位置并保证正确指定了运动轴、方向和进

给速度。

（2）手动返回参考点

机床通电后，务必先执行手动返回参考点操作；否则，机床的运动将不可预料。

（3）手轮进给

手轮进给时，一定要选择正确的手轮进给倍率，过大的手轮进给倍率容易导致刀具或机床的损坏。

（4）确定工件坐标系

手动干预、机床锁住或镜像操作都可能使工件坐标系移动，用程序控制机床前，应先确认工件坐标系。

（5）空运行

通常使用机床空运行确认机床运行的正确性。在空运行期间，机床以空运行的进给速度运行，这与程序输入的进给速度不一样，且空运行的进给速度要比编程用的进给速度快得多。

（6）自动运行

机床在自动执行程序时，操作人员不得离开工作岗位，要密切注意机床、刀具的工作状况，根据实际加工情况调整加工参数。一旦发生意外情况，应立即停止机床动作。

3. 与编程相关的安全操作

（1）坐标系的设定

如果没有设置正确的坐标系，尽管指令是正确的，但机床可能并不按所要求的动作运动。

（2）米制/英制的转换

在编程过程中，一定要注意米制/英制的转换，使用的单位制式一定要与机床当前使用的单位制式相同。

（3）旋转轴的功能

当编制极坐标插补程序时，应特别注意旋转轴的转速。旋转轴转速不能过高，当转速过高时，如果工件装夹不牢，会由于离心力过大而将工件甩出，引起事故。

（4）刀具补偿功能

在补偿功能模式下，发出基于机床坐标系的运动命令或返回参考点命令，补偿就会暂时取消，这可能会导致机床产生不可预料的运动。

4. 关机时的注意事项

（1）确认工件已加工完毕。

（2）确认机床的全部运动均已完成。

（3）检查工作台面是否远离行程开关。

（4）检查刀具是否已取下，主轴锥孔是否已清理干净并涂上润滑脂。

（5）检查工作台面是否已清理干净。

（6）关机时要求先关系统电源，再关机床电源。

思考与练习

1. 数控铣床/加工中心适合加工哪些工件？

2. 什么是数控编程？数控编程有哪些步骤？

3. 数控编程分为哪几类？各有什么特点？

4. 试列出三种以上目前使用较广泛的数控自动化编程软件。

5. 数控程序由哪几部分组成？

6. 什么是数控程序段格式？试写出一个完整的数控程序段，并说明各部分的功能。

7. 什么是指令分组？什么是模态指令？什么是开机默认指令？

8. 什么是机床坐标系？如何确定数控铣床机床坐标系的坐标方向？如何建立机床坐标系？

9. 什么是工件坐标系？什么是工件坐标系原点？如何选择立式数控铣床的工件坐标系原点？

10. 选用 $\phi 14$ mm 键槽铣刀加工图 1-75 所示的环形槽，槽宽为 14 mm，试编写立式数控铣削加工程序。

11. 试写出圆弧加工指令的指令格式。G02 与 G03 指令是如何判断的？

12. 分别用 I、J、R 值的编程方法编写图 1-76 中 A 点到 B 点四段圆弧的加工程序。

13. M00、M01、M02、M30 指令的作用是什么？它们有什么不同？

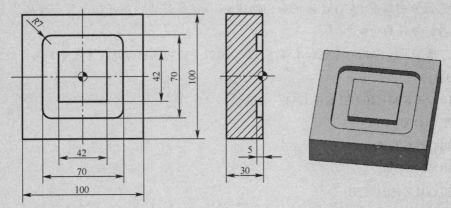

图 1-75　思考与练习 1

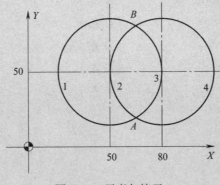

图 1-76　思考与练习 2

14. 什么是刀具补偿功能？刀具补偿功能分为哪几种？

15. 刀具半径补偿的过程分为哪几步？在进行刀具半径补偿的过程中要注意哪些问题？

16. 加工图 1-77 所示工件的外轮廓，毛坯尺寸为 80 mm × 80 mm × 20 mm，试编写其数控铣削加工程序。

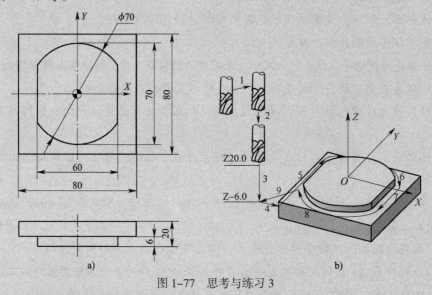

图 1-77　思考与练习 3

17. 试分别写出 FANUC 系统和 SIEMENS 系统编程的程序开始部分和程序结束部分，并说明各程序段的功能。

18. 根据下列 FANUC 系统加工程序，试在 G17 平面内画出刀具从 A 点至 F 点的加工轨迹。

O0111；

N10 G90 G94 G40 G21 G17 G54；

N20 G00 X0 Y0；

N30 G43 G00 Z20.0 H01；

N40 M03 S600；

N50 G01 Z–10.0 F50；

N60 G42 G01 X10.0 Y20.0 D01；　　　　（A 点）

N70 G02 X30.0 I10.0 F100；　　　　（B 点）

N80 G03 X50.0 R10.0；　　　　（C 点）

N90 G01 Y50.0；　　　　（D 点）

N100 G03 X10.0 I–20.0；　　　　（E 点）

N110 G01 Y10.0；　　　　（F 点）

N120 G40 G00 X0 Y0；

N130 G49 G91 G28 Z0；

N140 M05；

N150 M30；

第二章　FANUC 系统的编程与操作

第一节　FANUC 系统功能简介

一、FANUC 数控系统介绍

FANUC 公司生产的数控产品主要有 FS0、FS3、FS6、FS10/11/12、FS15、FS16、FS18、FS21/210 等系列。目前我国用户主要使用的有 FS0、FS15、FS16、FS21/210 等系列。

1. FS0 系列

FS0 系列是一种面板装配式的数控系统，它有许多规格，如 FS0-T、FS0-TT、FS0-M、FS0-ME、FS0-G、FS0-F 等型号。T 型数控系统用于单刀架单主轴的数控车床，TT 型数控系统用于单主轴双刀架或双主轴双刀架的数控车床，M 型数控系统用于数控铣床/加工中心，G 型数控系统用于数控磨床，F 型是对话型数控系统。

2. FS10/11/12 系列

FS10/11/12 系列有多个品种，可用于各种机床，它的规格型号有 M 型、T 型、TT 型、F 型等。

3. FS15 系列

FS15 系列是 FANUC 公司开发的 32 位数控系统，被称为人工智能数控系统。该系统是按功能模块结构构成的，可以根据不同的需要组合成最小至最大系统，控制轴数从 2 根到 15 根，同时还有 PMC 的轴控制功能，可配备有 7、9、11 和 13 个槽的控制单元母板，在控制单元上插入各种印制电路板，采用了通信专用微处理器和 RS422 接口，并有远程缓冲功能。在硬件方面采用了模块式多主总线结构，为多微处理控制系统，主中央处理器（central processing unit，CPU）为 68020，同时还有一个子 CPU，因此该系列适用于大型机床、复合机床的多轴控制和多系统控制。

4. FS16 系列

FS16 系列是在 FS15 系列之后开发的产品，其性能介于 FS15 系列和 FS0 系列之间，在显示方面，FS16 系列采用了彩色液晶显示等技术。

5. FS21/210 系列

FS21/210 系列有 FS21 MA/MB、FS21 TA/TB、FS210 MA/MB 和 FS210 TA/TB 等型号。

本系列的数控系统适用于中、小型数控机床。

二、FANUC 0i 系统功能介绍

FANUC 0i 系统为目前我国数控机床上采用较多的数控系统，主要用于数控铣床和加工中心，具有一定的代表性。其常用功能指令分为准备功能指令、辅助功能指令和其他功能指令三类。

1. 准备功能指令

FANUC 0i 系统准备功能指令见表 2-1。

表 2-1　　　　　　　　　　　FANUC 0i 系统准备功能指令

G 指令	组别	功能	程序格式和说明
G00 ▲	01	快速点定位	G00 IP__;
G01		直线插补	G01 IP__ F__;
G02		顺时针圆弧插补	G02/G03 X__ Y__ R__ F__;
G03		逆时针圆弧插补	G02/G03 X__ Y__ I__ J__ F__;
G04	00	暂停	G04 X__; 或 G04 P__;
G07.1		圆柱插补	G07.1 IP1;（有效） G07.1 IP0;（取消）
G08		预读处理控制	G08 P1;（接通） G08 P0;（取消）
G09		准确停止	G09 IP__;
G10		可编程数据输入	G10 L50;（参数输入方式）
G11		可编程数据输入取消	G11;
G15 ▲	17	极坐标取消	G15;
G16		极坐标指定	G16;
G17 ▲	02	选择 XY 平面	G17;
G18		选择 ZX 平面	G18;
G19		选择 YZ 平面	G19;
G20	06	英寸输入	G20;
G21		毫米输入	G21;
G22 ▲	04	存储行程检测接通	G22 X__ Y__ Z__ I__ J__ K__;
G23		存储行程检测断开	G23;
G27	00	返回参考点检测	G27 IP__;（IP 为指定的参考点）
G28		返回参考点	G28 IP__;（IP 为经过的中间点）
G29		从参考点返回	G29 IP__;（IP 为返回的目标点）

续表

G 指令	组别	功能	程序格式和说明
G30	00	返回第二、第三、第四参考点	G30 P2 IP__； G30 P3 IP__； G30 P4 IP__；
G31		跳转功能	G31 IP__；
G33	01	螺纹切削	G33 IP__ F__；（F 为导程）
G37	00	自动刀具长度测量	G37 IP__；
G39		拐角偏置圆弧插补	G39； 或 G39 I__ J__；
G40 ▲	07	刀具半径补偿取消	G40；
G41		刀具半径左补偿	G41 G01 IP__ D__；
G42		刀具半径右补偿	G42 G01 IP__ D__；
G40.1 ▲	18	法线方向控制取消	G40.1；
G41.1		左侧法线方向控制	G41.1；
G42.1		右侧法线方向控制	G42.1；
G43	08	正向刀具长度补偿	G43 G01 Z__ H__；
G44		负向刀具长度补偿	G44 G01 Z__ H__；
G45	00	刀具位置偏置加	G45 IP__ D__；
G46		刀具位置偏置减	G46 IP__ D__；
G47		刀具位置偏置加两倍	G47 IP__ D__；
G48		刀具位置偏置减两倍	G48 IP__ D__；
G49 ▲	08	刀具长度补偿取消	G49；
G50 ▲	11	比例缩放取消	G50；
G51		比例缩放有效	G51 IP__ P； 或 G51 IP__ I__ J__ K__；
G50.1	22	可编程镜像取消	G50.1 IP__；
G51.1 ▲		可编程镜像有效	G51.1 IP__；
G52	14	局部坐标系设定	G52 IP__；（IP 以绝对值指定）
G53		选择机床坐标系	G53 IP__；
G54 ▲		选择工件坐标系 1	G54；
G54.1		选择附加工件坐标系	G54.1 Pn；（n 取 1 ~ 48）
G55		选择工件坐标系 2	G55；
G56		选择工件坐标系 3	G56；
G57		选择工件坐标系 4	G57；
G58		选择工件坐标系 5	G58；
G59		选择工件坐标系 6	G59；
G60	00	单方向定位方式	G60 IP__；
G61	15	准确停止方式	G61；
G62		自动拐角倍率	G62；

续表

G 指令	组别	功能	程序格式和说明
G63	15	攻螺纹方式	G63;
G64 ▲		切削方式	G64;
G65	00	宏程序非模态调用	G65 P__ L__ <自变量指定>;
G66	12	宏程序模态调用	G66 P__ L__ <自变量指定>;
G67 ▲		宏程序模态调用取消	G67;
G68	16	坐标系旋转	G68 X__ Y__ R__;
G69 ▲		坐标系旋转取消	G69;
G73	09	钻深孔循环	G73 X__ Y__ Z__ R__ Q__ F__;
G74		左旋螺纹攻螺纹循环	G74 X__ Y__ Z__ R__ P__ F__;
G76		精镗孔循环	G76 X__ Y__ Z__ R__ Q__ P__ F__;
G80 ▲		固定循环取消	G80;
G81		钻孔、锪孔、镗孔循环	G81 X__ Y__ Z__ R__;
G82		钻孔循环	G82 X__ Y__ Z__ R__ P__;
G83		钻深孔循环	G83 X__ Y__ Z__ R__ Q__ F__;
G84		攻螺纹循环	G84 X__ Y__ Z__ R__ P__ F__;
G85		镗孔循环	G85 X__ Y__ Z__ R__ F__;
G86		镗孔循环	G86 X__ Y__ Z__ R__ P__ F__;
G87		反镗孔循环	G87 X__ Y__ Z__ R__ Q__ F__;
G88		镗孔循环	G88 X__ Y__ Z__ R__ P__ F__;
G89		镗孔循环	G89 X__ Y__ Z__ R__ P__ F__;
G90 ▲	03	绝对值编程	G90 G01 X__ Y__ Z__ F__;
G91		增量值编程	G91 G01 X__ Y__ Z__ F__;
G92	00	设定工件坐标系	G92 IP__;
G94 ▲	05	每分钟进给（mm/min）	G94;
G95		每转进给（mm/r）	G95;
G96	13	恒线速度（m/min）	G96 S__;
G97 ▲		转速（r/min）	G97 S__;
G98 ▲	10	固定循环返回初始点	G98 G81 X__ Y__ Z__ R__ F__;
G99		固定循环返回平面 R 点平面	G99 G81 X__ Y__ Z__ R__ F__;

注：1. 当电源接通或复位时，数控系统进入清零状态，此时的开机默认指令在表中以符号"▲"表示。但此时，原来的 G21 或 G20 指令保持有效。

2. 除 G10 和 G11 指令外的 00 组 G 指令都是非模态 G 指令。

3. 不同组的 G 指令在同一程序段中可以指定多个。如果在同一程序段中指定了多个同组的 G 指令，仅执行最后指定的 G 指令。

4. 如果在固定循环中指定了 01 组的 G 指令，则固定循环取消，该功能与 G80 指令相同。

2. 辅助功能指令

辅助功能指令以 M 表示。FANUC 0i 系统的辅助功能指令与通用的 M 指令相类似，参阅本书第一章。

3. 其他功能指令

常用的其他功能指令有刀具功能指令、转速功能指令、进给功能指令等。具体功能指令含义和用途参阅本书第一章。

第二节　轮　廓　铣　削

一、轮廓加工过程中的切入与切出方式

1. *XY* 平面内的切入与切出方式

采用立铣刀侧刃铣削轮廓类工件时，为减少接刀痕迹，保证工件表面质量，铣刀的切入和切出点应选在工件轮廓曲线的延长线上（见图 2-1 中 $A \rightarrow B \rightarrow C \rightarrow D \rightarrow E \rightarrow F$），而不应沿法向直接切入工件，以免加工表面产生刀痕，从而保证工件轮廓光滑。

如果在铣削轮廓过程中无法采用在延长线上切入与切出方式时，可采用图 2-2 所示的沿过渡圆弧切入与切出方式。当实在无法实现切向切入与切出时，才采用法向切入与切出方式，但须将其切入、切出点选在工件轮廓两几何元素的交点处。

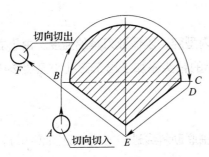

图 2-1　外轮廓切向切入与切出

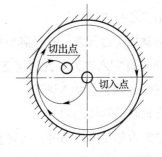

图 2-2　内轮廓切向切入与切出

2. *Z* 向进刀方式

与加工外轮廓相比，内轮廓加工过程中的主要问题是如何进行 *Z* 向切入进刀。通常，选择的刀具种类不同，其进刀方式也各不相同。在数控加工中，常用的内轮廓加工 *Z* 向进刀方式如图 2-3 所示，主要包括以下几种形式：

（1）垂直切入进刀

如图 2-3a 所示，采用垂直切入进刀方式时，须选择切削刃过中心的键槽铣刀或钻铣刀进行加工，而不能采用立铣刀（中心处没有切削刃）进行加工。另外，由于采用这种进刀方式切削时刀具中心的切削线速度为零，因此，即使选用键槽铣刀进行加工，也应选择较低的切削进给速度（通常为 *XY* 平面内切削进给速度的一半）。

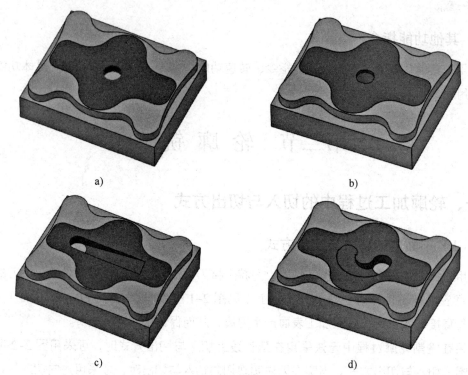

图2-3 常用的内轮廓加工 Z 向进刀方式
a）垂直切入进刀 b）钻工艺孔进刀 c）三轴联动斜线进刀 d）三轴联动螺旋线进刀

（2）钻工艺孔进刀

在内轮廓加工过程中，有时需用立铣刀加工内型腔，以保证刀具的强度。由于立铣刀无法进行 Z 向垂直切入进刀，此时可选用直径稍小的钻头先加工出工艺孔（见图2-3b），再以立铣刀进行 Z 向垂直切入进刀。

（3）三轴联动斜线进刀

采用立铣刀加工内轮廓时，也可直接采用三轴联动斜线进刀方式（见图2-3c），从而避免刀具中心部分参加切削。但这种进刀方式无法实现 Z 向进刀与加工轮廓的平滑过渡，容易产生加工痕迹。这种进刀方式的指令如下：

G01 X20.0 Y25.0 Z0；　　　　　（定位至起刀点）

　　　X-20.0 Z-8.0；　　　　　　（斜线进刀）

（4）三轴联动螺旋线进刀

采用三轴联动的另一种进刀方式是螺旋线进刀（见图2-3d）。这种进刀方式容易实现 Z 向进刀与加工轮廓的平滑过渡，加工过程中不会产生接刀痕。因此，在手工编程和自动编程的内轮廓铣削中广泛使用这种进刀方式。这种进刀方式的刀具轨迹如图2-4所示，其指令格式如下：

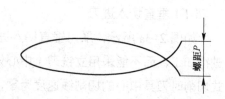

图2-4 三轴联动螺旋线进刀的刀具轨迹

G02/G03 X__ Y__ Z__ R__;　　　　　（非整圆加工的螺旋线进刀指令）

G02/G03 X__ Y__ Z__ I__ J__ K__;　　（整圆加工的螺旋线进刀指令）

式中　X__ Y__ Z__——螺旋线的终点坐标;

　　　R__——螺旋线的半径;

　　　I__ J__ K__——螺旋线起点到圆心的矢量值。

（5）编程实例

例 2-1　采用 ϕ 16 mm 立铣刀加工图 2-5 所示内型腔（两通孔已完成加工），采用螺旋线进刀方式，试编写其数控铣削加工程序。

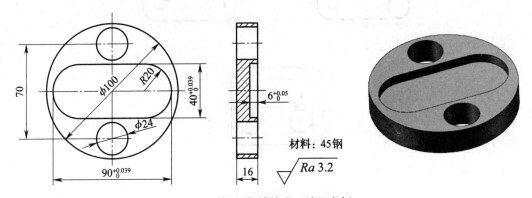

图 2-5　螺旋线进刀编程实例

O00201;

N10 G90 G94 G21 G40 G17 G54;　　　（程序初始化）

N20 G91 G28 Z0;　　　　　　　　　（刀具返回 Z 向参考点）

N30 M03 S600;　　　　　　　　　　（主轴正转，转速为 600 r/min）

N40 G90 G00 X25.0 Y0;　　　　　　（刀具定位）

N50 Z10.0 M08;

N60 G01 Z0 F100;

N70 G41 G01 X5.0 D01;　　　　　　（建立刀补）

N80 G03 X5.0 Y0 Z-6.0 I20.0;　　　（螺旋线进刀）

N90 G03 X25.0 Y20.0 I20.0;

N100 G01 X-25.0;

N170 G03 Y-20.0 R20.0;

N120 G01 X25.0;

N130 G40 G01 Y0;　　　　　　　　（取消刀补，同时去除中间余量）

N140 G91 G28 Z0 M09;　　　　　　（刀具返回 Z 向参考点）

N150 M05;　　　　　　　　　　　　（主轴停转）

N160 M30;　　　　　　　　　　　　（程序结束并复位）

3. 凹槽切削方法选择

凹槽的切削方法有三种，即行切法（见图 2-6a）、环切法（见图 2-6b）、先行切后环切法（见图 2-6c）。在三种切削方法中，图 2-6a 的方法最差，图 2-6c 的方法最好。

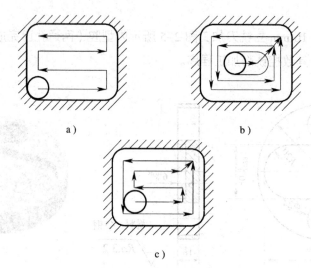

图 2-6　凹槽切削方法

a）行切法　b）环切法　c）先行切后环切法

二、子程序在轮廓加工过程中的运用

1. 子程序的概念和嵌套

（1）子程序的概念

机床的加工程序可分为主程序和子程序两种。主程序是一个完整的零件加工程序，或是零件加工程序的主体部分。它与被加工零件或加工要求一一对应，对于不同的零件或不同的加工要求，都有唯一的主程序。

在编制加工程序中，有时会遇到一组程序段在一个程序中多次出现，或者在几个程序中都要使用的情况。可以将这个典型的加工程序做成固定程序，并单独加以命名，这组程序段就称为子程序。

子程序一般不可以作为独立的加工程序使用，它只能通过调用，实现加工中的局部动作。子程序执行结束后，能自动返回调用的主程序中。

（2）子程序的嵌套

为了进一步简化程序，可以让子程序调用另一个子程序，这一功能称为子程序的嵌套。

当主程序调用子程序时，该子程序被认为是一级子程序，系统不同，其子程序的嵌套级数也不相同。如图 2-7 所示，在 FANUC 0i 系统中子程序可以嵌套四级。

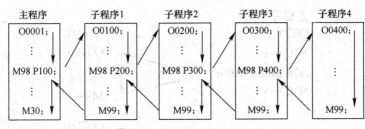

图 2-7　子程序嵌套

2. 子程序的格式与调用

（1）子程序的格式

在 FANUC 系统中，子程序和主程序并无本质区别。子程序和主程序在程序号和程序内容方面基本相同，但结束标记不同。主程序中用 M02 或 M30 指令表示主程序结束，而子程序中则用 M99 指令表示子程序结束，并实现自动返回主程序的功能。子程序格式如下：

O0202；

N10 G91 G01 Z-2.0；

⋮

N90 G91 G28 Z0；

N100 M99；

对于子程序结束指令 M99，不一定要单独占一行，如将上面程序中最后两行写成"G91 G28 Z0 M99；"也是允许的。

（2）子程序的调用

在 FANUC 系统中，子程序的调用可通过辅助功能指令 M98 进行，且在调用格式中将子程序的程序号地址改为 P，常用的子程序调用格式有以下两种：

格式一：

M98 P××××L××××；

例如，"M98 P100L5；"或"M98 P100；"。

其中地址 P 后面的四位数字为子程序号，地址 L 后面的数字表示重复调用的次数，子程序号和调用次数前的 0 可省略不写。如果只调用一次子程序，则地址 L 及其后的数字可省略。例如，"M98 P100L5；"表示调用子程序 O100 五次，而"M98 P100；"表示调用子程序 O100 一次。

格式二：

M98 P××××××××；

例如，"M98 P50010；"或"M98 P0510；"。

在地址 P 后面的八位数字中，前四位表示调用次数，只调用一次时可以省略，后四位表示子程序号。采用这种调用格式时，调用次数前的 0 可以省略不写，但子程序号前的 0 不可省略。例如，"M98 P50010；"表示调用子程序 O0010 五次，而"M98 P0510；"则表示调用子程序 O0510 一次。

子程序的执行过程如下：

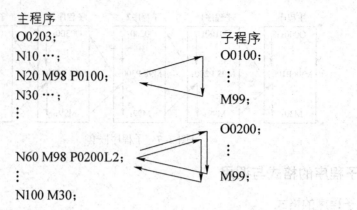

```
主程序
O0203;
N10 …;                                子程序
N20 M98 P0100;                        O0100;
N30 …;                                  ⋮
  ⋮                                    M99;

                                      O0200;
N60 M98 P0200L2;                        ⋮
  ⋮                                    M99;
N100 M30;
```

3. 子程序的调用

（1）同平面内多个相同轮廓形状工件的加工

在一次装夹中若要完成多个相同轮廓形状工件的加工，则编程时只编写一个轮廓形状的加工程序，然后用主程序调用子程序。

例 2-2　加工图 2-8 所示的两个相同外轮廓，试采用调用子程序编程方式编写其数控铣削加工程序。

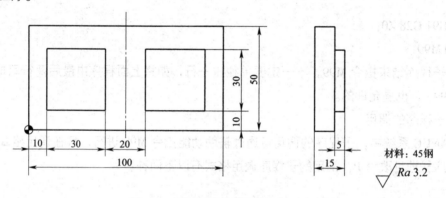

图 2-8　同平面多轮廓子程序加工实例

加工本例工件时，子程序采用增量方式进行编程，加工程序如下：

O0204;	（轮廓加工程序）
N10　G90 G94 G21 G40 G17 G54;	（程序初始化）
N20　G91 G28 Z0;	（刀具返回 Z 向参考点）
N30　M03 S600;	（主轴正转，转速为 600 r/min）
N40 G90 G00 X0 Y–10.0;	（刀具定位）
N50 Z20.0 M08;	
N60 G01 Z–5.0 F100;	（刀具 Z 向进刀）
N70 M98 P100L2;	（调用两次子程序）
N80 G90 G00 Z50.0 M09;	
N90 M30;	（程序结束并复位）
O0100;	（子程序）

N10 G91 G41 G01 X10.0 D01 F100；　　　　　　（建立刀具半径补偿）

N20 Y50.0；

N30 X30.0；

N40 Y-30.0；

N50 X-40.0；

N60 G40 Y-20.0；

N70 X50.0；

N80 M99；　　　　　　　　　　　　　　　　（子程序结束，返回主程序）

（2）实现工件的分层切削

当工件在 *Z* 方向上的总切入深度比较大时，通常采用分层切削方式进行加工。实际编程时，先编写加工该轮廓的刀具轨迹子程序，然后通过子程序调用方式实现分层切削。

例 2-3　加工图 2-9 所示工件的凸台外轮廓，试编写其数控铣削加工程序。

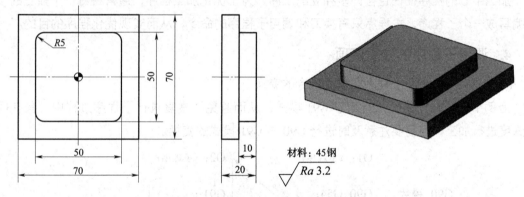

图 2-9　*Z* 向分层切削子程序编程实例

加工本例工件时，*Z* 轴方向采用分层切削，每次背吃刀量为 5 mm，调用两次子程序，加工程序如下：

O0205；　　　　　　　　　　　　　　　　　（轮廓加工主程序）

N10 G90 G94 G21 G40 G17 G54；　　　　　　（程序初始化）

N20 G91 G28 Z0；　　　　　　　　　　　　　（刀具返回 *Z* 向参考点）

N30 M03 S600；　　　　　　　　　　　　　　（主轴正转，转速为 600 r/min）

N40 G90 G00 X-40.0 Y-40.0；　　　　　　　　（刀具定位）

N50 Z20.0 M08；

N60 G01 Z0 F100；　　　　　　　　　　　　　（刀具 *Z* 向下刀）

N70 M98 P100L2；　　　　　　　　　　　　　（调用两次子程序）

N80 G00 Z50.0 M09；

N90 M30；　　　　　　　　　　　　　　　　　（程序结束并复位）

O0100；　　　　　　　　　　　　　　　　　　（子程序）

N10 G91 G01 Z-5.0；

N20 G90 G41 G01 X-25.0 D01 F100;　　　（在延长线上建立刀具半径补偿）

N30 Y20.0;

N40 G02 X-20.0 Y25.0 R5.0;

N50 G01 X20.0;

N60 G02 X25.0 Y20.0 R5.0;

N70 G01 Y-20.0;

N80 G02 X20.0 Y-25.0 R5.0;

N90 G01 X-20.0;

N100 G02 X-25.0 Y-20.0 R5.0;

N110 G40 G01 X-40.0 Y-40.0;　　　（取消刀补）

N120 M99;　　　（子程序结束，返回主程序）

（3）实现程序的优化

加工中心的程序往往包含许多独立的工序，为了优化加工程序，通常将每一个独立的工序编写成一个子程序，主程序只有换刀和调用子程序的命令，从而实现优化程序的目的。

4. 调用子程序的注意事项

（1）注意主程序和子程序间模式指令的变换

上例中，子程序的起始行用了 G91 模式，从而避免了重复执行子程序过程中刀具在同一深度进行加工，但需要注意及时进行 G90 与 G91 模式的变换。

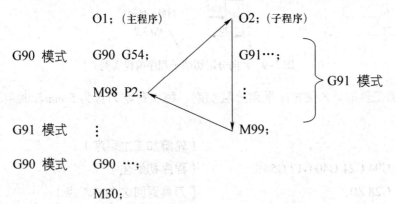

（2）刀具半径补偿模式在主程序和子程序中不能被分开执行

在编程过程中应尽量避免编写刀具半径补偿模式在主程序和子程序中被分开执行的程序。在有些系统中如果出现这种刀具半径补偿被分开执行的程序，在程序执行过程中可能出现系统报警。正确的书写格式如下：

O1；（主程序）

G91…；

：

M98 P2；

M30；

O2；（子程序）

G41…；

⋮

G40…；

M99；

三、轮廓铣削编程实例

例 2-4 加工图 2-10 所示的工件，试编写在加工中心上加工其内、外轮廓的程序（孔加工和底部四方体加工程序略）。

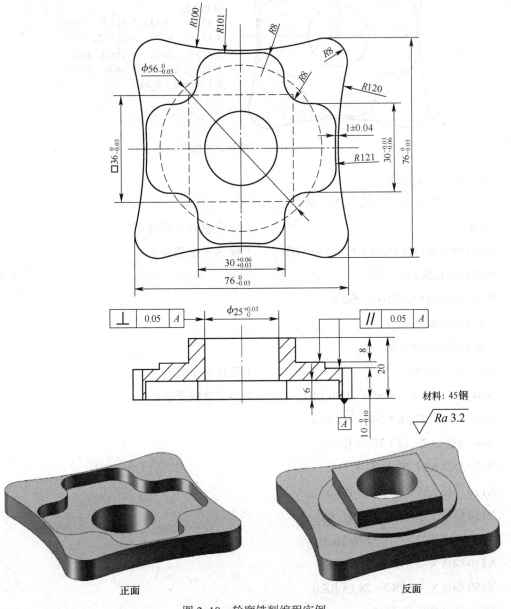

图 2-10 轮廓铣削编程实例

（1）选择刀具和切削用量

选择 ϕ 12 mm 高速钢立铣刀加工内、外轮廓。切削用量推荐值如下：主轴转速 n=600～800 r/min；进给速度 v_f=100～200 mm/min；背吃刀量的取值等于型腔深度，取 a_p=6 mm。

（2）基点坐标分析

加工本例工件时选择 MasterCAM 软件或 CAXA 制造工程师软件进行基点坐标分析，得出的各基点坐标如图 2-11 所示。

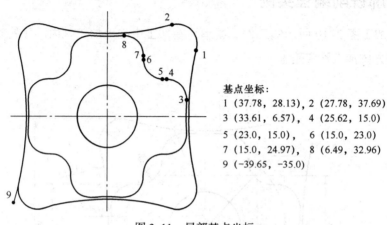

基点坐标：
1 (37.78, 28.13), 2 (27.78, 37.69)
3 (33.61, 6.57), 4 (25.62, 15.0)
5 (23.0, 15.0), 6 (15.0, 23.0)
7 (15.0, 24.97), 8 (6.49, 32.96)
9 (−39.65, −35.0)

图 2-11 局部基点坐标

（3）编制加工程序

本例工件用加工中心加工的程序如下：

O0206;   （外轮廓加工程序）

N10 G90 G94 G40 G21 G17 G54 F100;   （程序开始部分）

N20 G91 G28 Z0;

N30 G90 G00 X−60.0 Y−50.0;

N40 M03 S800;

N50 G00 Z20.0 M08;

N60 G01 Z−11.0;   （刀具 Z 向定位）

N70 G41 G01 X−39.65 Y−35.0 D01;   （加工外轮廓）

N80 G03 X−37.78 Y28.13 R120.0;

N90 G02 X−27.78 Y37.69 R8.0;

N100 G03 X27.78 R100.0;

N110 G02 X37.78 Y28.13 R8.0;

N120 G03 Y−28.13 R120.0;

N130 G02 X27.78 Y−37.69 R8.0;

N140 G03 X−27.78 R100.0;

N150 G02 X−37.78 Y−28.13 R8.0;

N160 G40 G01 X−50.0;

N170 G91 G28 Z0；　　　　　　　　　　　（程序结束部分）

N180 M05 M09；

N190 M30；

O0207；　　　　　　　　　　　　　　　　（内轮廓加工程序）

N10 G90 G94 G40 G21 G17 G54 F100；　　（程序开始部分）

N20 G91 G28 Z0；

N30 G90 G00 X0 Y0；

N40 M03 S800；

N50 G00 Z20.0 M08；　　　　　　　　　　（刀具 *Z* 向定位，切削液开）

N60 G01 Z-6.0；

N70 G41 G01 X0 Y-15.0 D01；　　　　　　（加工内轮廓）

N80 X25.62；

N90 G03 X33.61 Y-6.57 R8.0；

N100 G02 Y6.57 R121.0；

N110 G03 X25.62 Y15.0 R8.0；

N120 G01 X23.0；

N130 G02 X15.0 Y23.0 R8.0；

N140 G01 Y24.97；

N150 G03 X6.49 Y32.96 R8.0；

N160 G02 X-6.49 R101.0；

N170 G03 X-15.0 Y24.97 R8.0；

N180 G01 Y23.0；

N190 G02 X-23.0 Y15.0 R8.0；

N200 G01 X-25.62；

N210 G03 X-33.61 Y6.57 R8.0；

N220 G02 Y-6.57 R121.0；

N230 G03 X-25.62 Y-15.0 R8.0；

N240 G01 X-23.0；

N250 G02 X-15.0 Y-23.0 R8.0；

N260 G01 Y-24.97；

N270 G03 X-6.49 Y-32.96 R8.0；

N280 G02 X6.49 R101.0；

N290 G03 X15.0 Y-24.97 R8.0；

N300 G01 Y-23.0；

N310 G02 X23.0 Y-15.0 R8.0；

N320 G40 G01 X0 Y0;   （取消刀具补偿和坐标系旋转）

N330 G91 G28 Z0;   （程序结束部分）

N340 M05 M09;

N350 M30;

例 2-5 用加工中心加工图 2-12 所示工件的外轮廓，毛坯尺寸为 150 mm × 130 mm × 25 mm，试编写其加工程序。

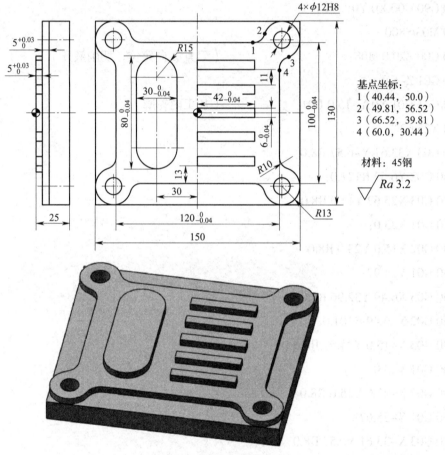

图 2-12 子程序编程实例

（1）设计加工路线

加工本例工件时，分别用三个相对独立的程序加工三个不同的轮廓，为了实现程序优化的目的，可采用子程序进行编程。

（2）选择刀具和切削用量

选择 ϕ 16 mm 高速钢立铣刀加工周边轮廓。切削用量推荐值如下：主轴转速 n=500～600 r/min；进给速度 v_f=100～200 mm/min；背吃刀量的取值等于外轮廓的总高度，取 a_p=10 mm。

选择 ϕ 10 mm 高速钢立铣刀加工上方凸台轮廓。切削用量推荐值如下：主轴转速 n=600～800 r/min；XY 平面内进给速度 v_f=100～200 mm/min；背吃刀量的取值等于凸台轮廓高度，取 a_p=5 mm。

（3）编制加工程序

O0208；　　　　　　　　　　　　　　（主程序）

N10 G90 G94 G21 G40 G17 G54；　　　（程序初始化）

N20 G91 G28 Z0；　　　　　　　　　（Z 向回参考点）

N30 M06 T01；　　　　　　　　　　　（换 1 号刀）

N40 M03 S600 M08；　　　　　　　　（主轴正转，转速为 600 r/min，切削液开）

N50 G90 G00 X-85.0 Y-20.0；　　　　（刀具在 XY 平面内快速定位）

N60 G43 Z20.0 H01；　　　　　　　　（刀具 Z 向快速定位）

N70 M98 P100；　　　　　　　　　　（调用子程序加工周边轮廓）

N80 G49 M09；

N90 G91 G28 Z0 M05；

N100 M06 T02；　　　　　　　　　　（换 2 号刀）

N110 M03 S800 M08；　　　　　　　（主轴正转，转速为 800 r/min，切削液开）

N120 G90 G00 X-85.0 Y-65.0；　　　（刀具在 XY 平面内快速定位）

N130 G43 Z20.0 H02；

N140 M98 P200；　　　　　　　　　（加工左侧长圆形凸台）

N150 G01 X-8.0；　　　　　　　　　（刀具定位）

N160 Y-42.5；

N170 M98 P300L5；　　　　　　　　（加工五个相同的长方体）

N180 G90 G00 Z100.0 M09；

N190 M30；　　　　　　　　　　　　（程序结束并复位）

O0100；　　　　　　　　　　　　　　（加工四周外轮廓子程序）

N10 G01 Z-10.0 F100；

N20 G41 G01 X-80.0 Y-30.44 D01；　（在圆弧延长线上建立刀补）

N30 G03 X-60.0 R10.0；　　　　　　（加工左侧外轮廓）

N40 G01 Y30.44；

N50 G03 X-66.52 Y39.81 R10.0；

N60 G02 X-49.81 Y56.52 R-15.0；　（注意圆弧半径为负值）

N70 G03 X-40.44 Y50.0 R10.0；　　（加工上方外轮廓）

N80 G01 X40.44；

N90 G03 X49.81 Y56.52 R10.0；

N100 G02 X66.52 Y39.81 R-15.0；

N110 G03 X60.0 Y30.44 R10.0；　　（加工右侧外轮廓）

N120 G01 Y-30.44；

N130 G03 X66.52 Y-39.81 R10.0；

N140 G02 X49.81 Y-56.52 R-15.0；

N150 G03 X40.44 Y-50.0 R10.0;   （加工下方外轮廓）

N160 G01 X-40.44;

N170 G03 X-49.81 Y-56.52 R10.0;

N180 G02 X-66.52 Y-39.81 R-15.0;

N190 G40 G01 X-85.0 Y-20.0;   （取消刀补，返回主程序）

N200 M99;

O0200;   （加工左侧长圆形凸台子程序）

N10 G01 Z-5.0 F100;   （刀具定位）

N20 G41 G01 X-45.0 D02;   （在延长线上建立刀补）

N30 Y25.0;   （加工长圆形凸台）

N40 G02 X-15.0 R15.0;

N50 G01 Y-25.0;

N60 G02 X-45.0 R15.0;

N70 G40 G01 X-55.0 Y-50.0;   （取消刀补，返回主程序）

N80 M99;

O0300;   （加工五个长方体子程序）

N10 G91 G41 G01 X8.0 D02;   （采用增量方式编程）

N20 Y11.5;   （加工长方体）

N30 X42.0;

N40 Y-6.0;

N50 X-42.0;

N60 G40 G01 X-8.0 Y-5.5;

N70 Y17.0;   （定位到下一个长方体的起点）

N80 M99;   （返回主程序）

提示

刀具半径补偿通常建立在子程序中，且不能被分开执行。

第三节　FANUC 0i 系统的孔加工固定循环

FANUC 0i 系统数控铣床／加工中心配备的固定循环功能主要用于孔加工，包括钻孔、镗孔、攻螺纹等。使用一个程序段可以完成一个孔加工的全部动作（如钻孔进刀、退刀、孔底暂停等），如果孔加工的动作无须变更，则程序中所有模态数据可以不写，从而达到简化程序、减少编程工作量的目的。固定循环指令见表 2-2。

表 2-2　　　　　　　　　　　　　　　固定循环指令

G 指令	加工动作 （−Z 方向）	孔底动作	退刀动作 （+Z 方向）	用途
G73	间歇进给	—	快速进给	高速深孔加工循环
G74	切削进给	暂停、主轴正转	切削进给	左旋螺纹攻螺纹循环
G76	切削进给	主轴准停	快速进给	精镗孔
G80	—	—	—	取消固定循环
G81	切削进给	—	快速进给	钻孔
G82	切削进给	暂停	快速进给	锪孔、镗台阶孔
G83	间歇进给	—	快速进给	深孔加工循环
G84	切削进给	暂停、主轴反转	切削进给	右旋螺纹攻螺纹循环
G85	切削进给	—	切削进给	镗孔
G86	切削进给	主轴停	快速进给	镗孔
G87	切削进给	主轴正转	快速进给	反镗孔
G88	切削进给	暂停、主轴停	手动	镗孔
G89	切削进给	暂停	切削进给	镗孔

一、孔加工固定循环动作

1. 孔加工固定循环的基本动作

孔加工固定循环动作如图 2-13 所示，通常由以下六个动作组成：

（1）动作 1（AB 段）

快速在 G17 平面定位。

（2）动作 2（BR 段）

Z 向快速进给到 R 点。

（3）动作 3（RZ 段）

Z 向切削进给进行孔加工。

（4）动作 4（Z 点）

孔底部的动作。

（5）动作 5（ZR 段）

Z 向退刀到 R 点。

（6）动作 6（RB 段）

Z 向快速回到起始位置。

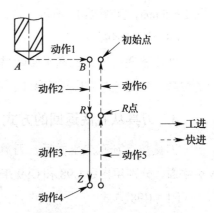

图 2-13　孔加工固定循环动作

2. 孔加工固定循环指令的基本格式

孔加工固定循环的通用编程格式如下：

G73 ~ G89 X__ Y__ Z__ R__ Q__ P__ F__ K__；

式中　X__ Y__ ——指定孔在 XY 平面内的定位；

　　　Z__ ——孔底平面的 Z 坐标位置；

　　　R__ ——R 点平面的 Z 坐标位置；

　　　Q__ ——当间歇进给时刀具每次加工深度；

　　　P__ ——指定刀具在孔底的暂停时间，数字不加小数点，以 ms 作为单位；

　　　F__ ——孔加工切削进给速度；

　　　K__ ——指定孔加工循环的次数。

对于以上孔加工固定循环的通用格式，并不是每一种孔加工固定循环的编程都要用到以上格式的所有指令。

以上格式中，除 K 指令外，其他所有指令都是模态指令，只有在循环取消时才被清除，因此，这些指令一经指定，在后面的重复加工中不必重新指定。

取消孔加工固定循环采用 G80 指令。另外，如在孔加工固定循环中出现 01 组的 G 指令，则孔加工固定循环方式也会自动取消。

3. 孔加工固定循环的平面

（1）初始平面

初始平面是为安全进刀而规定的一个平面。初始平面可以设定在任意一个安全高度上。当使用同一把刀具加工多个孔时，刀具在初始平面内的任意移动将不会与夹具、工件凸台等发生干涉。

（2）R 点平面

R 点平面又称 R 参考平面。在这个平面处，刀具的进给由 G00（快速进给）方式转为 G01（切削进给）方式，距工件表面的距离主要考虑工件表面的尺寸变化而定，一般情况下取 2 ~ 5 mm，如图 2-14 所示。

（3）孔底平面

加工不通孔时，孔底平面就是孔底的 Z 向高度；而加工通孔时，除了要考虑孔底平面的位置，还要考虑刀具超越量（见图 2-14 中的 Z 点），以保证所有孔深都加工到尺寸。

4. 刀具从孔底返回的方式

刀具加工到孔底平面后，刀具从孔底平面以两种方式返回，即返回初始平面和返回 R 点平面，分别用指令 G98 和 G99 来指定，如图 2-15 所示。

（1）G98 方式

G98 表示返回初始平面。一般采用固定循环加工孔系时不用返回初始平面，只有在全部孔

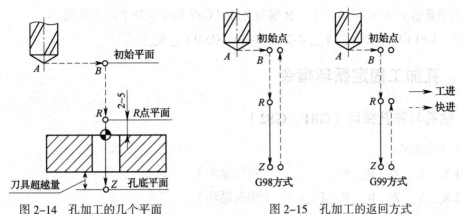

图 2-14 孔加工的几个平面　　　　　　图 2-15 孔加工的返回方式

加工完成后、孔之间存在凸台或夹具等干涉件时，才返回初始平面。G98 指令编程格式如下：

G98 G81 X__ Y__ Z__ R__ F__ K__;

（2）G99 方式

G99 表示返回 R 点平面。在没有凸台等干涉件的情况下，加工孔系时，为了节省加工时间，刀具一般返回 R 点平面。G99 指令编程格式如下：

G99 G81 X__ Y__ Z__ R__ P__ F__ K__;

5. 孔加工固定循环中的绝对坐标与增量坐标

孔加工固定循环中 R 值、Z 值的指定与 G90 或 G91 方式的选择有关，而 Q 值与 G90 或 G91 方式无关。

（1）G90 方式

在 G90 方式中，R 值与 Z 值是指相对于工件坐标系的 Z 向坐标值。如图 2-16 所示，此时 R 值一般为正值，而 Z 值一般为负值。

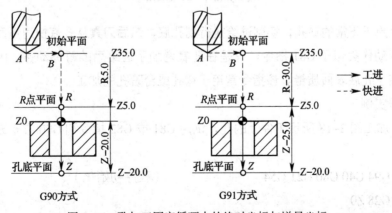

图 2-16 孔加工固定循环中的绝对坐标与增量坐标

例如，G90 G99 G83 X__ Y__ Z-20.0 R5.0 Q5.0 F__ K__;

（2）G91 方式

在 G91 方式中，R 值是指从初始点到 R 点平面的增量值，而 Z 值是指从 R 点平面到孔底平面的增量值。如图 2-16 所示，R 值与 Z 值（G87 指令例外）均为负值。

例如，G91 G99 G83 X__ Y__ Z-25.0 R-30.0 Q5.0 F__ K__;

二、孔加工固定循环指令

1. 钻孔与锪孔循环（G81、G82）

（1）指令格式

G81 X__ Y__ Z__ R__ F__;   （钻孔循环）

G82 X__ Y__ Z__ R__ P__ F__;   （锪孔循环）

（2）动作说明

钻孔循环与锪孔循环动作如图 2-17 所示，说明如下：

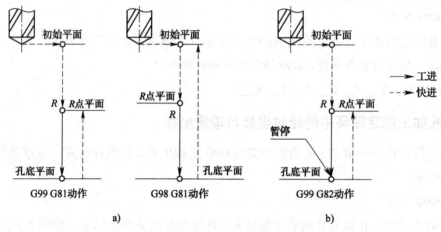

图 2-17　钻孔循环与锪孔循环动作

a）钻孔循环　b）锪孔循环

G81 指令用于正常的钻孔，切削进给执行到孔底，然后刀具从孔底快速退回。

G82 指令动作类似于 G81 指令，只是在孔底增加了进给后的暂停动作，因此，在不通孔加工中提高了孔底表面质量。该指令常用于锪孔或台阶孔的加工。

（3）编程实例

例 2-6　加工图 2-18 所示工件上的孔，试用 G81 或 G82 指令和 G90 方式进行编程。

O0209；

N10 G90 G94 G40 G80 G21 G54;   （程序初始化）

N20 G91 G28 Z0;

N30 T01 M06;   （换 ϕ9 mm 钻头）

N40　G90 G00 X0 Y0;   （G17 平面快速定位）

N50 M03 S800;   （主轴正转，转速为 800 r/min）

N60 G43 Z20.0 H01 M08;   （Z 向快速定位到初始平面，切削液开）

N70 G99 G81 X25.0 Y0 Z–25.0 R5.0 F80； 　（加工两个孔）

N80 X–25.0；

N90 G80 G49 M09； 　（取消固定循环，取消刀具长度补偿）

N100 G91 G28 Z0；

N110 T02 M06； 　（换 ϕ 16 mm 立铣刀）

N120 G90 G00 X0 Y0；

N130 M03 S600；

N140 G43 Z20.0 H02 M08； 　（Z 向快速定位到初始平面，切削液开）

N150 G99 G82 X25.0 Y0 Z–8.0 R5.0 P1000 F80； （加工两个孔，孔底暂停 1 s）

N160 X–25.0；

N170 G80 G49 M09； 　（取消固定循环，取消刀具长度补偿）

N180 G91 G28 Z0；

N190 M30；

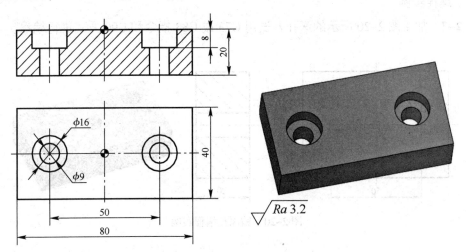

图 2-18　钻孔与锪孔加工编程实例

2. 钻深孔循环（G83、G73）

G73 和 G83 指令一般用于较深孔的加工，又称啄式孔加工指令。

（1）指令格式

G73 X__ Y__ Z__ R__ Q__ F__； 　（断屑深孔加工）

G83 X__ Y__ Z__ R__ Q__ F__； 　（排屑深孔加工）

（2）动作说明

钻深孔循环动作如图 2-19 所示，说明如下：

G73 指令通过 Z 轴方向的啄式进给可以较容易地实现断屑与排屑。图 2-19 中的 Q 值是指每一次的加工深度（均为正值）。d 值由机床系统指定，无须用户指定。

G83 指令同样通过 Z 轴方向的啄式进给实现断屑与排屑的目的。但与 G73 指令不同的

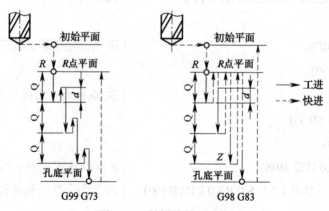

图 2-19　钻深孔循环动作

是刀具间歇进给后快速回退到 R 点平面，再快速进给到 Z 向距上次切削孔底平面 d 处，从该点处由快进变成工进，工进距离为 Q+d。

（3）编程实例

例 2-7　加工图 2-20 所示的深孔，试用 G73 或 G83 指令和 G90 方式进行编程。

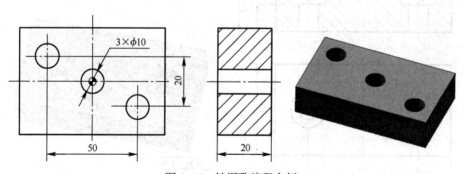

图 2-20　钻深孔编程实例

O0210；

N10 G90 G94 G40 G80 G21 G54；　　　　　　（程序初始化）

N20 G91 G28 Z0；　　　　　　　　　　　　（退刀至 Z 向参考点）

N30 M03 S600；　　　　　　　　　　　　　（主轴正转，转速为 600 r/min）

N40 G90 G00 X-25.0 Y10.0；　　　　　　　　（G17 平面快速定位）

N50 G43 Z30.0 H01 M08；　　　　　　　　　（Z 向快速定位到初始平面，切削液开）

N60 G99 G73 X-25.0 Y10.0 Z-25.0 R3.0 Q5.0 F60；（固定循环开始）

N70 X0 Y0；　　　　　　　　　　　　　　　（在 R 点平面定位到下一点开始循环）

N80 X25.0 Y-10.0；

N90 G80 G49 M09；　　　　　　　　　　　　（取消固定循环，取消刀具长度补偿）

N100 G91 G28 Z0；

N110 M30；

3. 左旋螺纹与右旋螺纹攻螺纹循环（G74、G84）

（1）指令格式

G74 X__ Y__ Z__ R__ P__ F__；　　（左旋螺纹）

G84 X__ Y__ Z__ R__ P__ F__；　　（右旋螺纹）

（2）动作说明

攻螺纹循环动作如图 2-21 所示，说明如下：

G74 指令为左旋螺纹攻螺纹循环，用于加工左旋螺纹。执行该循环时，主轴反转，在 G17 平面快速定位后快速移到 R 点平面，执行攻螺纹指令到达孔底后，主轴正转退回 R 点平面，完成攻螺纹动作。

G84 指令的动作与 G74 指令基本类似，只是 G84 指令用于加工右旋螺纹。执行该循环时，主轴正转，在 G17 平面快速定位后快速移到 R 点平面，执行攻螺纹指令到达孔底后，主轴反转退回 R 点平面，完成攻螺纹动作。

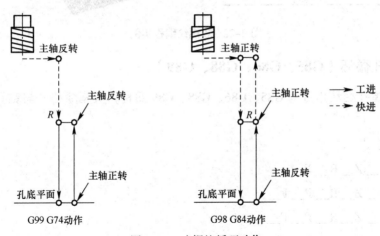

图 2-21　攻螺纹循环动作

攻螺纹时进给量 F 根据不同的进给模式指定。当采用 G94（每分钟进给）模式时，进给量 = 导程 × 转速；当采用 G95（每转进给）模式时，进给量 = 导程。

在执行固定循环指令 G74 前应先使主轴反转。另外，在用 G74 和 G84 指令攻螺纹期间，进给倍率、进给保持均被忽略。

（3）编程实例

例 2-8　试用攻螺纹循环指令编写图 2-22 所示工件两螺孔的加工程序。

O0211；

⋮

N50 G95 G90 G00 X0 Y0；

N60 G99 G84 X25.0 Z-15.0 R3.0 F1.75；　　（粗牙螺纹，螺距为 1.75 mm）

N70 X-25.0；

N80 G80 G94 G49 M09；

N90 G91 G28 Z0；

N100 M30；

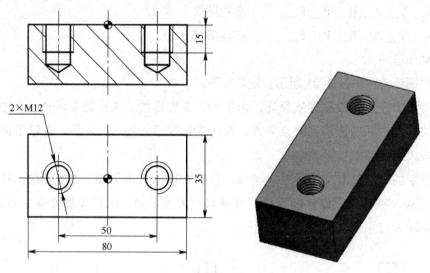

图 2-22　攻螺纹编程实例

4. 粗镗孔循环（G85、G86、G88、G89）

常用的粗镗孔循环指令有 G85、G86、G88、G89 四种，其指令格式与钻孔循环指令基本相同。

（1）指令格式

G85 X__ Y__ Z__ R__ F__；

G86 X__ Y__ Z__ R__ P__ F__；

G88 X__ Y__ Z__ R__ P__ F__；

G89 X__ Y__ Z__ R__ P__ F__；

（2）动作说明

粗镗孔循环动作如图 2-23 所示。

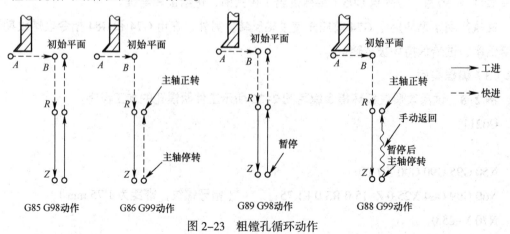

图 2-23　粗镗孔循环动作

执行 G85 循环时，刀具先以切削进给方式加工到孔底，然后以切削进给方式返回 R 点平面。因此，该指令除可用于较精密的镗孔外，还可用于铰孔、扩孔。

执行 G86 循环时，刀具先以切削进给方式加工到孔底，然后主轴停转，刀具快速退到 R 点平面后，主轴正转。由于刀具在退回过程中容易划伤工件表面，因此，该指令常用于精度或表面质量要求不高的镗孔。

G89 指令的动作与 G85 指令的动作基本类似，不同的是 G89 指令的动作在孔底增加了暂停，因此该指令常用于台阶孔的加工。

执行 G88 循环时，刀具以切削进给方式加工到孔底，刀具在孔底暂停后主轴停转，这时可通过手动方式从孔中安全退出刀具，再开始自动加工，Z 向快速返回 R 点平面或初始平面，主轴恢复正转。此种方式虽能相应提高孔的加工精度，但加工效率较低。

（3）编程实例

例 2-9　精加工图 2-24 所示工件中的四个孔（加工前底孔已分别加工至 ϕ 11.8 mm 和 ϕ 29.5 mm），试编写该工件的数控加工程序。

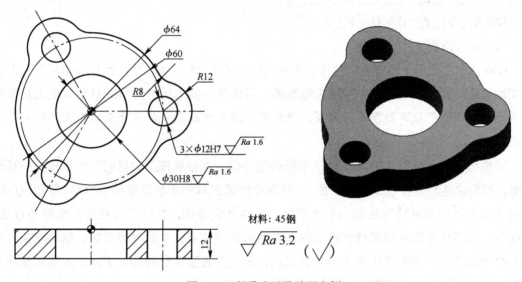

图 2-24　铰孔和镗孔编程实例

O0212；
N10 G90 G94 G80 G21 G17 G54；　　　　　　　（程序开始部分）
N20 G91 G28 Z0；
N30 M06 T01；　　　　　　　　　　　　　　　（换 ϕ 12 mm 铰刀）
N40 M03 S200；　　　　　　　　　　　　　　　（换转速）
N50 G90 G43 G00 Z30.0 H01；　　　　　　　　　（刀具定位）
N60 G85 X30.0 Y0 Z-16.0 R5.0 F60 M08；　　　　（铰孔，切削液开）
N70 X-15.0 Y25.98；
N80 Y-25.98；

N90 G80 G49 M09；　　　　　　　　　　　（取消固定循环）

N100 G91 G28 Z0 M05；

N110 M06 T02；　　　　　　　　　　　　（换 ϕ 30 mm 镗刀）

N120 M03 S1200；　　　　　　　　　　　（换转速）

N130 G90 G00 X0 Y0 M08；　　　　　　　（刀具定位，切削液开）

N140 G43 Z30.0 H02；

N150 G85 X0 Y0 Z-15.0 R5.0 F60；　　　　（镗孔）

N160 G80 G49 M05；　　　　　　　　　　（取消固定循环）

N170 G91 G28 Z0 M09；

N180 M30；　　　　　　　　　　　　　　（程序结束并复位）

5. 精镗孔循环（G76、G87）

（1）指令格式

G76 X__ Y__ Z__ R__ Q__ P__ F__；

G87 X__ Y__ Z__ R__ Q__ F__；

（2）动作说明

G76 指令主要用于精镗孔，精镗孔循环动作如图 2-25 所示。当执行 G76 循环时，刀具以切削进给方式加工到孔底，实现主轴准停，刀具向刀尖相反方向移动 Q 值，使刀具脱离工件表面，保证刀具不擦伤工件表面，然后快速退刀至 R 点平面并重新定位至孔中心，刀具正转。

当执行 G87 循环时，刀具在 G17 平面内定位后，主轴准停，刀具向刀尖相反方向移动 Q 值，然后快速移到孔底（R 点平面），在这个位置刀具按原移动量反向移动相同的 Q 值，主轴正转并以切削进给方式加工到 Z 平面，主轴再次准停，并沿刀尖相反方向移动 Q 值，快速提刀至初始平面并按原移动量返回 G17 平面的定位点，主轴开始正转，循环结束。由于 G87 循环刀尖无须在孔中经工件表面退出，故加工表面质量较高，因此，本循环常用于精密孔的镗削加工。该循环不能用 G99 指令进行编程。

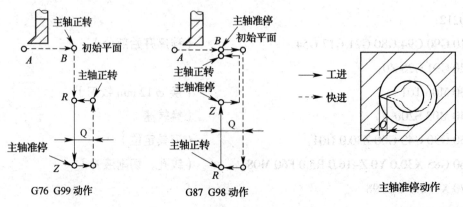

图 2-25　精镗孔循环动作

提示

采用 G76 指令进行加工时，务必确认退刀方向后再进行加工，以避免刀具在孔底向相反方向退刀。

（3）编程实例

例 2-10　试用精镗孔循环指令编写图 2-24 所示工件中 ϕ30H8 孔的加工程序。

O0213；

⋮

N100 G90 G00 X0 Y0；

N110 Z20.0；

N120 G98 G76 X0 Y0 Z-40.0 R-17.0 Q1000 P1000 F60；　　（精镗孔）

N130 G80 M09；

N140 G91 G28 Z0；

N150 M30；

三、孔加工固定循环编程的注意事项

1. 为了提高加工效率，在指定固定循环前应事先使主轴旋转。

2. 由于固定循环是模态指令，因此，在固定循环有效期间，如果 X、Y、Z、R 值中的任意一个被改变，就要进行一次孔加工。

3. 在固定循环程序段中，如在不需要指定的固定循环程序段中指定了孔加工数据 Q 值、P 值，它只作为模态数据进行存储，而无实际动作产生。

4. 使用具有主轴自动启动功能的固定循环指令（G74、G84、G86）时，如果孔的 XY 平面定位距离较短，或从起始点平面到 R 点平面的距离较短，且需要连续加工，为了防止在进入孔加工动作时主轴不能达到指定的转速，应使用 G04 暂停指令进行延时。

5. 在固定循环方式中，刀具半径补偿功能无效。

第四节　FANUC 系统的坐标变换编程

在数控铣床 / 加工中心的编程中，为了实现简化编程的目的，除常用固定循环指令外，还采用一些特殊的功能指令。下面介绍 FANUC 0i 系统中常用的特殊功能指令。

一、极坐标编程

1. 极坐标指令

G16；（极坐标生效指令）

G15；（极坐标取消指令）

2. 指令说明

当使用极坐标指令后，坐标值以极坐标方式指定，即以极坐标半径和极坐标角度来确定点的位置。

（1）极坐标半径

当使用 G17、G18、G19 指令选择好加工平面后，用所选平面的第一轴地址指定极坐标半径，该值用正值表示。

（2）极坐标角度

用所选平面的第二轴地址指定极坐标角度，极坐标的 0° 方向为第一轴的正方向，逆时针方向为角度方向的正向。

例 2-11　如图 2-26 所示，A 点和 B 点的坐标采用极坐标方式描述如下：

A 点　X40.0 Y0；　　　　　　（极坐标半径为 40 mm，极坐标角度为 0°）
B 点　X40.0 Y60.0；　　　　　（极坐标半径为 40 mm，极坐标角度为 60°）

刀具从 A 点到 B 点采用极坐标编程如下：

:

N60　G00 X40.0 Y0；　　　　　（直角坐标系）
N70　G90 G17 G16；　　　　　（选择 XY 平面，极坐标生效）
N80　G01 X40.0 Y60.0；　　　（终点极坐标半径为 40 mm，终点极坐标角度为 60°）
N90　G15；　　　　　　　　　（取消极坐标）

:

3. 极坐标系原点

极坐标系原点指定方式有两种，一种是以工件坐标系原点作为极坐标系原点，另一种是以刀具当前位置作为极坐标系原点。

（1）以工件坐标系原点作为极坐标系原点

当以工件坐标系原点作为极坐标系原点时，用绝对值编程方式来指定，如程序段"G90 G17 G16；"。

极坐标半径是指程序段终点坐标到工件坐标系原点的距离，极坐标角度是指程序段终点坐标与工件坐标系原点的连线与 X 轴的夹角，如图 2-27 所示。

（2）以刀具当前位置作为极坐标系原点

当以刀具当前位置作为极坐标系原点时，用增量值编程方式来指定，如程序段"G91 G17 G16；"。

极坐标半径是指程序段终点坐标到刀具当前位置的距离，极坐标角度是指前一坐标系原点与当前极坐标系原点的连线与当前轨迹的夹角。

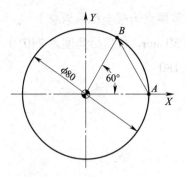

图 2-26 点的极坐标表示方法

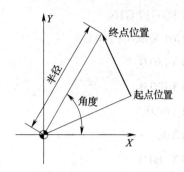

图 2-27 以工件坐标系原点作为极坐标系原点

4. 极坐标的应用

采用极坐标编程可以大大减少编程时的计算工作量，因此在数控铣床 / 加工中心的编程中得到广泛应用。通常情况下，图样尺寸以半径与角度形式标示的工件（见图 2-28 的正多边工件外形铣削）以及圆周分布的孔类工件（见图 2-29 的法兰类工件钻孔）采用极坐标编程较为合适。

例 2-12　试用极坐标编程方式编写图 2-28 所示的正六边形工件外轮廓（Z 向背吃刀量为 5 mm）的加工程序。

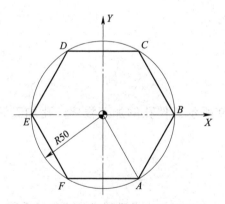

图 2-28 极坐标编程加工正多边形

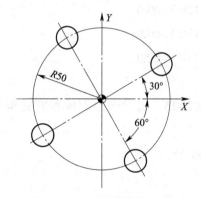

图 2-29 极坐标编程加工孔

O0214；

N10 G90 G94 G15 G17 G40 G80 G54；

N20 G91 G28 Z0；

N30 G90 G00 X40.0 Y-60.0；

N40 G43 Z20.0 H01；

N50 M03 S500；

N60 G01 Z-5.0 F100；

N70 G41 G01 Y-43.3 D01；　　　　　　　　　（刀具切入点位于轮廓的延长线上）

N80 G90 G17 G16；　　　　　　　　　（设定工件坐标系原点为极坐标系原点）

N90 G01 X50.0 Y240.0；　　　　　　　（极坐标半径为 50 mm，极坐标角度为 240°）

N100 Y180.0；　　　　　　　　　　　（极坐标角度为 180°）

N110 Y120.0；

N120 Y60.0；

N130 Y0；

N140 Y-60.0；

N150 G15；　　　　　　　　　　　　　（取消极坐标）

N160 G90 G40 G01 X 40.0 Y-60.0；

N170 G49 G91 G28 Z0；

N180 M30；

在本例工件编程过程中，轮廓的角度也可以采用增量方式编程，如将上面的 N100 程序段开始换成以下程序段也是可行的。但应注意，此时的增量坐标编程仅为角度增量，而不是指以刀具当前位置作为极坐标系原点进行编程。

⋮

N100 G91 Y-60.0；

N110 Y-60.0；

N120 Y-60.0；

N130 Y-60.0；

N140 Y-60.0；

⋮

例 2-13　试用极坐标编程方式编写图 2-29 所示工件孔的加工程序，孔加工深度为 20 mm。

O0215；

⋮

N50 G90 G17 G16；　　　　　　　　　　（设定工件坐标系原点为极坐标系原点）

N60 G81 X50.0 Y30.0 Z-20.0 R5.0 F100；

N70 Y120.0；　　　　　　　　　　　或：N70 G91 Y90.0；

N80 Y210.0；　　　　　　　　　　　　　N80 Y90.0；

N90 Y300.0；　　　　　　　　　　　　　N90 Y90.0；

N100 G15 G80；　　　　　　　　　　　（取消极坐标，取消孔加工固定循环）

⋮

例 2-14　加工图 2-30 所示的工件，毛坯尺寸为 100 mm×100 mm×20 mm，材料为 45 钢，试编写其数控铣削加工程序。

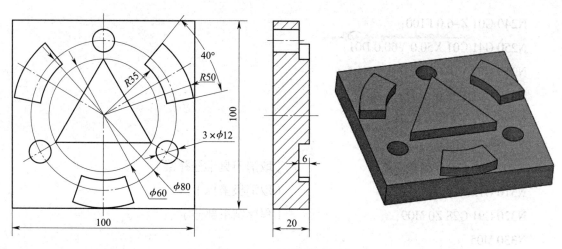

图 2-30 极坐标编程实例

O0216；	（主程序）
N10 G90 G94 G21 G40 G17 G54 G15；	（程序初始化）
N20 G91 G28 Z0；	（Z 向回参考点）
N30 M03 S600；	（主轴正转）
N40 G90 G00 X–60.0 Y0 M08；	（刀具在 XY 平面快速定位，切削液开）
N50 Z20.0；	（刀具 Z 向快速定位）
N60 G01 Z–6.0 F100；	
N70 G17 G16；	（采用极坐标编程）
N80 G41 G01 X30.0 Y210.0 D01；	（加工三角形凸台）
N90 Y90.0；	
N100 Y330.0；	
N110 Y210.0；	
N120 G40 X60.0 Y225.0；	
N130 G41 G01 X60.0 Y250.0 D01；	（加工下方和左侧圆弧凸台）
N140 G01 X35.0；	
N150 G03 Y290.0 R35.0；	
N160 G01 X50.0；	
N170 G02 Y130.0 R50.0；	
N180 G01 X35.0；	
N190 G03 Y170.0 R35.0；	
N200 G01 X60.0；	
N210 G40 G01 X60.0 Y180.0；	
N220 G00 Z5.0；	（加工右侧圆弧凸台）
N230 X60.0 Y80.0；	

N240 G01 Z–6.0 F100；

N250 G41 G01 X50.0 Y60.0 D01；

N260 G02 Y10.0 R50.0；

N270 G01 X35.0；

N280 G03 Y50.0 R35.0；

N290 G01 X60.0；

N300 G40 G01 Y80.0；   （取消刀具半径补偿）

N310 G15；   （取消极坐标）

N320 G91 G28 Z0 M09；   （程序结束部分）

N330 M05；

N340 M30；

O0217；   （钻孔加工程序）

N10 G90 G94 G21 G40 G17 G54 G15；   （程序开始部分）

N20 G91 G28 Z0；

N30 M03 S800；

N40 G90 G00 X0 Y0 M08；   （刀具定位，切削液开）

N50 Z30.0；

N60 G17 G16；   （用极坐标编程加工孔）

N70 G81 X40.0 Y210.0 Z–25.0 R5.0 F100；

N80 Y90.0；

N90 Y330.0；

N100 G15 G80；   （取消极坐标）

N110 G91 G28 Z0 M09；   （程序结束部分）

N120 M05；

N130 M30；

二、局部坐标系编程

在数控编程中，为了方便编程，有时要给程序选择一个新的参考基准，通常是将工件坐标系偏移一个距离。在 FANUC 系统中，通过 G52 指令来实现。

1. 指令格式

G52 X__ Y__ Z__；

G52 X0 Y0 Z0；

2. 指令说明

G52 指令用于设定局部坐标系，该坐标系的参考基准是当前设定的有效工件坐标系原点，即使用 G54～G59 指令设定的工件坐标系。

X＿ Y＿ Z＿是指局部坐标系的原点在原工件坐标系中的位置，该值用绝对坐标值加以指定。

"G52 X0 Y0 Z0；"表示取消局部坐标系，其实质是将局部坐标系仍设定在原工件坐标系原点处。

例如，G54；

　　　　G52 X20.0 Y10.0；

上例表示设定一个新的工件坐标系（见图 2-31），该坐标系原点位于原工件坐标系 XY 平面的（20.0，10.0）位置。

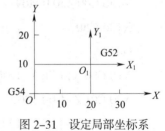

图 2-31　设定局部坐标系

3. 编程实例

例 2-15　试用局部坐标系和子程序调用指令编写图 2-32 所示四个"梅花"图案的加工程序（选用刃磨后的中心钻进行加工，Z 向切入深度为 1 mm）。

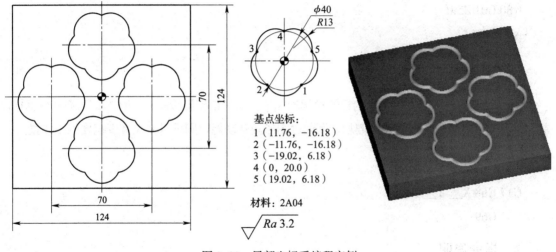

基点坐标：
1 （11.76，−16.18）
2 （−11.76，−16.18）
3 （−19.02， 6.18）
4 （0， 20.0）
5 （19.02， 6.18）

材料：2A04

$\sqrt{Ra\ 3.2}$

图 2-32　局部坐标系编程实例

```
O0218；
:                        （程序开始部分）
N10 G00 X0 Y0 M08；
N20 Z5.0；
N30 G52 X−35.0 Y0；       （设定局部坐标系）
N40 M98 P100；            （加工左侧图案）
N50 G52 X35.0 Y0；        （设定局部坐标系）
N60 M98 P100；            （加工右侧图案）
N70 G52 X0 Y35.0；        （设定局部坐标系）
N80 M98 P100；            （加工上方图案）
N90 G52 X0 Y−35.0；       （设定局部坐标系）
```

```
N100 M98 P100;                    （加工下方图案）
N110 G52 X0 Y0;                   （取消局部坐标系）
N120 G00 Z50.0 M09;
N130 M30;
O0100;                            （加工"梅花"图案子程序）
N10 G00 X11.76 Y-16.18;
N20 G01 Z-1.0 F100;
N30 G02 X-11.76 R13.0;
N40 G02 X-19.02 Y6.18 R13.0;
N50 G02 X0 Y20.0 R13.0;
N60 G02 X19.02 Y6.18 R13.0;
N70 G02 X11.76 Y-16.18 R13.0;
N80 G01 Z5.0;
N90 M99;
```

三、坐标系旋转

对于某些围绕中心旋转得到的特殊轮廓的加工，如果根据旋转后的实际加工轨迹进行编程，就可能使坐标计算的工作量大大增加，而通过图形旋转功能，则可以大大减少编程的工作量。

1. 指令格式

G17 G68 X__ Y__ R__;
　G69;

2. 指令说明

G68 为坐标系旋转生效指令。

G69 为坐标系旋转取消指令。

式中　X__ Y__——指定坐标系旋转中心;

R——指定坐标系旋转角度，该角度一般取 0°～360°。旋转角度的 0° 方向为第一坐标轴的正方向，逆时针方向为角度方向的正方向。不足 1° 的角度以小数点表示，如 10° 54′ 用 10.9° 表示。

例如，指令"G68 X30.0 Y50.0 R45.0;"表示坐标系以坐标点（30，50）作为旋转中心，逆时针旋转 45°。

3. 编程实例

例 2-16　用 $\phi 8$ mm 立铣刀精加工图 2-33 所示工件的内凹轮廓，材料为 45 钢，试采用坐标系旋转指令编写其加工中心加工程序。

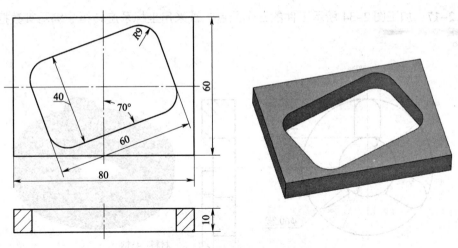

图 2-33　坐标系旋转编程实例 1

O0219;

N10 G90 G94 G15 G17 G40 G80 G54;

N20 G91 G28 Z0;

N30 G90 G00 X0 Y0;

N40 Z20.0;

N50 M03 S600;

N60 G01 Z-12.0 F100;

N70 G68 X0 Y0 R20.0;　　　　　　　　（坐标系逆时针旋转 20°）

N80 M98 P100;　　　　　　　　　　　（加工内凹轮廓）

N90 G69;

N100 G91 G28 Z0;

N110 M30;

O0100;　　　　　　　　　　　　　　　（单个内凹轮廓子程序）

N10 G41 G01 X12.0 Y-11.0 D01;

N20 G03 X30.0 Y-11.0 R9.0;

N30 G01 Y11.0;

N40 G03 X21.0 Y20.0 R9.0;

N50 G01 X-21.0;

N60 G03 X-30.0 Y11.0 R9.0;

N70 G01 Y-11.0;

N80 G03 X-21.0 Y-20.0 R9.0;

N90 G01 X21.0;

N100 G40 G01 X0 Y0;

N110 M99;

例 2–17　加工图 2–34 所示工件的三个凸台，试采用坐标系旋转指令编写其数控铣削加工程序。

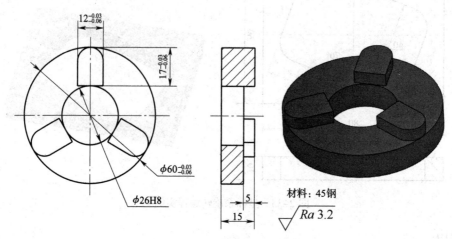

材料：45钢　$\sqrt{Ra\,3.2}$

图 2–34　坐标系旋转编程实例 2

O0220；	（程序号）
N10 G90 G94 G40 G21 G17 G54；	（程序初始化）
N20 G91 G28 Z0；	（主轴 Z 向回参考点）
N30 M06 T01；	
N40 M03 S600；	（刀具交换并变换转速）
N50 G90 G00 X0 Y0 M08；	
N60 G43 Z20.0 H01；	
N70 G01 Z–5.0 F200；	（刀具定位）
N80 M98 P100；	（加工第一个凸台）
N90 G68 X0 Y0 R120.0；	（坐标系旋转 120°）
N100 M98 P100；	（加工第二个凸台）
N110 G69；	（取消坐标系旋转）
N120 G68 X0 Y0 R240.0；	（坐标系旋转 240°）
N130 M98 P100；	（加工第三个凸台）
N140 G69；	（取消坐标系旋转）
N150 G91 G28 Z0 M09；	
N160 M30；	（程序结束并复位）
O0100；	（单个凸台加工子程序）
N10 G41 G01 X–6.0 Y12.0 D01；	
N20 G01 Y24.0；	
N30 G02 X6.0 R6.0；	
N40 G01 Y13.0；	（加工单个凸台）

N50 X-7.0；

N60 G40 G01 X0 Y0；

N70 M99；　　　　　　　　　　　　　　　（返回主程序）

例 2-18　如图 2-35 所示的外轮廓 *B* 和 *C*，其中外轮廓 *B* 由外轮廓 *A* 绕坐标点 *M*（-25.98，-15.0）旋转 135° 所得，外轮廓 *C* 由外轮廓 *A* 绕坐标点 *N*（25.98，15.0）旋转 295° 所得，试编写外轮廓 *B* 和 *C* 的加工程序。

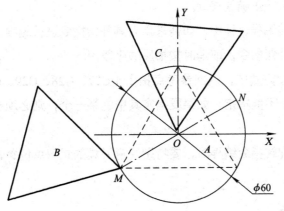

图 2-35　坐标系旋转编程实例 3

O0221；

⋮

N50 G68 X-25.98 Y-15.0 R135.0；　　　　　（坐标系绕坐标点 *M* 旋转 135°）

N60 G42 G01 X-30.0 Y-15.0 D01 F100；　　　（加工外轮廓 *B*）

N70 X25.98；

N80 X0 Y30.0；

N90 X-25.98 Y-15.0；

N100 G40 G01 X-30.0 Y-30.0；

N110 G69；　　　　　　　　　　　　（先取消刀补，再取消坐标系旋转）

⋮

N160 G68 X25.98 Y15.0 R295.0；　　　　　（坐标系绕坐标点 *N* 旋转 295°）

N170 G42 G01 X-30.0 Y-15.0 D01 F100；　　　（加工外轮廓 *C*）

N180 X25.98；

N190 X0 Y30.0；

N200 X-25.98 Y-15.0；

N210 G40 G01 X-30.0 Y-30.0；

N220 G69；　　　　　　　　　　　　（先取消刀补，再取消坐标系旋转）

⋮

提示

想一想，编制本例工件的加工程序时，其刀具的起刀点应位于何处？为什么？

4. 注意事项

（1）在坐标系旋转取消指令（G69）之后的第一个移动指令必须用绝对值指定。如果采用增量值指定，则不执行正确的移动。

（2）在坐标系旋转编程过程中，如需采用刀具补偿指令进行编程，则需在指定坐标系旋转指令后再指定刀具补偿指令，取消时按相反顺序取消。

（3）在坐标系旋转方式中，返回参考点指令（G27、G28、G29、G30）和改变坐标系指令（G54～G59、G92）不能指定。如果要指定其中的某一个，则必须在取消坐标系旋转指令后指定。

（4）采用坐标系旋转指令编程时，要特别注意刀具的起刀点位置，以防止加工过程中产生过切现象。

四、比例缩放

在数控编程中，有时在对应坐标轴上的值是按固定的比例系数进行放大或缩小的，这时，为了编程方便，可采用比例缩放指令进行编程。

1. 指令格式

（1）比例缩放指令

格式一：G51 I__ J__ K__ P__；

例如，G51 I0 J10.0 P2000；

I__ J__ K__参数的作用有两个：第一，选择要进行比例缩放的轴，其中 I 表示 X 轴，J 表示 Y 轴，以上例子表示在 X 轴、Y 轴上进行比例缩放，而在 Z 轴上不进行比例缩放；第二，指定比例缩放的中心，"I0 J10.0"表示缩放中心在坐标（0，10.0）处，如果省略了 I、J、K 值，则 G51 指令指定刀具的当前位置作为缩放中心。

P__为进行缩放的比例系数，不能用小数点指定该值，P2000 表示缩放比例系数为 2。

格式二：G51 X__ Y__ Z__ P__；

例如，G51 X10.0 Y20.0 P1500；

X__ Y__ Z__参数的作用与格式一中 I、J、K 参数的作用相同，只是书写格式不同。

格式三：G51 X__ Y__ Z__ I__ J__ K__；

例如，G51 X10.0 Y20.0 Z0 I1.5 J2.0 K1.0；

X__ Y__ Z__用于指定比例缩放的中心。

I__ J__ K__用于指定不同坐标轴方向上的缩放比例系数，该值用带小数点的数值指定。

I、J、K 可以指定不相等的参数，表示该指令允许沿不同的坐标轴方向进行不等比例缩放。

上例表示以坐标点（10.0，20.0，0）为中心进行比例缩放，在 X 轴方向上的缩放比例系数为 1.5，在 Y 轴方向上的缩放比例系数为 2，在 Z 轴方向则保持原比例不变。

（2）取消比例缩放指令

G50；

2. 编程实例

例 2-19　如图 2-36 所示，将外轮廓轨迹 *ABCDE* 以原点为中心在 *XY* 平面内进行等比例缩放，缩放比例系数为 2，加工深度为 5 mm，试编写其加工程序。

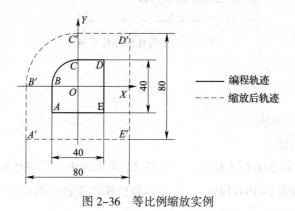

图 2-36　等比例缩放实例

O0222；

⋮

N70　G00 X-50.0 Y-50.0；　　　　　　（刀具位于缩放后工件轮廓外侧）

N80　G01 Z-5.0 F100；

N90　G51 X0 Y0 P2000；　　　　　　（在 XY 平面内进行缩放，缩放比例系数为 2）

N100　G41 G01 X-20.0 Y-30.0 D01；　　（在比例缩放编程中建立刀补）

N110　Y0；

N120　G02 X0 Y20.0 R20.0；　　　　　（以原轮廓进行编程，但刀具轨迹为缩放后轨迹）

N130　G01 X20.0；

N140　Y-20.0；

N150　X-30.0；

N160　G40 X-25.0 Y-25.0；

N170　G50；　　　　　　　　　　　（先取消刀具半径补偿，再取消比例缩放）

⋮

例 2-20　如图 2-37 所示，将外轮廓轨迹 *ABCD* 以（-40.0，-20.0）为中心在 *XY* 平面内进行不等比例缩放，*X* 轴方向的缩放比例系数为 1.5，*Y* 轴方向的缩放比例系数为 2，加工深度为 5 mm，试编写其加工程序。

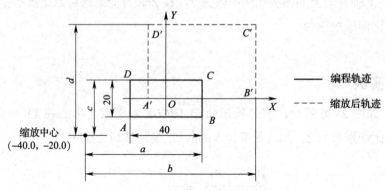

X 轴方向缩放比例：$b/a=1.5$

Y 轴方向缩放比例：$d/c=2$

图 2-37　不等比例缩放实例

O0223；

⋮

N50　G00 X50.0 Y–50.0；

N60　G01 Z–5.0 F100；

N70　G51 X–40.0 Y–20.0 I1.5 J2.0；　　　（在 XY 平面内进行不等比例缩放）

N80　G41 G01 X20.0 Y–10.0 D01；　　　（以原轮廓轨迹进行编程）

N90　X–20.0；

N100　Y10.0；

N110　X20.0；

N120　Y–10.0；

N130　G40 X50.0 Y–50.0；

N140　G50；　　　　　　　　　　　　　　（取消比例缩放）

⋮

3. 比例缩放编程说明

（1）比例缩放中的刀具半径补偿问题

在编写比例缩放程序过程中，要特别注意建立刀补程序段的位置，刀补程序段应写在缩放程序段内。

例如，G51 X__ Y__ Z__ P__；

　　　　G41 G01 ⋯ D01 F100；

在执行该程序段过程中机床能正确运行，而如果执行以下程序则会产生机床报警：

　　　　G41 G01 ⋯ D01 F100；

　　　　G51 X__ Y__ Z__ P__；

比例缩放对于刀具半径补偿值、刀具长度补偿值和工件坐标系零点偏移值无效。

（2）比例缩放中的圆弧插补

在比例缩放中进行圆弧插补，如果进行等比例缩放，则圆弧半径也相应缩放相同的比例；如果指定不同的缩放比例，则刀具不会走出相应的椭圆轨迹，仍将进行圆弧的插补，圆弧的半径根据 I 值和 J 值中的较大值进行缩放。如图 2-38 和下例所示：

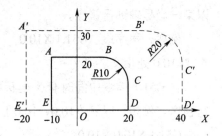

图 2-38　比例缩放中的圆弧插补

例如，O0224；

　　⋮

　　N50 G51 X0 Y0 I2.0 J1.5；

　　N60 G41 G01 X-10.0 Y20.0 D01；

　　N70 X10.0 F100；

　　N80 G02 X20.0 Y10.0 R10.0；

　　⋮

圆弧插补的起点与终点坐标均以 I 值和 K 值进行不等比例缩放，而半径则以 I 值和 K 值中的较大值 2.0 进行缩放，缩放后的半径为 $R20$ mm。此时，圆弧在 B' 和 C' 点处不再相切，而是相交，因此要特别注意比例缩放中的圆弧插补。

（3）比例缩放中的注意事项

1）比例缩放的简化形式。如将比例缩放程序"G51 X＿ Y＿ Z＿ P＿；"或"G51 X＿ Y＿ Z＿ I＿ J＿ K＿；"简写成"G51；"，则缩放比例由机床系统参数决定，具体值可查阅机床有关参数表，而缩放中心则指刀具刀位点当前所处位置。

2）比例缩放对固定循环中 Q 值与 d 值无效。在比例缩放过程中，有时不希望进行 Z 轴方向的比例缩放。这时可修改系统参数，以禁止在 Z 轴方向上进行比例缩放。

3）比例缩放对工件坐标系零点偏移值和刀具补偿值无效。

4）在缩放状态下，不能指定返回参考点的 G 指令（G27~G30），也不能指定坐标系设定指令（G52~G59、G92）。若一定要指定这些 G 指令，应在取消比例缩放功能后指定。

五、可编程镜像

使用可编程镜像指令可实现沿某一坐标轴或某一坐标点的对称加工。在 FANUC 0i 数控系统中采用 G51 或 G51.1 指令实现镜像加工。

1. 指令格式

格式一：G17 G51.1 X＿ Y＿；

　　　　G50.1；

X＿ Y＿用于指定对称轴或对称点。当 G51.1 指令后仅有一个坐标字时，表示该镜像是以某一坐标轴进行镜像。

例如，程序段 "G51.1 X10.0；" 表示沿某一轴线进行镜像，该轴线与 Y 轴平行且与 X 轴在 X=10.0 处相交。

当 G51.1 指令中同时有 X 坐标字和 Y 坐标字时，表示该镜像是以某一点作为对称点进行镜像。例如，以点（10.0，10.0）作为对称点的镜像指令如下：

G51.1 X10.0 Y10.0；

G50.1 表示取消镜像。

格式二：G17 G51 X__ Y__ I__ J__；

        G50；

使用这种格式时，指令中的 I 值和 J 值一定是负值；如果其值为正值；则该指令变成了缩放指令。另外，如果 I 值和 J 值虽是负值但不等于 −1，则执行该指令时，既进行镜像又进行缩放。

例如，执行程序段 "G17 G51 X10.0 Y10.0 I−1.0 J−1.0；" 时，程序以坐标点（10.0，10.0）作为对称点进行镜像，不进行缩放。

执行程序段 "G17 G51 X10.0 Y10.0 I−2.0 J−1.5；" 时，程序在以坐标点（10.0，10.0）作为对称点进行镜像的同时，还要进行比例缩放，其中 X 轴方向的缩放比例系数为 2，Y 轴方向的缩放比例系数为 1.5。

同样，G50 表示取消镜像。

2. 镜像编程的说明

（1）在指定平面内执行镜像指令时，如果程序中有圆弧指令，则圆弧的旋转方向相反，即 G02 变成 G03，G03 变成 G02。

（2）在指定平面内执行镜像指令时，如果程序中有刀具半径补偿指令，则刀具半径补偿的偏置方向相反，即 G41 变成 G42，G42 变成 G41。

（3）在可编程镜像方式中，返回参考点指令（G27、G28、G29、G30）和改变坐标系指令（G54～G59、G92）不能指定。如果要指定其中的某一个，必须在取消可编程镜像指令后指定。

（4）在使用镜像功能时，由于数控镗铣床的 Z 轴一般安装有刀具，因此 Z 轴一般不进行镜像。

3. 编程实例

例 2−21　试用镜像指令编写图 2−39 所示工件四个型腔轮廓（已预先钻出四个工艺孔）的数控铣削加工程序。

O0225；　　　　　　　　　　　（主程序）

⋮

N50 M03 S500；

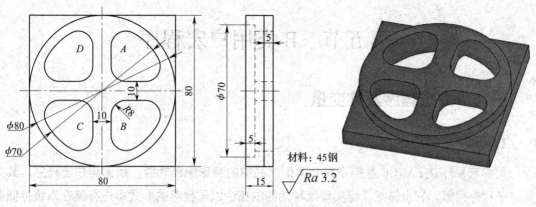

图 2-39　可编程镜像编程实例

N60 G01 Z3.0 F100;

N70 M98 P100;　　　　　　　　　（调用子程序加工轨迹 A）

N80 G51 X0 Y0 I1.0 J-1.0;

N90 M98 P100;　　　　　　　　　（调用子程序加工轨迹 B）

N100 G50;

N110 G51 X0 Y0 I-1.0 J-1.0;　　　　（以工件坐标系原点作为对称点进行镜像）

N120 M98 P100;　　　　　　　　　（调用子程序加工轨迹 C）

N130 G50;

N140 G51 X0 Y0 I-1.0 J1.0;

N150 M98 P100;　　　　　　　　　（调用子程序加工轨迹 D）

N160 G50;

⋮

O0100;　　　　　　　　　　　　（子程序）

N10 G00 X13.0 Y13.0;

N20 G01 Z-11.0;

N30 G41 G01 X13.0 Y5.0 D01;

N40 X23.68;

N50 G03 X30.68 Y16.85 R8.0;

N60 G03 X16.85 Y30.68 R35.0;

N70 G03 X5.0 Y23.68 R8.0;

N80 G01 Y13.0;

N90 G03 X13.0 Y5.0 R8.0;

N100 G40 G01 X13.0 Y13.0;

N110 G00 Z3.0;

N120 M99;

第五节　B类用户宏程序

一、用户宏程序及其变量

1. 用户宏程序的定义

用户宏程序是 FANUC 数控系统和类似产品中的特殊编程功能。所谓用户宏程序，其实质与子程序相似，它也是把一组实现某种功能的指令以子程序的形式事先存储在系统存储器中，通过宏程序调用指令执行这一功能。在主程序中，只要编入相应的调用指令就能实现这些功能。

一组以子程序的形式存储并带有变量的程序称为用户宏程序，简称宏程序。调用宏程序的指令称为用户宏程序命令，或宏程序调用指令。

宏程序与普通程序相比较，普通程序的程序字为常量，一个程序只能描述一个几何形状，所以缺乏灵活性和适用性。而用户宏程序本体中可以使用变量进行编程，还可以用宏程序对这些变量进行赋值、运算等处理，从而可以使用宏程序执行一些有规律变化的动作。

用户宏程序分为 A、B 两种。FANUC 0MD 系统中采用 A 类宏程序，而 FANUC 0i 系统中采用 B 类宏程序。

2. 用户宏程序的变量

（1）变量的表示

在常规的主程序和子程序内，总是将一个具体的数值赋给一个地址。为了使程序更具有通用性、灵活性，在宏程序中设置了变量，一个变量由符号 # 和变量组成，如 #I（I=1、2、3、…）、#100、#500、#5 等。

（2）变量的引用

将跟随在地址后的数值用变量代替，即引入变量。例如 "G01 X#100 Y−#101 F#102；"，当 #100=100.0、#101=50.0、#102=80 时，即表示为 "G01 X100.0 Y−50.0 F80；"。

（3）变量的种类

变量分为局部变量、公共变量（全局变量）和系统变量三种。

1）局部变量（#1～#33）。局部变量是一个在宏程序中局部使用的变量。当宏程序 A 调用宏程序 B 而且都有变量 #1 时，由于变量 #1 服务于不同的局部，因此 A 中的 #1 与 B 中的 #1 不是同一个变量，可以赋不同的值，相互间互不影响。

2）公共变量（#100～#149、#500～#549）。公共变量贯穿于整个程序，同样，当宏程序 A 调用宏程序 B 而且都有变量 #100 时，由于 #100 是全局变量，因此 A 中的 #100 与 B 中的 #100 是同一个变量。

3）系统变量。系统变量是指有固定用途的变量，它的值决定系统的状态。系统变量包括刀具偏置值变量、输入与输出信号变量、位置信号变量。

二、用户宏程序的格式与调用

1. 用户宏程序的格式

用户宏程序与子程序相类似，以程序号 O 和后面的四位数字组成，也以 M99 指令作为结束标记。例如：

O0226；

⋮

N50 G00 X#100＿ Y；

⋮

N100 M99；　　　　　　　　　（结束宏程序）

2. 用户宏程序的调用

宏程序的调用有两种形式：一种是用 M98 指令进行调用，其调用形式与子程序调用完全相同；另一种是用 G65 指令进行调用，其调用格式如下：

G65 P0227L5 X100.0 Y100.0 Z-30.0；

G65：调用宏程序指令，该指令必须写在句首。

P0227：宏程序代号为 O0227。

L5：调用次数为 5 次。

X100.0 Y100.0 Z-30.0：变量引数，引数为有小数点的正、负数。

三、B 类宏程序的运算指令

1. B 类宏程序变量的赋值

（1）直接赋值

变量可以在操作面板上用 MDI 方式直接赋值，也可以在程序中以等式方式赋值，但等号左边不能用表达式。

例如，#100=100.0；

　　　#100=30.0+20.0；

（2）引数赋值

宏程序以子程序方式出现，所用的变量可以在宏程序调用时赋值。

例如，G65 P1000 X100.0 Y30.0 Z20.0 F50.0；

此时的 X、Y、Z 不代表坐标字，F 也不代表进给字，而是对应于宏程序中的变量号，变量的具体数值由引数后的数值决定。引数宏程序体中的变量赋值方法有两种，具体对应关系见表 2-3 和表 2-4，这两种方法可以混用，其中 G、L、N、O、P 不能作为引数替变量赋值。

表 2-3   变量赋值方法 I

引数	变量	引数	变量	引数	变量
A	#1	K_3	#12	J_7	#23
B	#2	I_4	#13	K_7	#24
C	#3	J_4	#14	I_8	#25
I_1	#4	K_4	#15	J_8	#26
J_1	#5	I_5	#16	K_8	#27
K_1	#6	J_5	#17	I_9	#28
I_2	#7	K_5	#18	J_9	#29
J_2	#8	I_6	#19	K_9	#30
K_2	#9	J_6	#20	I_{10}	#31
I_3	#10	K_6	#21	J_{10}	#32
J_3	#11	I_7	#22	K_{10}	#33

表 2-4   变量赋值方法 II

引数	变量	引数	变量	引数	变量
A	#1	I	#4	T	#20
B	#2	J	#5	U	#21
C	#3	K	#6	V	#22
D	#7	M	#13	W	#23
E	#8	Q	#17	X	#24
F	#9	R	#18	Y	#25
H	#11	S	#19	Z	#26

1）变量赋值方法 I。具体示例如下：

G65 P0030 A50.0 I40.0 J100.0 K0 I20.0 J10.0 K40.0；

经赋值后 #1=50.0，#4=40.0，#5=100.0，#6=0，#7=20.0，#8=10.0，#9=40.0。

2）变量赋值方法 II。具体示例如下：

G65 P0020 A50.0 X40.0 F100.0；

经赋值后 #1=50.0，#24=40.0，#9=100.0。

3）变量赋值方法 I 和 II 混合。具体示例如下：

G65 P0030 A50.0 D40.0 I100.0 K0 I20.0；

经赋值后，D40.0 与 I20.0 同时分配给变量 #7，则后一个 #7 有效，所以变量 #7=20.0，其余同上。

2. B 类宏程序运算指令

B 类宏程序的运算类似于数学运算，用各种数学符号表示。常用运算指令见表 2-5。

表 2-5 常用运算指令

功能	格式	备注与具体示例
定义、转换	#i=#j	#100=#1，#100=30.0
加法	#i=#j+#k	#100=#1+#2
减法	#i=#j−#k	#100=#1−#2
乘法	#i=#j*#k	#100=#1*#2
除法	#i=#j/#k	#100=#1/30
正弦	#i=SIN［#j］	
反正弦	#i=ASIN［#j］	
余弦	#i=COS［#j］	#100=SIN［#1］
反余弦	#i=ACOS［#j］	#100=COS［36.3+#2］
正切	#i=TAN［#j］	#100=ATAN［#1］/［#2］
反正切	#i=ATAN［#j］/［#k］	
平方根	#i=SQRT［#j］	
绝对值	#i=ABS［#j］	
舍入	#i=ROUND［#j］	
下取整	#i=FIX［#j］	#100=SQRT［#1*#1−100］
上取整	#i=FUP［#j］	#100=EXP［#1］
自然对数	#i=LN［#j］	
指数函数	#i=EXP［#j］	
或	#i=#j OR #k	
异或	#i=#j XOR #k	逻辑运算逐位按二进制执行
与	#i=#j AND #k	
BCD 转 BIN	#i=BIN［#j］	用于与 PMC 的信号交换
BIN 转 BCD	#i=BCD［#j］	

宏程序计算说明如下：

（1）函数 SIN、COS 等的角度单位是度，分和秒要换算成度，如 90° 30′ 表示为 90.5°，30° 18′ 表示为 30.3°。

（2）宏程序中的数学计算次序为函数运算（如 SIN、COS、ATAN 等）、乘除运算（如 *、/、AND 等）、加减运算（如 +、-、OR、XOR 等）。

例如，"#1=#2+#3*SIN［#4］;" 的运算次序为函数运算 SIN［#4］→乘运算 #3*SIN［#4］→加运算 #2+#3*SIN［#4］。

（3）函数中的括号用于改变运算次序。函数中的括号允许嵌套使用，但最多只允许嵌套五级。

例如，#1= SIN［［［#2+#3］*4+#5］/#6］;

（4）宏程序中的上取整和下取整运算。数控系统处理数值运算时，若操作产生的整数大于原数时为上取整；反之则为下取整。

例如，设 #1=1.2，#2=-1.2。

执行 #3=FUP［#1］时，将 2.0 赋给 #3；

执行 #3=FIX［#1］时，将 1.0 赋给 #3；

执行 #3=FUP［#2］时，将 -1.0 赋给 #3；

执行 #3=FIX［#2］时，将 -2.0 赋给 #3。

四、B 类宏程序转移指令

转移指令起到控制程序流向的作用。

1. 分支语句

格式一：GOTO n;

例如，GOTO 1000;

无条件转移语句，当执行该语句时，无条件转移到 N1000 程序段执行。

格式二：IF［条件表达式］GOTO n;

例如，IF［#1 GT #100］GOTO 1000;

有条件转移语句，如果条件成立，则转到程序段 n 执行；如果条件不成立，则执行下一段程序。条件式的含义和具体示例见表 2-6。

表 2-6　　　　　　　　　　条件式的含义和具体示例

条件式	含义	具体示例
#i EQ #j	等于（=）	IF［#5 EQ #6］GOTO 100;
#i NE #j	不等于（≠）	IF［#5 NE 100］GOTO 100;
#i GT #j	大于（>）	IF［#5 GT #6］GOTO 100;
#i GE #j	大于或等于（≥）	IF［#5 GE 100］GOTO 100;
#i LT #j	小于（<）	IF［#5 LT #6］GOTO 100;
#i LE #j	小于或等于（≤）	IF［#5 LE 100］GOTO 100;

2. 循环指令

WHILE［条件表达式］DO *m*（*m*=1、2、3…）;

⋮

END *m*;

当条件满足时，就循环执行 WHILE 与 END 之间的程序段 *m* 次；当条件不满足时，就执行 END *m* 的下一个程序段。

五、B 类宏程序编程实例

1. 引数变量宏程序编程实例

例 2–22　试采用引数变量的赋值方式编写图 2–40 所示工件的数控铣削加工程序。

分析：采用引数变量编写本例工件的椭圆宏程序时，以椭圆的极角作为自变量，以椭圆上各点的 X 坐标和 Y 坐标作为因变量，编程过程中使用以下引数进行运算：

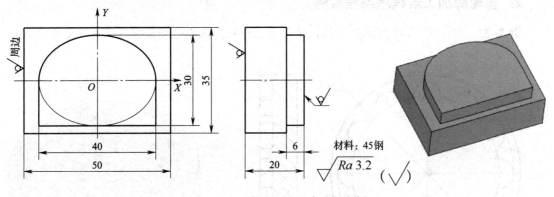

图 2-40　引数变量宏程序编程实例

A（#1）：X 向半轴长度；

B（#2）：Y 向半轴长度；

C（#3）：椭圆起始角度；

D（#7）：椭圆终止角度；

M（#13）：椭圆角度增量值；

I（#4）：椭圆中心在工件坐标系中的 X 坐标；

J（#5）：椭圆中心在工件坐标系中的 Y 坐标。

轮廓加工程序如下：

O0228;　　　　　　　　　　　　　　　　　　　（椭圆轮廓加工程序）

⋮　　　　　　　　　　　　　　　　　　　　　　（程序开始部分）

N50　G01 Z-6.0 F100;　　　　　　　　　　　　（刀具 Z 向落刀至加工位置）

N60　G41 G01 X-20.0 Y-15.0 D01;　　　　　　　（切线方向切入）

N70 G65 P0020 A20.0 B15.0 C180.0 D0 M-1.0 I0 J0;

（变量赋初值）

N80 G01 X20.0 Y-15.0;

N90 X-30.0;

N100 G40 X-40.0 Y-40.0;

⋮

O0020;

N10 #100=#1*COS［#3］+#4;　　　（椭圆上各点的 X 坐标）

N20 #101=#2*SIN［#3］+#5;　　　（椭圆上各点的 Y 坐标）

N30 G01 X#100 Y#101;　　　　　　（加工椭圆轮廓）

N40 #3=#3+#13;　　　　　　　　　（角度增量）

N50 IF［#3 GE #7］GOTO 10;　　　（条件判断）

N60 M99;　　　　　　　　　　　　（返回主程序）

2. 多轮廓加工宏程序编程实例

例 2-23　加工图 2-41 所示的工件，试采用坐标系旋转指令和宏程序编写加工程序。

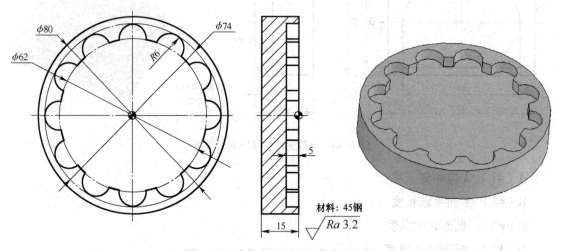

图 2-41　多轮廓加工宏程序编程实例

分析：本例工件的 12 个凹圆槽在圆周上均布，如在坐标系旋转指令中采用宏程序进行编程，可简化编程过程中的基点计算，提高编程效率。编程中用变量表示旋转角度。

O0229;

N10 G90 G94 G21 G40 G54;　　　　　（程序初始化）

N20 G91 G28 Z0;　　　　　　　　　　（Z 轴回参考点）

N30 G90 G00 X0 Y0;　　　　　　　　　（快速点定位）

N40 Z20.0;

N50 M03 S600; （主轴正转，转速为 600 r/min）

N60 G01 Z-5.0 F100;

N70 G41 G01 X31.0 D01;

N80 G03 I-31.0;

N90 G40 G01 X0 Y0;

N100 #101=0; （旋转角度参数）

N110 G68 X0 Y0 R#101; （坐标系旋转）

N120 G41 G01 X25.0 Y0 D01; （加工 R6 mm 凹圆槽）

N130 G03 I6.0;

N140 G40 G01 X0 Y0;

N150 G69; （取消旋转）

N160 #101=#101+30.0; （旋转角度每次增加 30°）

N170 IF［#101 LT 360.0］GOTO 110; （条件判断）

N180 G91 G28 Z0;

N190 M30;

3. 非圆曲线轮廓宏程序编程实例

例 2-24　加工图 2-42 所示的工件，试编写其数控铣削加工程序。

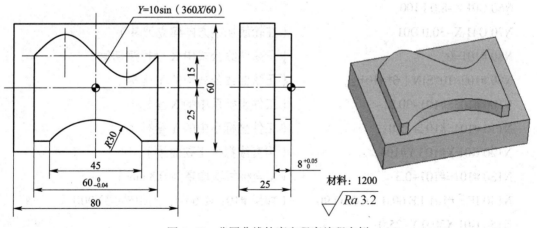

图 2-42　非圆曲线轮廓宏程序编程实例

正弦曲线的宏程序编程思路如图 2-43 所示，在 X 向 60 mm 的长度上分布有一个周期的正弦曲线，其振幅为 10 mm。因此，本例采用 X 方向上的等间距直线来拟合正弦曲线。X 坐标为自变量，每次增量为 0.3 mm，相对应的角度为（6X）°；Y 坐标为因变量，Y=10*sin（6X）。另外，由于正弦曲线的原点与工件坐标系的原点不重合，因此，编程时应注意相互之间的换算关系。

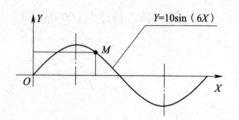

图 2-43　正弦曲线的宏程序编程思路

加工本例工件编程时使用以下变量进行运算：

#101：曲线公式中的 X 坐标，其初始值为 0；

#102：曲线公式中的 Y 坐标，其值为 10sin（6X）；

#103：工件坐标系中的 X 坐标，#103=#101-30.0；

#104：工件坐标系中的 Y 坐标，#104=#102+15.0。

轮廓加工程序如下：

O0230；

N10 G90 G94 G40 G21 G17 G54；

N20 G91 G28 Z0；

N30 G90 G00 X-50.0 Y-40.0；

N40 M03 S600 M08；

N50 G00 Z20.0；

N60 G01 Z-8.0 F100；

N70 G41 X-30.0 D01；　　　　　　　（在轮廓切线方向建立刀补）

N80 #101=0；　　　　　　　　　　　（正弦曲线公式中 X 坐标赋初值）

N90 #102=10*SIN［6*#101］；　　　　（正弦曲线公式中的 Y 坐标）

N100 #103=#101-30.0；　　　　　　　（工件坐标系中的 X 坐标）

N110 #104=#102+15.0；　　　　　　　（工件坐标系中的 Y 坐标）

N120 G01 X#103 Y#104；　　　　　　（用直线拟合正弦曲线）

N130 #101=#101+0.3；　　　　　　　（X 坐标每次增量为 0.3 mm）

N140 IF［#101 LE 60.0］GOTO 90；　（如果 #101 ≤ 60.0，则跳转至 N90）

N150 G01 X30.0 Y-25.0；

N160 X22.5；

N170 G03 X-22.5 R30.0；

N180 G01 X-50.0；

N190 G40 Y-40.0；

N200 G91 G28 Z0；

N210 M05 M09；

N220 M30；

4. 圆周均布孔宏程序编程实例

例 2-25　加工图 2-44 所示工件的均布孔，试采用 FANUC 指令编写其加工程序。

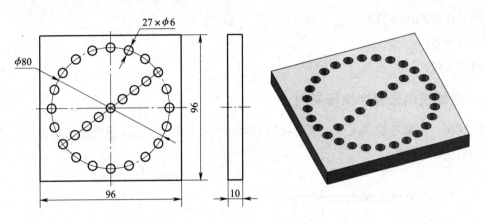

图 2-44　圆周均布孔宏程序编程实例

在加工本例工件编程过程中，用变量 #100 作为圆周均布孔的角度变量，分别用变量 #101 和 #102 代表圆周均布孔中心的 X 坐标和 Y 坐标，则变量的计算如下：

#101=40.0*COS［#100］；

#102=40.0*SIN［#100］；

加工程序如下：

O0231；

N10 G90 G94 G40 G21 G80 G54；

N20 G91 G28 Z0；

N30 G90 G00 X-50.0 Y-50.0 M08；

N40 M03 S600；

N50 G00 Z50.0；

N60 #100=0；　　　　　　　　　　　　　　（角度变量赋初值）

N70 #101=40.0*COS［#100］；　　　　　　　（孔中心 X 坐标）

N80 #102=40.0*SIN［#100］；　　　　　　　（孔中心 Y 坐标）

N90 G81 X#101 Y#102 Z-15.0 R5.0 F100；　　（加工孔）

N100 #100=#100+18.0；　　　　　　　　　　（角度每次增大 18°）

N110 IF［#100 LT 360.0］GOTO 70；　　　　（如果角度小于 360°，则返回 N70）

N120 G80；

N130 #110=-30.0；

N140 #111=#110*COS［36.0］；　　　　　　　（孔中心 X 坐标）

N150 #112=#110*SIN［36.0］；　　　　　　　（孔中心 Y 坐标）

N160 G81 X#111 Y#112 Z-15.0 R5.0 F100；　　（加工孔）

N170 #110=#110+10.0；

N180 IF［#110 LE 30.0］GOTO 140；　　　　　　（如果 #110 小于或等于 30.0，则返回 N140）

N190 G80；

N200 G00 Z100.0 M09；

N210 M05；

N220 M30；

5. 螺纹铣削宏程序编程实例

例 2-26　在数控铣床上加工图 2-45 所示工件的内螺纹（底孔已经加工完成），试编写其螺纹铣削加工程序。

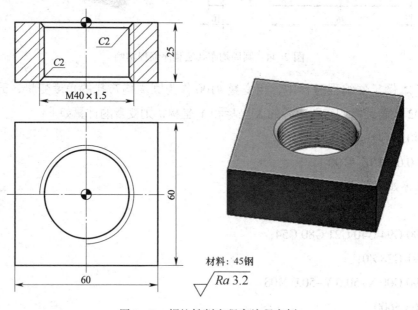

图 2-45　螺纹铣削宏程序编程实例

分析：在数控铣床上进行螺纹加工时，可采用宏程序结合螺旋指令进行编程，编程时应找准刀具旋转一周和 Z 向移动距离的对应关系。采用这种方式编写的加工程序如下：

O0232；

N10 G90 G94 G40 G21 G17 G54；

N20 G91 G28 Z0；

N30 G90 G00 X0 Y0；

N40 M03 S600 M08；

N50 G00 Z20.0；

N60 G01 Z2.0 F100；　　　　　　　　　（刀具下降至 Z 向起刀点）

N70 #101=0.5；　　　　　　　　　　　　（螺旋线终点的 Z 坐标）

N80 G41 G01 X20.0 Y0 D01；　　　　　　（螺旋线起始点）

N90 G03 I−20.0 Z#101；　　　　　　　　（加工螺旋线）

N100 #101=#101−1.5；　　　　　　　　（计算下一条螺旋线 Z 向终点坐标）

N110 IF［#101 GE −28.0］GOTO 90；

N120 G40 G01 X0 Y0；

N130 G91 G28 Z0；

N140 M05 M09；

N150 M30；

第六节　FANUC 系统数控铣床/加工中心的操作

由于数控机床的生产厂家众多，因此同一系统数控机床的操作面板各不相同，但由于同一数控系统的系统功能相同，因此操作方法也基本相似。现以 FANUC 0i 数控系统为例进行介绍，其加工中心操作面板如图 2-46 所示。为了便于读者阅读，本书中将操作面板上的按键分为以下三组：

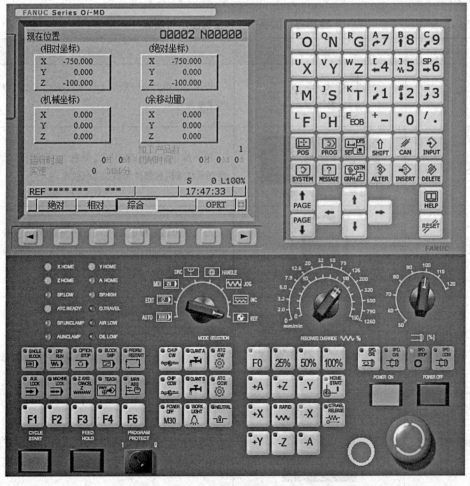

图 2-46　FANUC 0i 数控系统加工中心操作面板

1. 机床控制面板按键

这类按键（旋钮、按钮）为机床生产厂家自定义功能键，位于操作面板总图下方。本书中用加 "" 的字母或文字表示，如 "POWER ON" "JOG" 等。

2. 数控系统 MDI 功能键

这类按键位于显示屏右侧，只要系统型号相同，其功能键的含义和位置也相同。本书中用加 " PROG " 的字母或文字表示，如 PROG 、 POS 等。

3. 显示屏下的软键

这类软键在本书中用加 "[　]" 的字母或文字表示，如 [参数]、[综合] 等。

一、操作面板按钮和按键及其功能介绍

1. 机床控制面板按钮和按键

机床控制面板按钮和按键图示与功能见表 2-7。

表 2-7　　　　　　　　　　机床控制面板按钮和按键图示与功能

名称	图示	功能
机床总电源开关		机床总电源开关一般位于机床的背面，置于 "ON" 时为主电源开
系统电源开关	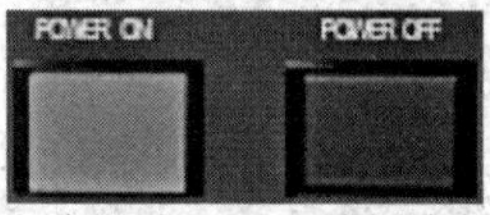 电源开　　电源关	按下按钮 "POWER ON"（绿色），向机床润滑系统、冷却系统等机械部件和数控系统供电
超程解除按钮	 超程解除	当机床出现超程报警时，按下 "超程解除" 按钮不松开，可使超程轴的限位挡块松开，然后用手摇脉冲发生器反向移动该轴，从而解除超程报警
急停按钮与程序保护开关		当出现紧急情况而按下 "急停" 按钮时，在显示屏上出现 "EMG" 字样
		当程序保护开关处于 "ON" 位置时，即使在程序的输入及编辑状态下也不能对数控程序进行编辑
主轴倍率旋钮		在主轴旋转过程中，可以通过主轴倍率旋钮对主轴转速进行 50% ~ 120% 的无级调速。同样，在程序执行过程中，也可对程序中指定的转速进行调节

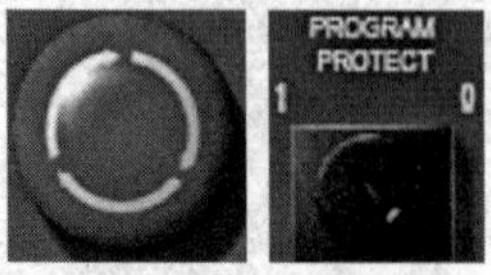

续表

名称	图示	功能
进给速度倍率旋钮	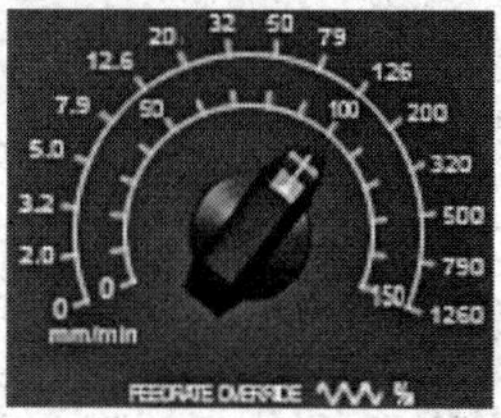	进给速度可通过进给速度倍率旋钮进行调节，调节范围为 0～150%。另外，对于自动执行的程序中指定的进给速度值 F，也可用进给速度倍率旋钮进行调节
模式选择旋钮	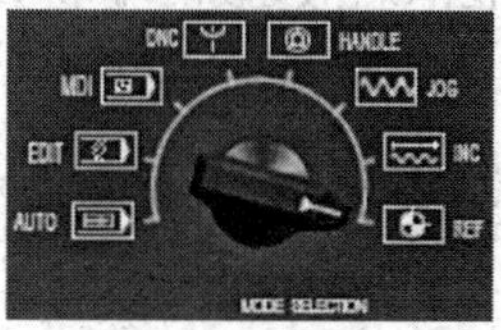	AUTO：自动运行加工 EDIT：程序的输入及编辑 MDI：手动数据（如参数）输入 DNC：在线加工 HANDLE：手摇进给 JOG：手动切削进给或手动快速进给 INC：增量进给 REF：回参考点
"AUTO"模式下的按键		▨：单段运行。该模式下，每按一次"循环启动"按键，机床将执行一段程序后暂停  ▨：程序段跳跃。当该按键被按下时，程序段前加"/"符号的程序段将被跳过执行  ▨：选择停止。该模式下，指令 M01 的功能与指令 M00 的功能相同  ▨：示教模式  ▨：机床锁住。用于检查程序编制的正确性，该模式下刀具在自动运行过程中的移动功能将被限制 ▨：空运行。用于检查刀具运行轨迹的正确性，该模式下自动运行过程中的刀具进给始终为快速进给
"JOG"进给及其快速进给按键	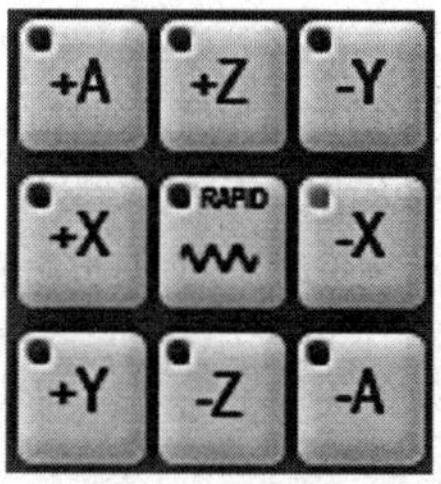	要实现手动切削连续进给，按下轴对应按键不松开，该指定轴即沿指定的方向进给 要实现手动快速连续进给，先按下对应轴和方向按键不松开，再同时按下中间的快速移动按键，即可实现该轴的自动快速进给
增量步长选择键	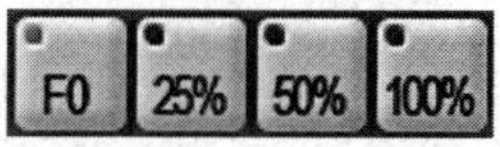	"F0""25%""50%""100%"为四种不同的快速进给倍率

续表

名称	图示	功能
回参考点指示灯	 X HOME　Y HOME Z HOME　A HOME	当相应轴返回参考点后，对应轴的返回参考点指示灯变亮
主轴功能键	 SPD CW　SPD CW　SPD STOP　SPD CCW	 ：主轴正转按键  ：主轴停转按键  ：主轴反转按键 注：以上按键仅在"JOG"或"HANDLE"模式有效
用户自定义按键	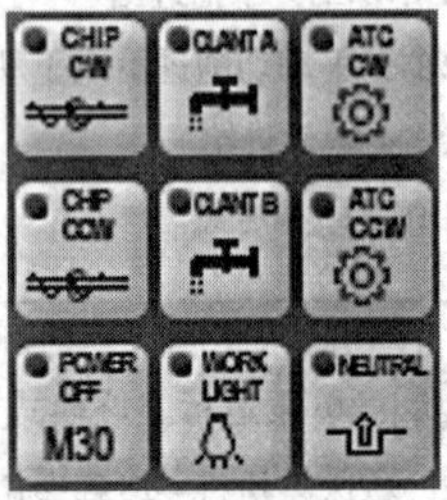 CHIP CW　CLANT A　ATC CW CHP CCW　CLANT B　ATC CCW POWER OFF M30　WORK LIGHT　NEUTRAL	 ：按下该按键，刀架顺（或逆）时针转过一个刀位  ：按下该按键，启动排屑电动机对机床进行自动排屑操作  ：通过切削液或冷却气体对主轴和刀具进行冷却。重复按下该按键，冷却泵关闭  ：按下该按键，机床照明灯亮
加工控制按键	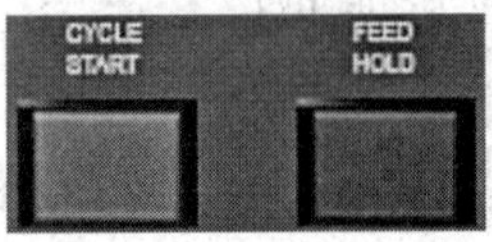 CYCLE START　FEED HOLD	 （循环启动开始）：在自动运行状态下，按下该按键，机床自动运行程序  （循环启动停止）：在机床循环启动状态下，按下该按键，程序运行和刀具运动将处于暂停状态，其他如主轴转速、冷却系统开关等状态保持不变。再次按下"循环启动"按键，机床重新进入自动运行状态
手摇脉冲发生器	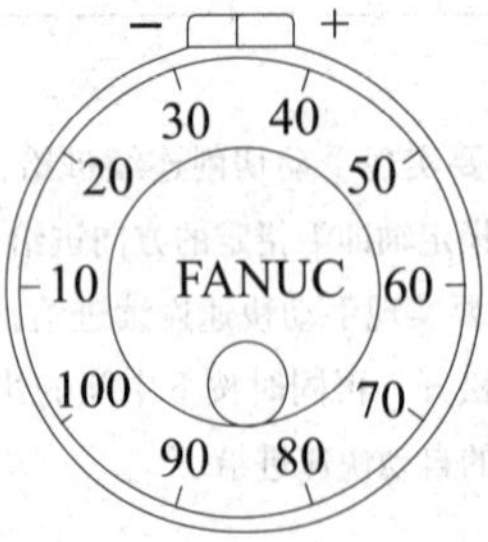 30 40 20 50 10 FANUC 60 100 70 90 80 − +	手摇脉冲发生器一般挂在机床的一侧，主要用于机床的手动操作。旋转手摇脉冲发生器时，顺时针方向为刀具正方向进给，逆时针方向为刀具负方向进给

2. 数控系统 MDI 功能键

数控系统 MDI 功能键图示和功能见表 2-8。

表 2-8 数控系统 MDI 功能键图示和功能

名称	图示	功能
数字键	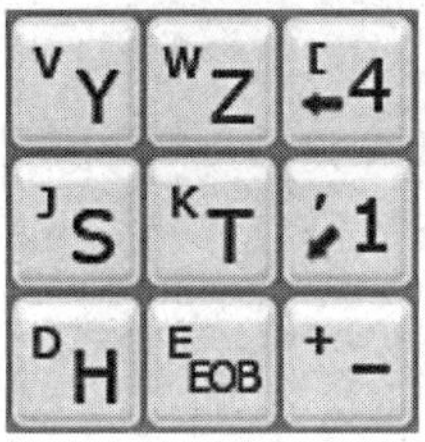	用于输入数字 1～9 和 "+" "−" "*" "/" 等运算符
运算键		
字母键		用于输入 A、B、C、X、Y、Z、I、J、K 等字母
程序段结束		用于程序段结束符 "*" 或 ";" 的输入
位置显示		用于显示刀具的坐标位置
程序显示		用于显示 "EDIT" 方式下存储器内的程序；在 MDI 方式下输入及显示 MDI 数据；在 AUTO 方式下显示程序指令值
刀具设定		用于设定并显示刀具补偿值、工件坐标系、宏程序变量
系统键		用于参数的设定、显示以及自诊断功能数据的显示等
报警信号键		用于显示报警信号信息、报警记录等
图形显示键		用于显示刀具轨迹等图形
上挡键		用于输入上挡字符
字符取消键		用于取消最后一个输入的字符或符号
参数输入键		用于参数或补偿值的输入
替代键		用于程序编辑过程中程序字的替代
插入键		用于程序编辑过程中程序字的插入
删除键		用于删除程序字、程序段和整个程序
帮助键		用于显示帮助信息
复位键		用于使所有操作停止，返回初始状态
向前翻页键		用于向程序开始的方向翻页
向后翻页键		用于向程序结束的方向翻页
光标移动键	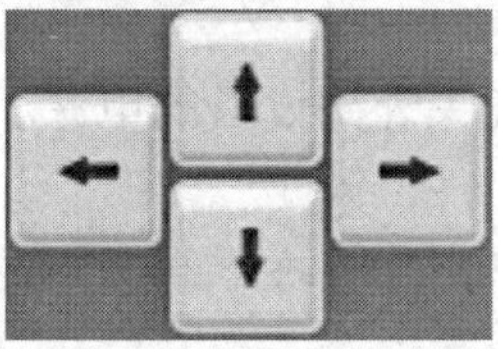	共四个，用于使光标上下或前后移动

3. 显示屏下的软键

在显示屏下有一排软键，这一排软键的功能根据显示屏上对应的提示来指定。

二、机床操作

1. 机床电源的开与关

（1）开电源

开电源的操作流程[①]如图 2-47a 所示，其操作步骤如下：

1）检查数控系统和机床外观是否正常。

2）接通机床电气柜电源，按下"POWER ON"按钮①，按下"NC ON"按钮②。

3）检查显示屏界面显示资料。

4）如果显示屏界面显示"EMG"报警，松开机床"急停"按钮③。

5）按下"复位"键④数秒后机床将复位。

6）检查风扇电动机是否旋转。

机床电源打开后，机床显示屏的界面如图 2-47b 所示。

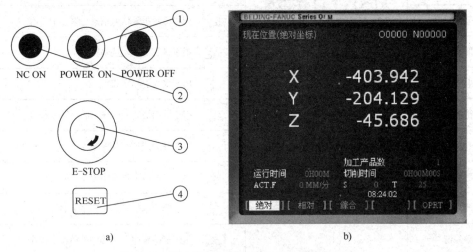

a) b)

图 2-47 开电源的操作流程和开电源后的界面

（2）关电源

关电源的操作与开电源的操作相反，其操作步骤如下：

1）检查操作面板上的循环启动灯是否关闭。

2）检查数控机床的移动部件是否都已经停止。

3）按下机床"急停"按钮。

4）如有外部输入／输出设备接到机床上，应先关外部设备的电源。

---

① 由于数控机床生产厂家不同，其操作面板也不尽相同，因此，本书在介绍操作流程时用文字或字母表示按钮或旋钮加以演示，以后的操作流程类同。

5）按下"POWER OFF"按钮，关机床电源，关总电源。

2. 手动操作

（1）返回参考点操作

返回参考点的操作流程如图2-48a所示，其步骤如下：

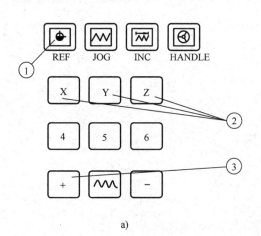

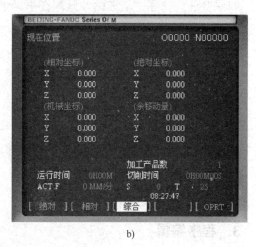

a)　　　　　　　　　　　　b)

图2-48　返回参考点的操作流程和返回参考点后的界面

1）按下模式选择按键（有些机床为旋钮，下同）"REF"①。

2）分别选择进行回零的轴②，选择快速移动倍率。

3）按下轴的"+"方向选择按键③不松开，直到相应轴的返回参考点指示灯亮。

为了确保回零过程中刀具和机床的安全，加工中心和数控铣床一般先进行Z轴的回零，再进行X轴和Y轴的回零。机床返回参考点后，显示屏界面如图2-48b所示。

（2）手动进给操作

手动进给操作流程如图2-49a所示，手动进给操作界面如图2-49b所示。

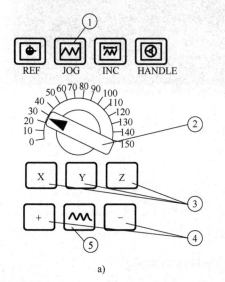

a)　　　　　　　　　　　　b)

图2-49　手动进给操作流程和手动进给操作界面

1）按下模式选择按键"JOG"①。

2）调节进给速度倍率旋钮②，选择合适的进给速度倍率。

3）选择需要手动进给的轴③。

4）按下进给方向键④不松开，即可使刀具沿所选轴方向连续进给。

如果要进行快速手动进给，只需在手动进给前按下位于方向选择按键中间的快速移动按键⑤即可。

（3）手摇连续进给

1）按下模式选择按键"HANDLE"。

2）选择刀具要移动的轴。

3）选择增量步长。

4）旋转手摇脉冲发生器向相应的方向移动刀具。

（4）增量进给

类似于手动进给操作，操作步骤略。

3. 程序编辑

（1）建立一个新程序

建立新程序流程如图2-50a所示，其操作步骤如下：

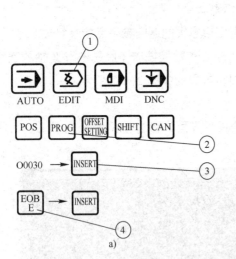
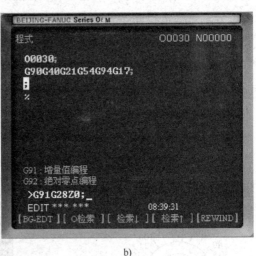

图2-50 建立新程序流程和建立新程序后的界面

1）按下模式选择按键"EDIT"①。

2）按下MDI功能键 PROG ②。

3）输入地址O，输入程序号（如O0030）。

4）按下 INSERT 键③即可完成新程序O0030的插入。

5）按下 EOB/E 键④，再按下 INSERT 键即可进行新程序的编辑。

建立新程序后的界面如图2-50b所示。另外，建立新程序时，要注意建立的程序号应为存储器没有的新程序号。

（2）调用存储器中储存的程序

1）按下模式选择按键"EDIT"。

2）按下 MDI 功能键 PROG 。

3）输入地址 O，输入程序号（如 O123）。

4）按下光标移动键 ↓ 即可完成程序 O123 的调用。

调用程序时，一定要调用存储器中已存在的程序。

（3）删除程序

1）按下模式选择按键"EDIT"。

2）按下 MDI 功能键 PROG 。

3）输入地址 O，输入程序号（如 O123）。

4）按下 DELETE 键即可完成单个程序 O123 的删除。

如果要删除存储器中所有程序，只要在输入"0–9999"后按下 DELETE 键即可。

如果要删除指定范围内的程序，只要在输入"OXXXX，OYYYY"后按下 DELETE 键即可将存储器中 OXXXX ～ OYYYY 范围内的所有程序删除。

（4）删除程序段

1）按下模式选择按键"EDIT"。

2）用光标移动键检索或扫描到将要删除的程序段地址 N，按下 EOB E 键。

3）按下 DELETE 键，将当前光标所在的程序段删除。

如果要删除多个程序段，则用光标移动键检索或扫描到将要删除的程序段开始地址 N（如 N0010），键入地址 N 和最后一个程序段号（如 N1000），按下 DELETE 键，即可将 N0010 ～ N1000 的所有程序段删除。

（5）程序段的检索

程序段的检索功能主要用于自动运行过程中。程序段的检索过程如下：按下模式选择按键"AUTO"，按下 PROG 键，输入地址 N 和要检索的程序段号，按下显示屏下的软键［N SRH］即可检索到所要检索的程序段。

（6）程序字的编辑

1）扫描程序字。按下模式选择按键"EDIT"，按下光标移动键 ← 或 → ，光标将在显示屏上向左或向右移动一个地址字。按下光标移动键 ↑ 或 ↓ ，光标将移到上一个或下一个程序段的开头。按下 PAGE UP 键或 PAGE DOWN 键，光标将向前或向后翻页显示。

2）跳到程序开头。在"EDIT"模式下，按下 RESET 键即可使光标跳到程序开头。

3）插入一个程序字。在"EDIT"模式下，扫描到要插入位置前的字，键入要插入的地址字和数据，按下 INSERT 键。

4）字的替换。在"EDIT"模式下，扫描到将要替换的字，键入要替换的地址字和数据，按下 ALTER 键。

5）字的删除。在"EDIT"模式下，扫描到将要删除的字，按下 DELETE 键。

6）输入过程中字的取消。在程序字符的输入过程中，如发现当前字符输入错误，则按下一次 CAN 键，删除一个当前输入的字符。

（7）程序输入与编辑实例

例 2-27　将下列数控加工程序输入数控系统。

O0233；

N10 G90 G94 G40 G80 G17 G21 G54；

N20 M03 S600；

N30 G43 G01 Z50.0 F100 H01；

N40 G98 G81 X30.0 Y20.0 Z-25.0 R5.0 F100；

N50 X-30.0 Y20.0；

N60 X-30.0 Y-20.0；

N70 X30.0 Y-20.0；

N80 G49 G91 G28 X0 Y0 Z0；

N90 M05；

N100 M30；

程序的输入过程如下：

按下模式选择按键"EDIT"，按 PROG 键，将程序保护开关置于"OFF"位置。

O0233 INSERT

$\boxed{\text{EOB} \atop \text{E}}$ INSERT

N10　G90 G95 G40 G80 G17 G21 $\boxed{\text{EOB} \atop \text{E}}$ INSERT

N20 M03 S600 M04 $\boxed{\text{EOB} \atop \text{E}}$ INSERT

N30 G43 G01 Z50.0 F100 H01 $\boxed{\text{EOB} \atop \text{E}}$ INSERT

N40 G98 G81 X30.0 Y20.0 Z-25.0 R5.0 F100 $\boxed{\text{EOB} \atop \text{E}}$ INSERT

N50 X-30.0 Y20.0 $\boxed{\text{EOB} \atop \text{E}}$ INSERT

N60 X-30.0 Y-20.0 $\boxed{\text{EOB} \atop \text{E}}$ INSERT

N70 X30.0 Y-20.0 $\boxed{\text{EOB} \atop \text{E}}$ INSERT

N80 G49 G91 G28 X0 Y0 Z0 $\boxed{\text{EOB} \atop \text{E}}$ INSERT

N90 M05 $\boxed{\text{EOB} \atop \text{E}}$ INSERT

N100 M30 $\boxed{\text{EOB} \atop \text{E}}$ INSERT

RESET

输入程序后，发现第二行中"G95"应改成"G94"，且少输了"G54"，第三行中多输了"M04"，做以下修改：

将光标移到"G95"上，输入"G94"，按下 ALTER 键。

将光标移到"G21"上，输入"G54"，按下 INSERT 键。

将光标移到"M04"上，按下 DELETE 键。

4. 工件坐标系坐标值的测量

（1）在 MDI 方式下启动主轴旋转

1）按下模式选择按键"MDI"，按下 PROG 键。

2）M03 S600 | EOB E | INPUT 。

3）按下"循环启动"按键，按下 RESET 键。

（2）在 MDI 方式下将 1 号刀调入主轴

1）在 REF 模式下进行 Z 向回参考点。

2）按下模式选择按键"MDI"，按下 PROG 键。

3）T01 | EOB E | INPUT 。

4）M06 | EOB E | INPUT 。

5）按下"循环启动"按键，在主轴上换上找正器。

（3）确定工件坐标系 X 值和 Y 值

1）按下模式选择按键"HANDLE"。

2）按下主轴正转按键"CW"，主轴将以前面设定的转速"S600"正转。

3）按下 POS 键，再按下软键［综合］，此时，机床显示屏显示图 2-51 所示的综合坐标值。

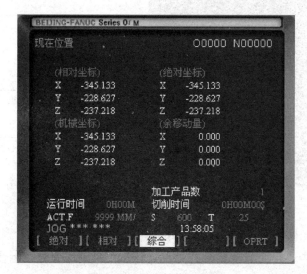

图 2-51　显示综合坐标值

4）选择相应的轴选择按键，摇动手摇脉冲发生器，使其接近 X 轴方向的一条侧边（见图 2-52），此时应降低手动进给倍率，使找正器慢慢接近工件侧边，并正确找正侧边 A 点处。记录下图 2-51 所示界面中机床坐标系的 X 值，设为 X_1（假设 $X_1 = -455.237$）。

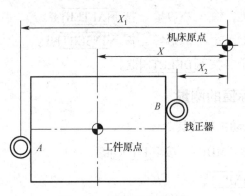

图 2-52 X 轴方向的找正

5）用同样的方法找正侧边 B 点处，记录下尺寸 X_2 值（假设 $X_2 = -345.133$）。

6）计算出工件坐标系的 X 值，$X = (X_1 + X_2)/2$。

7）重复步骤 4）、5）、6），用同样的方法测量并计算出工件坐标系的 Y 值。

（4）确定工件坐标系 Z 值（或刀具长度补偿值）

1）将主轴停转，再次在 MDI 方式下换刀，将工作用刀具调入主轴。

2）在工件上方放置一个 $\phi 10$ mm 的测量心棒（或量块），在"HANDLE"模式下选择相应的轴选择按键，摇动手摇脉冲发生器，使刀具在 Z 轴方向接近心棒（见图 2-53），此时应降低手动进给倍率，使刀具与心棒微微接触。记录下显示器界面中机床坐标系的 Z 值，设为 Z_1（假设 $Z_1 = -187.995$）。

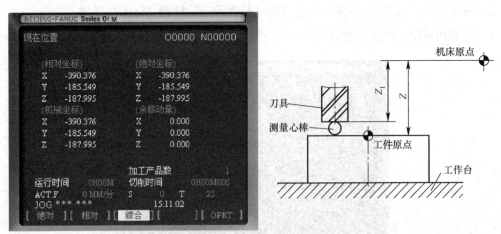

图 2-53 Z 轴方向找正

3）计算出工件坐标系的 Z 值，$Z = Z_1 - 10.0$（心棒直径）。

4）如果是加工中心，同时使用多把刀具进行加工，则可重复以上步骤，分别测出各自不同的 Z 值。

5.　工件坐标系（G54）和刀具补偿值的设定

（1）工件坐标系（G54）的设定

1）按下 OFFSET SETTING 键。

2）按下显示屏下的软键［坐标系］，出现图 2-54 所示的工件坐标系设定界面。

3）向下移动光标，到 G54 坐标系 "X" 处，输入前面计算出的 X 值（注意不要输入地址 X），按下 INPUT 键。

4）将光标移到 G54 坐标系 "Y" 处，输入前面计算出的 Y 值，按下 INPUT 键。

5）用同样的方法，将计算出的 Z 值输入 G54 坐标系。

对于 G54 坐标系中的 Z 值，如果是数控铣床，则采用以上方法进行设定；而如果是加工中心，采用多把刀进行加工，通常情况下，将 G54 坐标系中的 Z 值设为 0，而将前面计算出的各刀具的 Z 值作为刀具长度补偿值，在刀具补偿参数中进行设定。

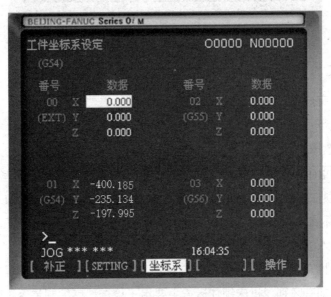

图 2-54　工件坐标系设定界面

（2）刀具补偿值的设定

1）按下 OFFSET SETTING 键。

2）按下显示屏下的软键［补正］，出现图 2-55 所示的刀具补偿值设定界面。

3）向下移动光标，将光标移到程序中指定的刀具补偿号处，将刀具半径补偿值输入对应的 "（形状）D" 里，将刀具长度补偿值输入对应的 "（形状）H" 里。在输入过程中一定要注意输入位置不能弄错。

4）如果刀具使用一段时间后产生了磨耗，则可将磨耗值也输入对应的位置，对刀具进行磨耗补偿。将直径方向的磨耗值输入对应的 "（磨耗）D" 中，而将长度方向的磨耗值输入对应的 "（磨耗）H" 中。

图 2-55 刀具补偿值设定界面

6. 自动加工

当前面的工作完成后，即可进行自动加工。

（1）机床试运行

1）按下模式选择按键"AUTO"。

2）按下按键 PROG ，按下软键［检视］，使显示屏显示正在执行的程序和坐标。

3）按下机床锁住按键"MC LOCK"，按下单步执行按键"SINGLE BLOCK"。

4）按下"循环启动"按键，开始执行光标所在行的程序，每按一下，机床执行一段程序，检查编写与输入的程序是否正确无误。

机床的试运行检查还可以在空运行状态下进行，两者虽然都被用于程序自动运行前的检查，但检查的内容却有区别：机床锁住运行主要用于检查程序编制是否正确，程序有没有编写格式错误；而机床空运行主要用于检查刀具轨迹是否与要求相符。

现在，在很多机床上都带有自动运行图形显示功能，对于这种机床，可直接用图形显示功能进行程序的检查与校正。

（2）机床的自动运行

机床自动运行操作过程如图 2-56a 所示，自动运行过程中的界面如图 2-56b 所示。

1）确定程序正确无误。

2）按下模式选择按键"AUTO"①。

3）按下 PROG 键②，按下软键［检视］③，使显示屏显示正在执行的程序和坐标。

4）按下"循环启动"按键④，自动循环执行加工程序。

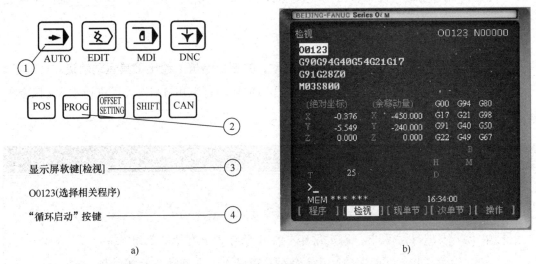

a)　　　　　　　　　　　　　　　　b)

图 2-56　机床自动运行操作过程和界面

5）根据实际加工情况调节主轴转速和刀具进给速度。在机床运行过程中，可以旋动主轴倍率旋钮进行主轴转速的调节，但应注意不能进行高、低挡转速的变换。旋动进给速度倍率旋钮进行刀具进给速度的调节。

（3）图形显示功能

图形显示功能可以显示自动运行或手动运行期间的刀具运动轨迹，操作人员可通过观察显示屏显示出的轨迹检查加工过程，显示的图形可以进行放大及恢复。

图形显示的操作过程如下：

1）按下模式选择按键"AUTO"。

2）在 MDI 面板上按下 CUSTOM GRAPH ，按下显示屏软键［参数］，显示图 2-57 所示的图形显示功能参数设置界面。

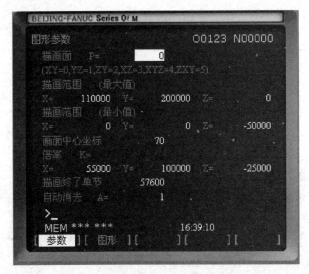

图 2-57　图形显示功能参数设置界面

3）通过光标移动键将光标移至所需设定的参数处，输入数据后按下 |INPUT| 键，依次完成各项参数的设定。

4）按下显示屏软键［图形］。

5）按下"循环启动"按键，刀具开始移动，并在显示屏上绘出刀具运动轨迹。

6）在图形显示过程中，按下显示屏软键［ZOOM］/［NORMAL］，可进行放大/恢复图形的操作。

思考与练习

1. 孔的加工动作由哪几部分组成？

2. 什么是初始平面？什么是 R 点平面？什么是孔底平面？

3. 在 G90 与 G91 方式中，固定循环中的 R 值与 Z 值有什么不同？

4. 在固定循环中，G98 与 G99 方式的作用是什么？分别适用于哪种场合？

5. 试写出 G73 与 G83 的指令格式，并说明两者的不同之处。

6. 试分别说明 G76 精镗孔和 G87 反镗孔的动作过程。

7. 在使用固定循环进行编程时应注意哪几个方面的问题？

8. MDI 面板上的 |INSERT| 与 |INPUT| 键有什么区别？各适用于什么场合？

9. MDI 面板上的 |DELETE| 与 |CAN| 键有什么区别？各适用于什么场合？

10. 如何进行机床的手动回参考点操作？程序中的回参考点语句如何编写？

11. 试述 G54 指令中如何设定 X 值和 Y 值。

12. 如何进行机床空运行操作？如何进行机床锁住试运行操作？两种试运行操作有什么不同？

13. 加工图 2-58 所示的工件，毛坯尺寸为 100 mm×80 mm×24 mm，试编写其数控铣削加工程序。

14. 加工图 2-59 所示的工件，试编写其数控铣削加工程序。

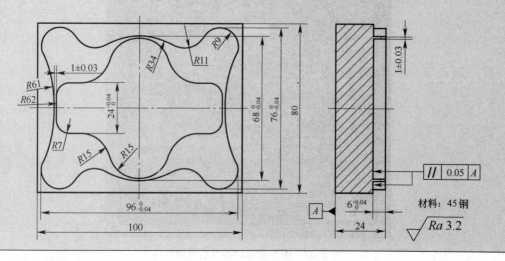

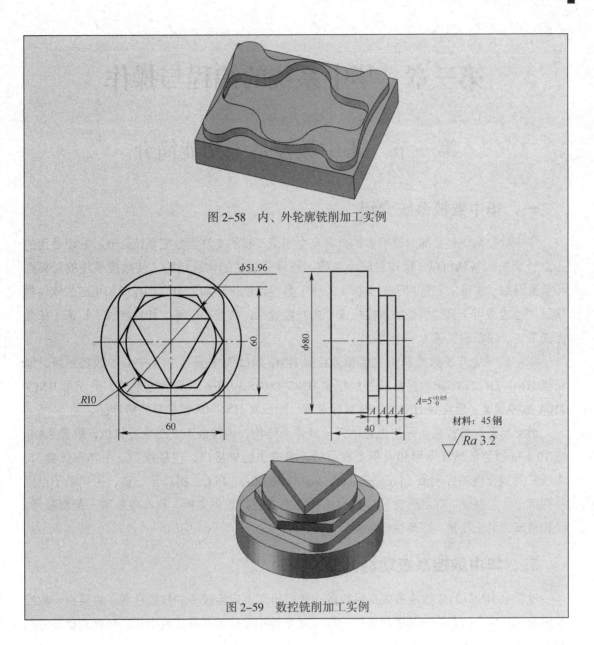

图 2-58 内、外轮廓铣削加工实例

图 2-59 数控铣削加工实例

第三章　华中系统的编程与操作

第一节　华中数控系统功能简介

一、华中数控系统介绍

华中数控系统是我国为数不多的具有自主知识产权的高性能数控系统之一。它以通用的工业计算机和 WINDOWS 操作系统为基础，采用开放式的体系结构，使数控系统的可靠性和质量得到了保证。它适用于多坐标（2~5）数控镗铣床和加工中心，在增加相应的软件模块后，也能适用于其他类型的数控机床（如数控磨床、数控车床等）和特种加工机床（如激光加工机、线切割机等）。

华中公司生产的数控系统主要有世纪星 HNC-21/22M 铣床（加工中心）数控系统、世纪星 HNC-21/22T 车床数控系统、世纪星 HNC-18i/18xp/19xp 系列数控系统、世纪星 HNC-210A 数控装置、世纪星 HNC-210B 数控装置、世纪星 HNC-08 数控单元等产品。

世纪星系列数控系统采用先进的开放式体系结构，内置嵌入式工业计算机，配置 8.4 in 或 10.4 in 彩色液晶显示屏和通用工程面板，集成进给轴接口、主轴接口、手持单元接口、内嵌式可编程逻辑控制器（programmable logic controller, PLC）接口于一体，采用电子盘程序存储、U 盘存储、在线传输、以太网传输等方式进行数据交换，具有性能高、配置灵活、结构紧凑、易于使用、可靠性高等特点。

二、华中数控系统功能介绍

世纪星 HNC-21M 数控系统是目前我国数控机床上应用较多的数控系统，主要用于数控铣床和加工中心，具有一定的代表性。其常用功能指令分为准备功能指令、辅助功能指令和其他功能指令三类。

1. 准备功能指令

世纪星 HNC-21M 数控系统准备功能指令见表 3-1。

表 3-1　　　　　　　　　　世纪星 HNC-21M 数控系统准备功能指令

G 指令	组别	功能	程序格式和说明
G00 ▲		快速点定位	G00 IP__;
G01		直线插补	G01 IP__ F__;
G02	01	顺时针圆弧插补	G02/G03 X__ Y__ R__ F__;
G03		逆时针圆弧插补	G02/G03 X__ Y__ I__ J__ F__;

续表

G 指令	组别	功能	程序格式和说明
G04	00	暂停	G04 P5；（单位为 s）
G07	16	虚轴指定或正弦线插补	G07 IP1；（有效） G07 IP0；（取消）
G09	00	准确停止检查	G09；
G17 ▲		选择 XY 平面	G17；
G18	02	选择 ZX 平面	G18；
G19		选择 YZ 平面	G19；
G20		英制输入	G20；
G21	08	公制输入	G21；
G22		脉冲当量输入	G22；
G24	03	可编程镜像有效	G24 X__ Y__ Z__ A__；
G25 ▲		可编程镜像取消	G25 X__ Y__ Z__ A__；
G28	00	返回参考点	G28 IP__；（此处 IP 为经过的中间点）
G29		从参考点返回	G29 IP__；（此处 IP 为返回的目标点）
G40 ▲		刀具半径补偿取消	G40；
G41	09	刀具半径左补偿	G41 G01 IP__ D__；
G42		刀具半径右补偿	G42 G01 IP__ D__；
G43		正向刀具长度补偿	G43 G01 Z__ H__；
G44	10	负向刀具长度补偿	G44 G01 Z__ H__；
G49 ▲		刀具长度补偿取消	G49；
G50 ▲	04	比例缩放取消	G50；
G51		比例缩放有效	G51 IP__ P__；
G52	00	局部坐标系设定	G52；
G53		选择机床坐标系	G53 IP__；
G54 ▲		选择工件坐标系 1	G54；
G55		选择工件坐标系 2	G55；
G56	11	选择工件坐标系 3	G56；
G57		选择工件坐标系 4	G57；
G58		选择工件坐标系 5	G58；
G59		选择工件坐标系 6	G59；
G60	00	单方向定位方式	G60 IP__；
G61	12	准确停止方式	G61；
G64 ▲		切削方式	G64；

续表

G 指令	组别	功能	程序格式和说明
G65	00	宏程序非模态调用	G65 P__ L__ ＜自变量指定＞;
G68	05	坐标系旋转	G68 X__ Y__ P__;
G69 ▲		坐标系旋转取消	G69;
G73	06	钻深孔循环	G73 X__ Y__ Z__ R__ P__ K__ F__;
G74		左旋螺纹攻螺纹循环	G74 X__ Y__ Z__ R__ P__ F__;
G76		精镗孔循环	G76 X__ Y__ Z__ R__ P__ I__ J__ F__;
G80 ▲		固定循环取消	G80;
G81		钻孔、锪镗孔循环	G81 X__ Y__ Z__ R__;
G82		钻孔循环	G82 X__ Y__ Z__ R__ P__;
G83		深孔循环	G83 X__ Y__ Z__ R__ P__ K__ F__;
G84		攻螺纹循环	G84 X__ Y__ Z__ R__ P__ F__;
G85		镗孔循环	G85 X__ Y__ Z__ R__ F__;
G86		镗孔循环	G86 X__ Y__ Z__ R__ P__ F__;
G87		反镗孔循环	G87 X__ Y__ Z__ R__ P__ I__ J__ F__;
G88		镗孔循环	G88 X__ Y__ Z__ R__ P__ F__;
G89		镗孔循环	G89 X__ Y__ Z__ R__ P__ F__;
G90 ▲	13	绝对值编程	G90 G01 X__ Y__ Z__ F__;
G91		增量值编程	G91 G01 X__ Y__ Z__ F__;
G92	00	设定工件坐标系	G92 IP__;
G94 ▲	14	每分钟进给	单位为 mm/min
G95		每转进给	单位为 mm/r
G98 ▲	15	固定循环返回初始点	G98 G81 X__ Y__ Z__ R__ F__;
G99		固定循环返回 R 点平面	G99 G81 X__ Y__ Z__ R__ F__;

注：1. 当电源接通或复位时，数控系统进入清零状态，此时的开机默认指令在表中以符号"▲"表示，但此时原来的 G21 或 G20 指令保持有效。

2. 00 组 G 指令都是非模态指令。

3. 不同组的 G 指令在同一程序段中可以指定多个。如果在同一程序段中指定了多个同组的 G 指令，仅执行最后指定的 G 指令。

4. 如果在固定循环中指定了 01 组的 G 指令，则固定循环取消，该功能与 G80 指令相同。

2. 辅助功能指令

辅助功能指令以 M 表示。华中数控系统的辅助功能指令与通用的 M 指令相类似，参阅本书第一章。

3．其他功能指令

常用的其他功能指令有刀具功能指令、转速功能指令、进给功能指令等。具体功能指令的含义和用途参阅本书第一章。

第二节　轮　廓　铣　削

世纪星 HNC-21M 数控系统基本编程指令与 FANUC 系统的编程指令类似，关于这些指令的说明参阅本书的第一章和第二章。

一、综合实例 1

例 3-1　加工图 3-1 所示的工件，毛坯尺寸为 82 mm×82 mm×18 mm，试分析其加工方案并编写华中数控系统加工程序。

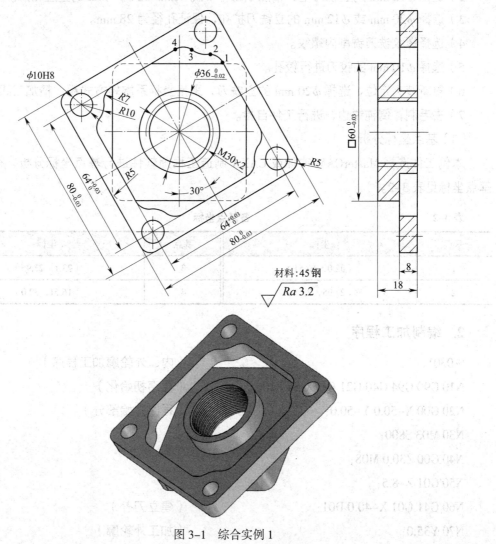

图 3-1　综合实例 1

1. 加工工艺分析

（1）确定加工方案

本例工件在加工过程中应特别注意加工次序的合理选择。先加工 $80_{-0.03}^{0}$ mm × $80_{-0.03}^{0}$ mm 的外轮廓、四个孔和螺孔，再采用坐标系旋转方式加工底部的四方体。

为了保证工件的各项精度要求，工件的各轮廓均需采用先粗加工再精加工的加工方案。粗加工主要用于去除工件余量，应以保证加工效率为主，因此粗加工一般使用大直径刀具。粗加工时，通过修改刀具半径补偿值保证精加工余量的大小，在保证加工精度的基础上，应选择较小的精加工余量。粗加工和精加工均采用顺铣（即左刀补）的加工方式。

（2）确定加工步骤

1）选择 $\phi9.8$ mm 的钻头钻孔（同时钻出四个孔）。

2）选择 $\phi12$ mm 的立铣刀粗、精加工工件 $64_{0}^{+0.03}$ mm × $64_{0}^{+0.03}$ mm 的型腔轮廓。

3）选择 $\phi20$ mm 或 $\phi12$ mm 的立铣刀扩孔，保证孔径为 28 mm。

4）选择螺纹铣刀铣削内螺纹。

5）选择 $\phi10$ mm 的铰刀进行铰孔。

6）重新装夹定位，选择 $\phi20$ mm 的立铣刀，采用坐标系旋转方式粗、精加工四方体。

7）去毛刺，倒钝锐边，进行工件自检。

（3）基点坐标分析

本例工件选择 MasterCAM 软件或 CAXA 制造工程师软件进行基点坐标分析，得出的各基点坐标见表 3-2。

表 3-2　　　　　　　　　　　各基点坐标

基点	坐标	基点	坐标
1	（32.0, 16.51）	3	（23.1, 27.95）
2	（27.95, 23.1）	4	（16.51, 32.0）

2. 编制加工程序

%0301;　　　　　　　　　　　　　　　（内、外轮廓加工程序）

N10 G90 G94 G40 G21 G17 G54 F100;　　（程序初始化）

N20 G00 X-50.0 Y-50.0;　　　　　　　（程序开始部分）

N30 M03 S800;

N40 G00 Z30.0 M08;

N50 G01 Z-8.5;

N60 G41 G01 X-40.0 D01;　　　　　　（建立刀补）

N70 Y35.0;　　　　　　　　　　　　　（加工外轮廓）

N80 G02 X−35.0 Y40.0 R5.0；

N90 G01 X35.0；

N100 G02 X40.0 Y 35.0 R5.0；

N110 G01 Y−35.0；

N120 G02 X35.0 Y−40.0 R5.0；

N130 G01 X−35.0；

N140 G02 X−40.0 Y−35.0 R5.0；

N150 G40 G01 X−50.0 Y−50.0；　　　　　　　（取消刀补）

N160 G00 Z3.0；

N170 X25.0 Y0；

N180 G01 Z0；　　　　　　　　　　　　　　（刀具重新定位）

N190 G41 G01 X18.0 D01；　　　　　　　　　（加工内圆柱面）

N200 G02 X18.0 Y0 Z−8.0 I−18.0；

N210 G02 I−18.0；

N220 G40 G01 X25.0；

N230 G41 G01 X32.0 D01；　　　　　　　　　（加工内轮廓）

N240 G01 Y16.51；

N250 G03 X27.95 Y23.1 R7.0；

N260 G02 X23.1 Y27.95 R10.0；

N270 G03 X16.51 Y32.0 R7.0；

N280 G01 X−16.51；

N290 G03 X−23.1 Y27.95 R7.0；

N300 G02 X−27.95 Y23.1 R10.0；

N310 G03 X−32.0 Y16.51 R7.0；

N320 G01 Y−16.51；

N330 G03 X−27.95 Y−23.1 R7.0；

N340 G02 X−23.1 Y−27.95 R10.0；

N350 G03 X−16.51 Y−32.0 R7.0；

N360 G01 X16.51；

N370 G03 X23.1 Y−27.95 R7.0；

N380 G02 X27.95 Y−23.1 R10.0；

N390 G03 X32.0 Y−16.51 R7.0；

N400 G01 Y16.51；

N410 G40 G01 X25.0；

N420 G00 Z100.0；　　　　　　　　　　　　（程序结束部分）

```
N430 M05 M09;
N440 M30;


%0302;                              （铣削螺纹加工程序）
N10 G90 G94 G40 G21 G17 G54 F100;   （程序开始部分）
N20 G91 G28 Z0;
N30 G90 G00 X0 Y0;
N40 M03 S800;
N50 G00 Z20.0 M08;                  （刀具 Z 向定位，切削液开）
N60 G01 Z2.0;
N70 G42 G01 X15.0 Y0 D01;           （加工内轮廓）
N80 #1=0;
N90 WHILE［#1 GE −20.0］DO1;
N100 G02 X15.0 Y0 Z#1 I−15.0;
N110 #1=#1−2.0;
N120 END 1;
N130 G40 G01 X0 Y0;                 （取消刀具补偿）
N140 G00 Z5.0;
N150 G91 G28 Z0;
N160 M05 M09;                       （程序结束部分）
N170 M30;


%0303;                              （精铰孔加工程序）
N10 G90 G94 G40 G21 G17 G54 F100;   （程序开始部分）
N20 G91 G28 Z0;
N30 G90 G00 X32.0 Y32.0;
N40 M03 S200 M08;
N50 G00 Z50.0;
N60 G85 X32.0 Y32.0 Z−22.0 R3.0 F100;  （精铰孔）
N70 X−32.0;
N80 Y−32.0;
N90 X32.0;
N100 G80;
N110 G91 G28 Z0;
N120 M05 M09;                       （程序结束部分）
```

N130 M30；

%0304；　　　　　　　　　　　　　　　（底部外轮廓加工程序）

N10 G90 G94 G40 G21 G17 G54 F100；　　（程序开始部分）

N20 G91 G28 Z0；

N30 G90 G00 X-50.0 Y-50.0；

N40 M03 S800；

N50 G68 X0 Y0 P60.0；　　　　　　　　（采用坐标系旋转方式编程）

N60 G00 Z20.0 M08；　　　　　　　　　（刀具 Z 向定位，切削液开）

N70 G01 Z-10.0；

N80 G41 G01 X-30.0 D01；　　　　　　　（加工外轮廓）

N90 G01 Y25.0；

N100 G02 X-25.0 Y30.0 R5.0；

N110 G01 X25.0；

N120 G02 X30.0 Y25.0 R5.0；

N130 G01 Y-25.0；

N140 G02 X25.0 Y-30.0 R5.0；

N150 G01 X-25.0；

N160 G02 X-30.0 Y-25.0 R5.0；

N170 G40 G01 X-50.0 Y-50.0；　　　　　（取消刀补）

N180 G69；　　　　　　　　　　　　　　（取消坐标系旋转）

N190 G91 G28 Z0；

N200 M05 M09；　　　　　　　　　　　　（程序结束部分）

N210 M30；

说明：

（1）请读者自行编写粗加工铣孔加工程序。

（2）加工工件轮廓时，粗、精加工采用同一程序，通过修改刀具半径补偿值保证精加工余量和工件的加工精度，同时注意修改程序中的切削用量参数。

二、综合实例 2

例 3-2　加工图 3-2 所示的工件，毛坯尺寸为 80 mm×80 mm×16 mm，试编写其加工程序。

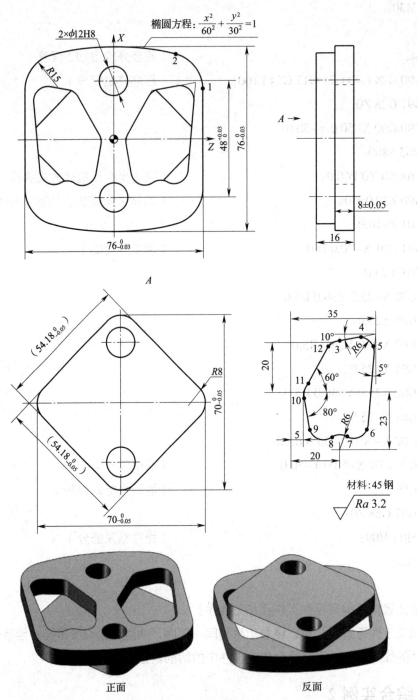

图 3-2 综合实例 2

1. 加工工艺分析

（1）基点坐标分析

选择 MasterCAM 软件或 CAXA 制造工程师软件进行基点坐标分析，得出图 3-2 中局部基点坐标，见表 3-3。

表 3-3   各基点坐标

基点	坐标	基点	坐标	基点	坐标
1	（38.0，20.33）	5	（34.32，15.46）	9	（7.47，-14.03）
2	（26.6，34.89）	6	（31.82，-13.04）	10	（5.38，-2.15）
3	（19.3，20.49）	7	（22.92，-17.76）	11	（6.09，1.89）
4	（27.3，21.9）	8	（16.69，-17.99）	12	（15.15，17.58）

（2）编制加工工序卡

本例工件的加工步骤如图 3-3 所示，其数控加工工序卡见表 3-4。

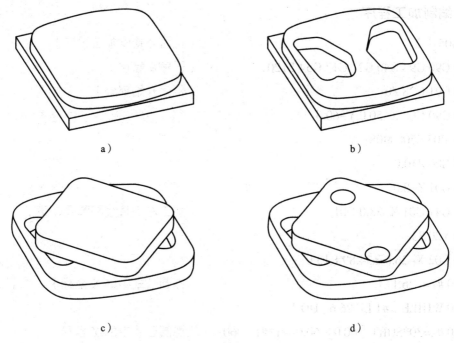

a）   b）

c）   d）

图 3-3　加工步骤

a）加工正面四方体　b）加工内轮廓　c）加工反面四方体　d）钻孔

表 3-4   数控加工工序卡

工步号	工步内容	刀具号	刀具规格	主轴转速 /（r·min⁻¹）	进给速度 /（mm·min⁻¹）	背吃刀量 / mm
1	粗加工正面外轮廓（见图 3-3a）	T01	ϕ16 mm 立铣刀	500	120	8
2	精加工正面外轮廓	T01	ϕ16 mm 立铣刀	1 000	80	8
3	粗加工内轮廓（见图 3-3b）	T03	ϕ10 mm 立铣刀	900	120	8
4	精加工内轮廓	T03	ϕ10 mm 立铣刀	1 200	80	8
5	粗加工反面外轮廓（见图 3-3c）	T01	ϕ16 mm 立铣刀	500	120	8

续表

工步号	工步内容	刀具号	刀具规格	主轴转速 / （r · min⁻¹）	进给速度 / （mm · min⁻¹）	背吃刀量 / mm
6	精加工反面外轮廓	T01	φ16 mm 立铣刀	1 000	80	8
7	钻孔（见图 3-3d）	T02	φ8 mm 钻头	800	80	0.5D
8	扩孔	T04	φ11.8 mm 钻头	600	80	1.9
9	铰孔	T05	φ12 mm 铰刀	200	100	0.1

编制		审核		批准		共__页 第__页

2. 编制加工程序

%0305;　　　　　　　　　　　　　　　　（正面外轮廓加工程序）

N10 G90 G94 G40 G21 G17 G54 F120;　　（程序初始化）

N20 G91 G28 Z0;　　　　　　　　　　　（程序开始部分）

N30 G90 G00 X-50.0 Y-60.0;

N40 M03 S500 M08;

N50 G00 Z10.0;

N60 G01 Z-8.0;

N70 G41 G01 X-38.0 D01;　　　　　　　（加工左侧直线和圆弧轮廓）

N80 Y20.33;

N90 G02 X-26.6 Y34.89 R15.0;

N100 #1=-26.1;　　　　　　　　　　　　（椭圆公式中的 X 坐标）

N110 WHILE［#1 LE 26.6］DO 1;

N120 #2=30*SQRT［60.0×60.0-#1*#1］/60;　（椭圆公式中的 Y 坐标）

N130 #3=#1;　　　　　　　　　　　　（椭圆工件坐标系中的 X 坐标）

N140 #4=#2+8.0;　　　　　　　　　　（椭圆工件坐标系中的 Y 坐标）

N150 G01 X#3 Y#4;　　　　　　　　　（加工上方椭圆）

N160 #1=#1+0.5;　　　　　　　　　　　（条件判断）

N170 END 1;

N180 G02 X38.0 Y20.33 R15.0;　　　　　（加工右侧直线和圆弧轮廓）

N190 G01 Y-20.33;

N200 G02 X26.6 Y-34.89 R15.0;

N210 #1=26.1;　　　　　　　　　　　　（椭圆公式中的 X 坐标）

N220 WHILE［#1 GE -26.6］DO1;

N230 #2=30*SQRT［60.0×60.0-#1*#1］/60;　（椭圆公式中的 Y 坐标）

N240 #3=#1；　　　　　　　　　　　　　（椭圆工件坐标系中的 X 坐标）

N250 #4=-#2-8.0；　　　　　　　　　　　（椭圆工件坐标系中的 Y 坐标）

N260 G01 X#3 Y#4；　　　　　　　　　　（加工下方椭圆）

N270 #1=#1-0.5；

N280 END 1；

N290 G02 X-38.0 Y-20.33 R15.0；

N300 G40 G01 X-50.0 Y-60.0；　　　　　（取消刀补）

N310 G91 G28 Z0；　　　　　　　　　　（程序结束部分）

N320 M05 M09；

N330 M30；

%0306；　　　　　　　　　　　　　　　　（内轮廓加工程序）

N10 G90 G94 G40 G21 G17 G54 F120；　　（程序初始化）

N20 G91 G28 Z0；　　　　　　　　　　　（程序开始部分）

N30 G90 G00 X15.0 Y0；

N40 M03 S900 M08；

N50 G00 Z5.0；

N60 M98 P307；

N70 G24 X0；　　　　　　　　　　　　　（沿 Y 轴镜像）

N80 M98 P307；

N90 G25 X0；　　　　　　　　　　　　　（取消 Y 轴镜像）

N100 G91 G28 Z0；

N110 M05 M09；

N120 M30；

%0307；　　　　　　　　　　　　　　　　（加工单个内轮廓子程序）

N10 G00 X22.0 Y0；

N20 G01 Z0；

N30 G03 X22.0 Y0 Z-8.0 I-7.0；　　　　　（螺旋线下刀）

N40 G41 G01 X31.82 Y-13.04 DO1；　　　（建立刀具半径补偿）

N50 X34.32 Y15.46；

N60 G03 X27.3 Y21.9 R6.0；

N70 G01 X19.3 Y20.49；

N80 G03 X15.15 Y17.58 R6.0；

N90 G01 X6.09 Y1.89；

```
N100 G03 X5.38 Y-2.15 R6.0;
N110 G01 X7.47 Y-14.03;
N120 G03 X16.69 Y-17.99 R6.0;
N130 G02 X22.92 Y-17.76 R6.0;
N140 G03 X31.82 Y-13.04 R6.0;
N150 G40 G01 X15.0 Y0;                （取消刀补）
N160 G00 Z3.0;
N170 M99;


%0308;                                （反面外轮廓加工程序）
N10 G90 G94 G40 G21 G17 G54 F120;     （程序初始化）
N20 G00 X-50.0 Y-50.0;                （程序开始部分）
N30 M03 S500;
N40 G00 Z30.0 M08;
N50 G01 Z-8.0;
N60 G68 X0 Y0 P45.0;                  （采用坐标系旋转方式编程）
N70 G41 G01 X-27.09 D01;              （建立刀补）
N80 Y19.09;                           （加工四方体）
N90 G02 X-19.09 Y27.09 R8.0;
N100 G01 X19.09;
N110 G02 X27.09 Y19.09 R8.0;
N120 G01 Y-19.09;
N130 G02 X19.09 Y-27.09 R8.0
N140 G01 X-19.09;
N150 G02 X-27.09 Y-19.09 R8.0;
N160 G40 G01 X-50.0 Y-50.0;           （取消刀补）
N170 G69;                             （取消坐标系旋转）
N180 G00 Z100.0;                      （程序结束部分）
N190 M05 M09;
N200 M30;


%0309;                                （铰孔程序）
N10 G90 G94 G40 G21 G17 G54 F100;     （程序开始部分）
N20 G91 G28 Z0;
N30 G90 G00 X0 Y0;
```

N40 M03 S200 M08;

N50 G00 Z50.0;　　　　　　　　　　　　　　（铰孔）

N60 G85 X0 Y–24.0 Z–18.0 R3.0 F100;

N70 Y24.0;

N80 G80;

N90 G91 G28 Z0;　　　　　　　　　　　　　（程序结束部分）

N100 M05 M09;

N110 M30;

第三节　华中系统数控铣床 / 加工中心的操作

一、数控装置操作台

世纪星 HNC-21M 铣床数控装置操作台如图 3-4 所示，操作台的左上部为彩色液晶显示器，用于汉字菜单系统状态、故障报警的显示和加工轨迹的图形仿真。操作台的右侧为数字控制键盘，用于编制零件加工程序时参数的输入及系统管理操作等。操作台的下方是机床控制面板，主要用于直接控制机床的动作或加工过程。

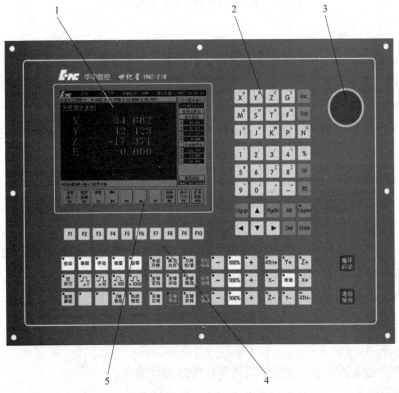

图 3-4　世纪星 HNC-21M 铣床数控装置操作台

1—液晶显示器　2—数字控制键盘　3—"急停"按钮　4—机床控制面板　5—功能键

1. 软件操作界面

HNC-21M 数控系统的操作界面如图 3-5 所示，其界面由以下几个部分组成：

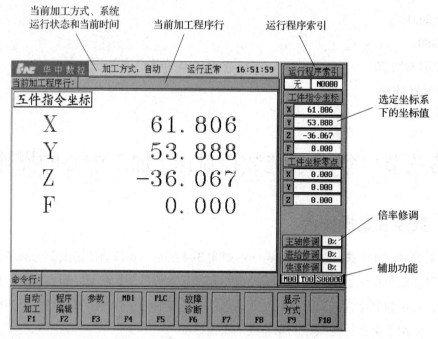

图 3-5 HNC-21M 数控系统的操作界面

（1）图形显示界面

在显示模式菜单中，可以设置显示模式、显示值、显示坐标系、图形放大倍数、夹具中心绝对位置等。

（2）菜单命令条

通过菜单命令条中的功能键 F1~F10 完成自动加工、程序编辑、参数设定、故障诊断等系统功能。

（3）运行程序索引

显示自动加工中的程序名和当前程序段行号。

（4）选定坐标系下的坐标值

坐标系可在机床坐标系、工件坐标系、相对坐标系之间进行切换，显示值可在指令位置、实际位置、剩余进给、跟踪误差、负载电流、补偿值之间进行切换。

（5）工件坐标零点

显示工件坐标系零点在机床坐标系中的坐标。

（6）倍率修调

显示当前主轴修调倍率、进给修调倍率和快速修调倍率。

（7）辅助机能

显示自动加工中的 M、S、T 指令。

（8）当前加工程序行

显示当前正在或将要加工的程序段。

（9）当前加工方式、系统运行状态和当前时间

系统工作方式根据机床控制面板上相应按键的状态可在自动（运行）、单段（运行）、手动、增量、回零、急停、复位等之间进行切换。系统工作状态在"运行正常"和"出错"之间切换，还可显示当前系统时间。

2. 世纪星 HNC-21M 功能菜单

操作界面中最重要的一部分是菜单命令条，系统功能的操作主要通过菜单命令条中的功能键 F1～F10 完成。由于每个功能包括不同的操作，在主菜单中选择一个菜单选项后，数控装置会显示该选项下的子菜单，用户可根据该子菜单的内容选择所需的操作，如图 3-6 所示。当要返回主菜单时，按子菜单中的"F10"键即可。HNC-21M 数控系统的功能菜单结构如图 3-7 所示。

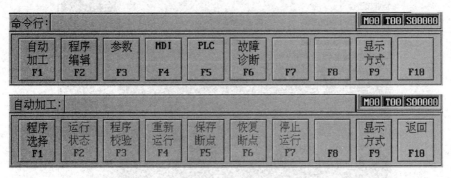

图 3-6 菜单层次

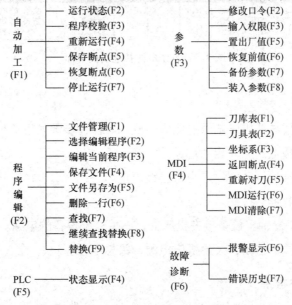

图 3-7 HNC-21M 数控系统的功能菜单结构

二、机床开机和关机操作

1. 开机床电源

（1）检查机床状态是否正常。

（2）检查电源电压是否符合要求，接线是否正确。

（3）松开机床"急停"按钮。

（4）机床通电。

（5）数控系统通电。

（6）检查风扇电动机运转是否正常。

（7）检查面板上的指示灯是否正常。

接通数控装置电源后，液晶显示器显示如图 3-8 所示的界面。

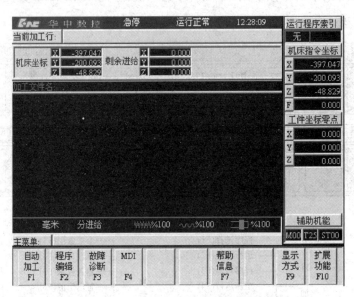

图 3-8　系统电源接通后的界面

2. 关机床电源

关机床电源的操作与开机床电源的操作相反，其操作步骤如下：

（1）检查操作面板上的循环启动灯是否关闭。

（2）检查数控机床的移动部件是否都已经停止。

（3）按下机床"急停"按钮。

（4）如有外部输入 / 输出设备接在机床上，先关外部设备的电源。

（5）按下"电源关"按钮，关闭机床电源，关总电源。

3. 返回机床参考点

（1）按下控制面板上的"回参考点"按键，确保系统处于回参考点方式。

（2）按下控制面板上的"Z+"按键，使 Z 轴回参考点。

（3）用同样的方法，按下"X+""Y+""4TH+"按键，使 X 轴、Y 轴和 4TH 轴回参考点。

机床返回参考点后，显示屏显示界面如图 3-9 所示。

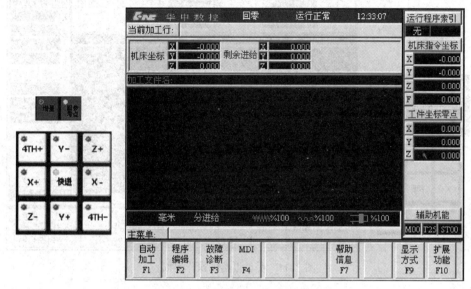

图 3-9 机床回参考点后的界面

三、机床手动操作

机床手动操作主要由手持单元和机床控制面板共同完成，机床控制面板如图 3-10 所示。

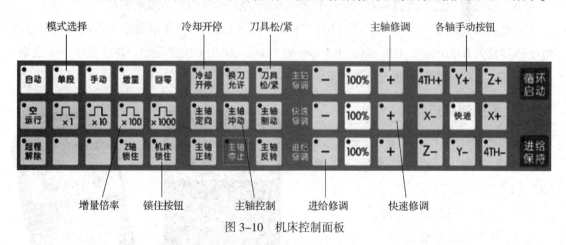

图 3-10 机床控制面板

1. 手动进给操作

（1）按下模式选择按键"手动"。

（2）调节进给速度倍率旋钮，选择合适的进给速度倍率。

（3）按下相应的进给方向键不松开，即可使刀具沿所选轴方向连续进给。

如果要进行快速手动进给，只需在手动进给的同时按下位于方向选择按键中间的"快进"按键即可。手动进给的操作界面如图 3-11 所示。

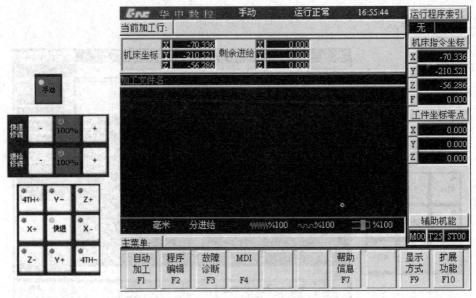

图 3-11　手动进给的操作界面

2. 增量进给

（1）按下模式选择按键"增量"。

（2）选择相应的增量倍率。

（3）按下相应的进给方向键，则坐标轴向相应的方向移动一个增量值。

增量进给的增量值有"×1""×10""×100""×1 000"四个增量倍率按键，相对应的增量移动量为 0.001 mm、0.01 mm、0.1 mm 和 1 mm。这几个按键互锁，按下其中一个按键，指示灯亮；其余几个会失效，指示灯灭。

3. 手摇连续进给

（1）选择图 3-12 所示的手持单元（手摇脉冲发生器），坐标轴选择开关置于"X""Y""Z"或"A"。

（2）选择刀具要移动的轴。

（3）选择增量步长。

（4）旋转手摇脉冲发生器向相应的方向移动刀具。

4. 超程解除

在伺服轴行程的两端各有一个极限开

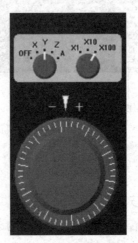

图 3-12　手持单元（手摇脉冲发生器）

关，其作用是防止伺服机构发生碰撞而损坏。当伺服机构碰到行程极限开关时就会出现超程报警，其解除方法如下：

（1）松开"急停"按钮，工作方式选择"手动"或"手摇"方式。

（2）按住"超程解除"按钮不松开，暂时忽略超程的紧急情况。

（3）在手动（手摇）方式下使该轴向相反方向退出超程状态。

（4）松开"超程解除"按钮。

5. 主轴的相关功能

（1）按一下"主轴正转"按键，指示灯亮，主电动机以机床参数设定的转速正转。

（2）按一下"主轴反转"按键，指示灯亮，主电动机以机床参数设定的转速反转。

（3）按一下"主轴停止"按键，指示灯亮，主电动机停止运转。

（4）在手动方式下，当主轴制动无效时，按一下"主轴定向"按键，主轴立即执行主轴定向功能。定向完成后按键内指示灯亮，主轴准确停止在某一固定位置。

（5）按压主轴修调右侧的"100%"按键，主轴修调倍率被置为100%；按一下"+"按键，主轴修调倍率递增5%；按一下"-"按键，主轴修调倍率递减5%。

6. 机床锁住

在手动运行方式下，按一下"机床锁住"按键，指示灯亮。此时再进行手动操作，系统继续执行，显示屏上坐标轴的位置信息变化但不输出伺服轴的移动指令，所以机床停止不动。

7. 手动数据输入（MDI）运行

（1）如图3-13所示，在主操作界面下，按"F4"键进入MDI功能子菜单。

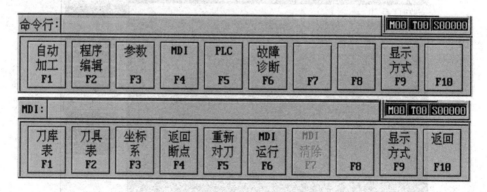

图3-13 MDI功能子菜单

（2）在MDI功能子菜单中按"F6"键进入MDI运行方式，其工作界面如图3-14所示，命令行的底色变成白色并且有光标在闪烁。

（3）从数字控制键盘输入一个G指令段，按一下操作面板上的"循环启动"按键，系统即开始运行所输入的MDI指令。

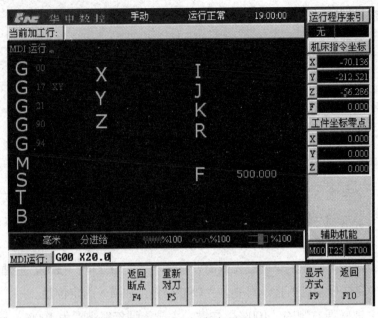

图 3-14　MDI 运行界面

四、数据设置

1. 设定工件坐标系

（1）如图 3-13 所示，在主操作界面下，按"F4"键进入 MDI 功能子菜单。

（2）在 MDI 功能子菜单中按"F3"键，进入图 3-15 所示坐标系手动数据输入方式界面，直接显示 G54 坐标系数据。按"PgUp"或"PgDn"键选择 G55、G56、G57 等坐标系数据。

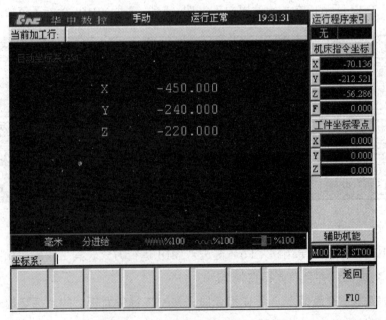

图 3-15　坐标系手动数据输入方式界面

（3）在命令行输入所需数据，如输入"X-200"并按"Enter"键，将G54坐标系中的X值设置为"-200"。

（4）采用同样的方式，对其他坐标值进行设定。

2. 设定刀具参数

（1）如图3-13所示，在主操作界面下，按"F4"键进入MDI功能子菜单。

（2）在MDI功能子菜单中按"F2"键，进入图3-16所示刀具数据图形显示界面。

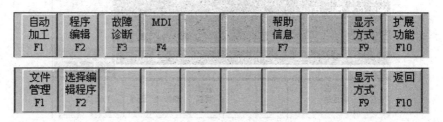

图3-16　刀具数据图形显示界面

（3）用"▲""▼""►""◄""PgUp""PgDn"键移动蓝色亮条，选择要编辑的选项。

（4）按"Enter"键，蓝色亮条所指刀具数据的颜色和背景都发生变化，同时有一光标在闪烁。

（5）用"►""◄""Backspace""Delete"键进行编辑。

（6）修改完毕，按"Enter"键确认。

五、程序输入与文件管理

如图3-17所示，在主操作界面下，按"F2"键进入程序编辑功能子菜单。在程序编辑功能子菜单中可以对零件程序进行编辑、存储与传递，以及对文件进行管理。

自动加工 F1	程序编辑 F2	故障诊断 F3	MDI F4			帮助信息 F7		显示方式 F9	扩展功能 F10

文件管理 F1	选择编辑程序 F2							显示方式 F9	返回 F10

图3-17　程序编辑功能子菜单

1. 选择磁盘程序

（1）在程序编辑功能子菜单中按"F2"键，将弹出图 3-18 所示的选择编辑程序菜单。

磁盘程序	F1
正在加工的程序	F2

图 3-18 选择编辑程序菜单

（2）按"F1"键选择磁盘程序，弹出图 3-19 所示的程序列表界面。

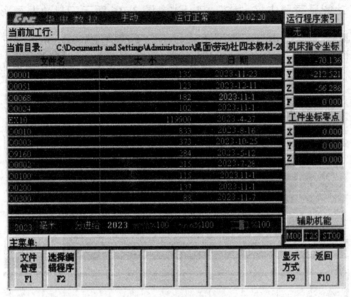

图 3-19 程序列表界面

（3）用键盘上的光标移动键"▲""▼""►""◄"选中想要编辑的磁盘程序的路径和名称，如当前目录下的"%0068"。

（4）按"Enter"键，使该程序进入图 3-20 所示的程序编辑界面。

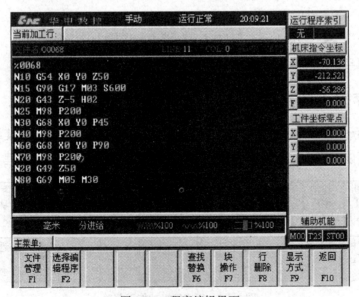

图 3-20 程序编辑界面

2. 选择正在加工的程序

（1）在图 3-18 所示菜单中按"F2"键选择正在加工的程序。

（2）如果当前没有可选择的加工程序，则提示"当前通道没有选择加工程序！"；否则，编辑器将正在加工的程序调入编辑缓冲区。

3. 编辑当前程序

编辑器获得一个零件程序后，就可以编辑当前程序了。编辑过程中用到的主要编辑键如下：

Delete：删除光标后的一个字符，光标位置不变，余下的字符左移一个字符位置。

PgUp：使当前程序向程序头滚动一屏，光标位置不变。如果到了程序头，则光标移到文件首行的第一个字符处。

PgDn：使当前程序向程序尾滚动一屏，光标位置不变。如果到了程序尾，则光标移到文件末行的第一个字符处。

Backspace：删除光标前的一个字符，光标向前移动一个字符位置，余下的字符左移一个字符位置。

◄：使光标左移一个字符位置。

►：使光标右移一个字符位置。

▲：使光标向上移一行。

▼：使光标向下移一行。

程序编辑管理菜单如图 3-21 所示。具体的操作如下：

文件管理 F1	选择编辑程序 F2		保存文件 F4		查找替换 F6	块操作 F7	行删除 F8	显示方式 F9	返回 F10

图 3-21　程序编辑管理菜单

（1）在编辑状态下按"F8"键，将删除光标所在的程序行。

（2）程序修改后，按"F4"键将修改的文件保存，出现"保存文件：O0068 成功。"提示。

4. 新建目录

（1）在图 3-17 所示程序编辑功能子菜单中按"F1"键，将弹出图 3-22 所示的文件管理菜单。

（2）按"F2"键，弹出"输入新文件名"提示，输入文件名后按"Enter"键即进入该文件的编辑界面。

5. 更改文件名

（1）在图 3-22 所示的文件管理菜单中按"F1"键即进入图 3-19

更改文件名	F1
新建文件	F2
拷贝文件	F3
删除文件	F4
文件另存为	F5
映射网络盘	F6
断开网络盘	F7

图 3-22　文件管理菜单

所示的程序列表界面。

（2）用光标移动键"▲""▼""►""◄"选中想要更改的文件名。

（3）按"Enter"键，出现"O12"提示，输入相应的文件名后按"Enter"键，出现"确实要将文件 OO024 改名吗（Y/N）？ Y"提示。

（4）按下"Y"，出现"已将文件 OO024 改名为 O12！"提示，完成文件名的更改。

6. 删除文件

（1）在图 3-22 所示文件管理菜单中按"F4"键即进入图 3-19 所示的程序列表界面。

（2）用"▲""▼""►""◄"键选中想要删除的文件。

（3）按"Enter"键，出现"确实要删除文件 O12 吗（Y/N）？ Y"提示。

（4）按下"Y"，出现"已将文件 O12 删除！"提示，完成文件的删除。

六、程序运行

1. 选择运行程序

（1）按下模式选择按键"自动"，出现图 3-23 所示的自动加工界面。

（2）按"F1"键，进入图 3-24 所示的选择加工程序界面。

（3）再次按"F1"键，弹出图 3-25 所示的选择运行程序子菜单。

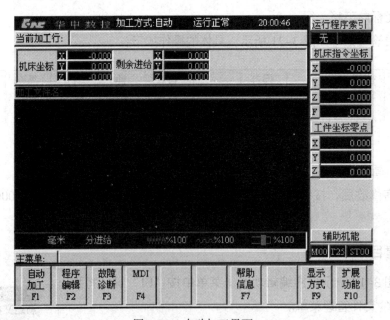

图 3-23　自动加工界面

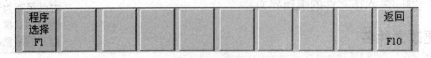

图 3-24　选择加工程序界面

（4）按 "F1" 键，进入图 3-19 所示的程序列表界面，用 "▲" 和 "▼" 键选中想要运行的文件名。

（5）按下 "循环启动" 按键，文件开始自动运行，其运行界面如图 3-26 所示。

图 3-25 选择运行程序子菜单

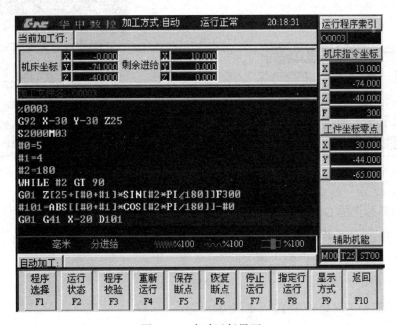

图 3-26 自动运行界面

2. 程序暂停和程序再启动

在程序运行过程中需要暂停运行时，可按下机床控制面板上的 "进给保持" 按键，程序即暂停自动运行。

在自动运行暂停状态下，按下机床控制面板上的 "循环启动" 按键，系统将从暂停状态重新启动，继续运行。

3. 单段运行和空运行

在自动方式下按下机床控制面板上的 "单段" 按键，其指示灯亮，系统处于单段自动运行方式。此时，按一下 "循环启动" 按键，运行一程序段后机床运动轴减速停止；再按一下 "循环启动" 按键，执行下一程序段后又再次停止。

在自动方式下按下机床控制面板上的 "空运行" 按键，其指示灯亮，系统处于空运行状态，程序中编制的进给倍率被忽略，工作台以最大快移速度移动。

注意：空运行不做实际切削，其目的在于确认切削路径和程序的正确性。

七、显示

在一般情况下，按 "F9" 键将弹出图 3-27 所示的显示模式菜单。在该显示模式菜单中可以选择各种显示模式。

在显示模式菜单中按"F6"键，弹出图 3-28 所示的显示模式选择菜单，共有八种显示模式可供选择，各种显示模式的说明如下：

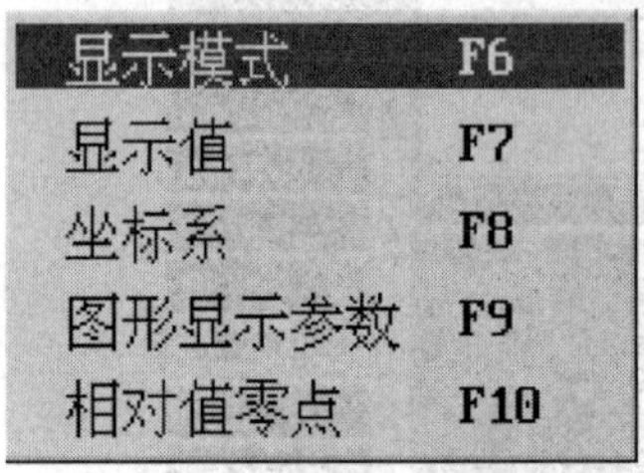

显示模式	F6
显示值	F7
坐标系	F8
图形显示参数	F9
相对值零点	F10

图 3-27　显示模式菜单

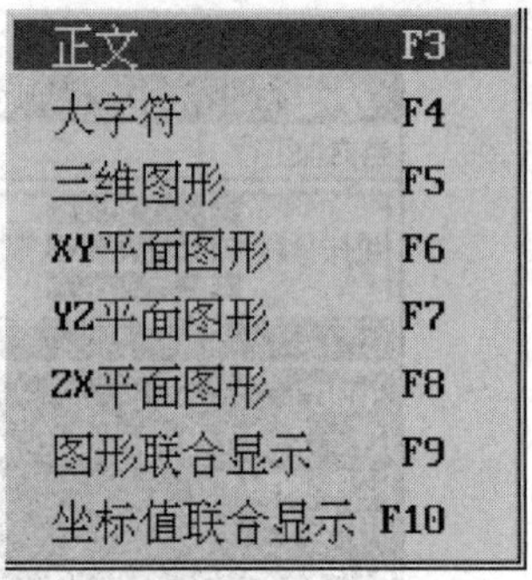

正文	F3
大字符	F4
三维图形	F5
XY平面图形	F6
YZ平面图形	F7
ZX平面图形	F8
图形联合显示	F9
坐标值联合显示	F10

图 3-28　显示模式选择菜单

正文：当前加工的 G 指令程序。

大字符：由显示值菜单所选显示值的大字符。

三维图形：当前刀具轨迹的三维图形。

XY 平面图形：刀具轨迹在 XY 平面上的投影。

YZ 平面图形：刀具轨迹在 YZ 平面上的投影。

ZX 平面图形：刀具轨迹在 ZX 平面上的投影。

图形联合显示：刀具轨迹的所有三视图和正等轴测图。

坐标值联合显示：指令坐标、实际坐标、剩余进给。

1. 正文显示

（1）在图 3-28 所示的显示模式选择菜单中用"▲""▼"键选中"正文"模式选项。

（2）按"Enter"键，显示界面将显示加工程序的正文，如图 3-29 所示。

2. 当前位置显示

（1）坐标系选择

在图 3-27 所示的显示模式菜单中按"F8"键，出现图 3-30 所示的选择坐标系界面。按相应的按键即进入相应的坐标系界面。

（2）显示值类型选择

在图 3-27 所示的显示模式菜单中按"F7"键，出现图 3-31 所示的选择显示值界面。按相应的按键即进入相应的显示值界面。

（3）当前位置值显示

在图 3-27 所示的显示模式菜单中按"F6"键，在弹出的显示模式选择菜单（见图 3-28）中选择"大字符"选项，按"Enter"键则在显示界面显示当前位置值。

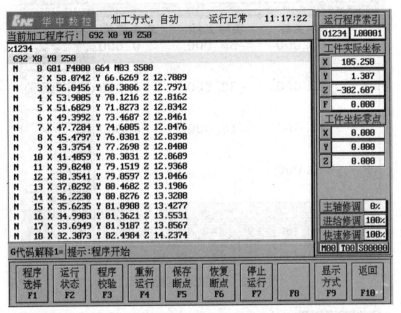

图 3-29 加工程序的正文

图 3-30 选择坐标系界面

图 3-31 选择显示值界面

3. 图形显示

（1）坐标值联合显示

在图 3-28 所示的显示模式选择菜单中按"F10"键，出现图 3-32 所示的坐标值联合显示界面。

（2）图形联合显示

在图 3-28 所示的显示模式选择菜单中分别选择"三维图形""XY 平面图形""YZ 平面图形""ZX 平面图形""图形联合显示"选项，即进入相应的图形显示界面。如图 3-33 所示为 *XY* 平面图形显示界面。

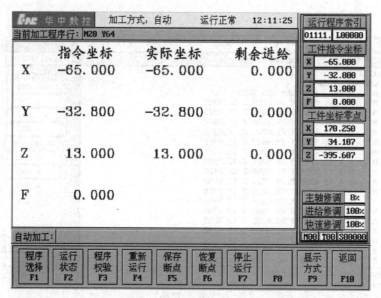

图 3-32　坐标值联合显示界面

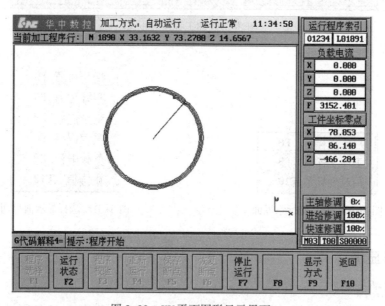

图 3-33　*XY* 平面图形显示界面

思考与练习

1. 华中数控系统有什么特点？

2. 试比较 FANUC 数控系统和华中数控系统的加工程序，它们有什么相同点和不同点？

3. FANUC 数控系统和华中数控系统的子程序书写格式有什么不同？

4. 如何进行手动进给操作？

5. 如何进行新建目录操作？

6. 如何进行当前位置值显示操作?

7. 如何进行 XY 平面图形显示操作?

8. 如何进行设定工件坐标系操作?

9. 加工图 3-34 所示的工件,毛坯尺寸为 90 mm×90 mm×18 mm,试编写其数控铣削加工程序。

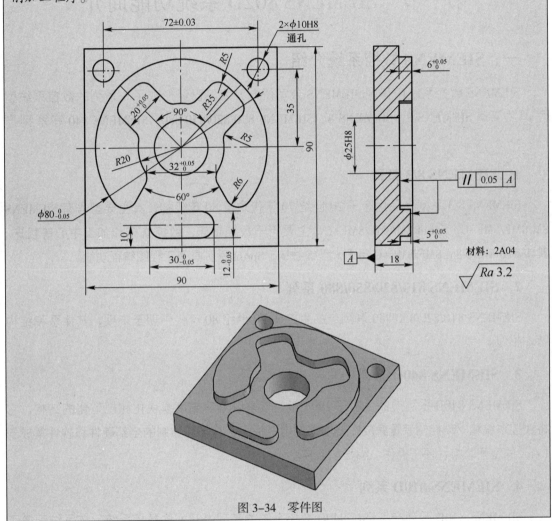

图 3-34 零件图

第四章 SIEMENS 系统的编程与操作

第一节 SIEMENS 802D 系统功能简介

一、SIEMENS 数控系统介绍

SIEMENS 数控系统由德国 SIEMENS 公司研制开发，已经形成了一系列的数控系统型号，主要有 SIEMENS 3、SIEMENS 8、SIEMENS 810/820/850/880、SIEMENS 840 等系列产品。

1. SIEMENS 8/3 系列

SIEMENS 8/3 系列产品生产于 20 世纪 70 年代末至 80 年代初，其主要型号有 SIEMENS 8M/8ME/8ME-C、Sprint 8M/8ME/8ME-C，主要用于数控钻床、数控铣床和加工中心等机床。其中 SIEMENS 8M/8ME/8ME-C 用于大型镗铣床，Sprint 系列具有工程图编程功能。

2. SIEMENS 810/820/850/880 系列

SIEMENS 810/820/850/880 系列产品生产于 20 世纪 80 年代中期至末期，其体系和结构基本相似。

3. SIEMENS 840D 系列

SIEMENS 840D 系列产品生产于 1994 年，该系统具有高度模块化和规范化的结构，它将数控系统和驱动控制装置集成在一块印制电路板上，将闭环控制的全部硬件和软件集成于 1 cm^2 的空间之中，便于操作、编程和监控。

4. SIEMENS 810D 系列

SIEMENS 810D 系列产品是在 840D 数控系统的基础上开发的数控系统。该系统配备了强大的软件功能，如提前预测、坐标变换、固定点停止、刀具管理、样条插补、温度补偿等功能，从而大大提高了 810D 系列产品的应用范围。

1998 年，在 810D 系列产品的基础上，SIEMENS 公司推出了基于 810D 系列产品的现场编程软件 ManulTurn 和 ShopMill，前者适用于数控车床现场编程，后者适用于数控铣床现场编程。

5. SIEMENS 802 系列

近几年，SIEMENS 公司又推出了 SIEMENS 802 系列数控系统。该系统使用的型号为

802D 系列，其核心部件（面板控制单元）将数控系统、PLC、人机界面和通信等功能集成于一体；同时，该系统具有模块化的驱动装置，通过视窗化的调试工具软件，可以便捷地设置驱动参数，并对驱动器的控制参数进行动态优化。此外，该系统还集成了内置 PLC 系统，采用标准的 PLC 编程语言并随机提供标准的 PLC 子程序库和实例程序，简化了制造企业的设计过程，缩短了设计周期。

6. SIEMENS 828 系列

SIEMENS 828 系列产品集数控系统、PLC、操作界面和轴控制功能于一体，通过 Drive-CLiQ 总线与全数字驱动实现高速、可靠的通信，是一款紧凑型数控系统，主要应用于数控车床、数控铣床，大量优质的数控功能和丰富、灵活的工件编程方法使它可以自如地应用于世界各地的各种加工场合。

二、SIEMENS 802D 系统功能指令介绍

SIEMENS 802D 系统是目前我国数控机床上应用较多的数控系统，主要用于数控铣床和加工中心，具有一定的代表性。该系统常用功能指令分为三类，即准备功能指令、辅助功能指令和其他功能指令。

1. 准备功能指令

SIEMENS 802D 系统准备功能指令的功能、程序格式和说明见表 4-1。

表 4-1　　　SIEMENS 802D 系统准备功能指令的功能、程序格式和说明

G 指令	组别	功能	程序格式和说明
G00		快速点定位	G00 IP__;
G01 ▲	01	直线插补	G01 IP__ F__;
G02		顺时针圆弧插补	G02/G03 X__ Y__ CR=__ F__;
G03		逆时针圆弧插补	G02/G03 X__ Y__ I__ J__ F__;
G04*	02	暂停	G04 F__; 或 G04 S__;
G05	01	通过中间点的圆弧	G05 X__ Y__ LX__ KZ__ F__;
G09*	11	准停	G01 G09 IP__;
G17 ▲		选择 XY 平面	G17;
G18	06	选择 ZX 平面	G18;
G19		选择 YZ 平面	G19;
G22		半径度量	G22;
G23 ▲	29	直径度量	G23;
G25*		主轴低速限制	G25 S__ S1=__ S2=__;
G26*	3	主轴高速限制	G26 S__ S1=__ S2=__;

续表

G 指令	组别	功能	程序格式和说明
G33	01	螺纹切削	G33 Z__ K__ SF__;（圆柱螺纹）
G331		攻螺纹	G331 Z__ K__;
G332		攻螺纹返回	G332 Z__ K__;
G40 ▲	07	刀具半径补偿取消	G40;
G41		刀具半径左补偿	G41 G01 IP__;
G42		刀具半径右补偿	G42 G01 IP__;
G53*	9	取消零点偏移	G53;
G54	8	选择工件坐标系 1	G54;
G55		选择工件坐标系 2	G55;
G56		选择工件坐标系 3	G56;
G57		选择工件坐标系 4	G57;
G60 ▲	10	准停	G60 IP__;
G601 ▲	12	精确准停	指令一定要在 G60 或 G09 有效时才有效
G602		粗准停	
G603		插补结束时的准停	
G63	2	攻螺纹方式	G63 Z__ F__;
G64	10	轮廓加工方式	
G641		过渡圆轮廓加工方式	G641 ADIS=__;
G70	13	英制	G70;
G71 ▲		米制	G71;
G74*	2	返回参考点	G74 X1=0 Y1=0 Z1=0;
G75*		返回固定点	G75 FP=2 X1=0 Y1=0 Z1=0;
G90 ▲	14	绝对值编程	G90 G01 X__ Y__ Z__ F__;
G91		增量值编程	G91 G01 X__ Y__ Z__ F__;
G94		每分钟进给	单位为 mm/min
G95		每转进给	单位为 mm/r
G96		恒线速度	G96 S500 LIMS=__;（500 m/min）
G97		转速	G97 S800;（800 r/min）
G110*	3	相对于不同点为极点的极坐标编程	G110 X__ Y__ Z__;
G111*			G111 X__ Y__ Z__;
G112*			G112 X__ Y__ Z__;
G158*		可编程平移	G158 X__ Y__ Z__;

续表

G 指令	组别	功能	程序格式和说明
G450 ▲	18	圆角过渡拐角方式	G450 DISC=__ ;
G451		尖角过渡拐角方式	G451;
TRANS	框架指令	可编程平移	TRANS X__ Y__ Z__ ;
ATRANS			ATRANS X__ Y__ Z__ ;
ROT		可编程旋转	ROT RPL=__ ;
AROT			AROT RPL=__ ;
SCALE		可编程比例缩放	SCALE X__ Y__ Z__ ;
ASCALE			ASCALE X__ Y__ Z__ ;
MIRROR		可编程旋转	MIRROR X0 Y0 Z0;
AMIRROR			AMIRROR X0 Y0 Z0;
CYCLE81	固定循环	钻孔循环	CYCLE8_ (RTP, RFP, SDIS, DP, DPR, …);
CYCLE82		钻孔与锪孔循环	
CYCLE83		深孔加工循环	
CYCLE84		刚性攻螺纹循环	
CYCLE840		柔性攻螺纹循环	
CYCLE85		镗孔循环	
CYCLE86		精镗孔循环	
CYCLE87		镗孔循环	
CYCLE88		镗孔循环	
CYCLE89		镗孔循环	
HOLES1	样式循环	直线均布孔样式	HOLES_ (RTP, RFP, SDIS, DP, DPR, …);
HOLES2		圆周均布孔样式	
SLOT1		圆弧阵列槽铣削样式	SLOT_ (RTP, RFP, SDIS, DP, DPR, …);
SLOT2		环形槽铣削样式	
POCKET1		矩形型腔铣削样式	POCKET_ (RTP, RFP, SDIS, DP, DPR, …);
POCKET2		圆形型腔铣削样式	

注：1. 当电源接通或复位时，数控系统进入清除状态，此时的开机默认指令在表中以符号"▲"表示。但此时，原来的 G71 或 G70 指令保持有效。

2. 表中的固定循环、固定样式循环和用"*"表示的 G 指令均为非模态指令。

3. 不同组的 G 指令在同一程序段中可以指定多个。如果在同一程序段中指定了多个同组的 G 指令，仅执行最后指定的 G 指令。

2. 辅助功能指令

辅助功能以代码 M 表示。SIEMENS 系统的辅助功能指令与通用的 M 指令相类似，可参阅本书第一章。

3. 其他功能指令

常用的其他功能指令有刀具功能指令、转速功能指令、进给功能指令等，具体功能指令的含义和用途参阅本书第一章。

第二节 轮 廓 铣 削

一、SIEMENS 系统轮廓加工过程中使用的特殊指令

1. SIEMENS 系统的特殊圆弧插补指令

在 SIEMENS 802D 系统中，除了前面介绍的半径和圆心两种圆弧插补指令，还有以下多种形式：

（1）起点、终点和张角

如图 4-1 所示，已知圆弧的起点、终点和圆弧的张角，其圆弧加工指令如下：

G00 X30.0 Y10.0;   （圆弧起点）

G03 X10.0 Y20.0 AR=100.0;   （终点和张角）

其中"AR=__"表示圆弧张角，圆弧的半径由系统自动计算。

（2）起点、圆心和张角

如图 4-2 所示，已知圆弧的起点、圆心和圆弧的张角，其圆弧加工指令如下：

G00 X30.0 Y10.0;   （圆弧起点）

G03 I-13.5 J-5.0 AR=100.0;   （圆心和张角）

其中"AR=__"表示圆弧张角，I 和 J 分别表示圆心相对于起点的增量坐标，该值为矢量值。圆弧的半径由系统自动计算。

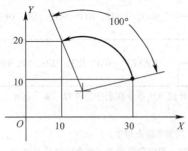

图 4-1 起点、终点和张角

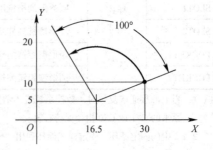

图 4-2 起点、圆心和张角

（3）起点、终点和中间点（CIP）

如图 4-3 所示，已知圆弧的起点、终点和中间点，其圆弧加工指令如下：

G00 X40.0 Y10.0;   （圆弧起点）

CIP X10.0 Y30.0 I1=20.0 J1=20.0;   （终点和中间点）

其中"I1=__"表示中间点的 X 值，"J1=__"表示中间点的 Y 值，其值均为绝对坐标值。圆弧的半径由系统自动计算。

（4）切线过渡圆弧（CT）

如图 4-4 所示，该指令可以生成一个圆弧，该圆弧与前面的轨迹（圆弧或直线）相切，且过已知的圆弧终点。圆弧的半径和圆心可以从前面的轨迹与编程的圆弧终点之间的几何关系中得出。其加工指令如下：

G00 X0 Y20.0;　　　　　　　　　　　　　　（直线的起点）
G01 X10.0 Y20.0;　　　　　　　　　　　　　（直线的终点）
CT X24.14 Y10.0;　　　　　　　　　　　　　（圆弧终点坐标）

圆弧的半径由系统自动计算。

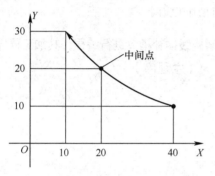

图 4-3　起点、终点和中间点

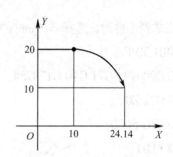

图 4-4　切线过渡圆弧

2. 螺旋线插补指令

螺旋线插补的加工轨迹如图 4-5 所示，其加工指令如下：

G02/G03 X__ Y__ Z__ CR=__;　　　　　　　（非整圆加工的螺旋线插补指令）
G02/G03 X__ Y__ Z__ I__ J__ K__ TURN=__;　（整圆加工的螺旋线插补指令）

式中　X__ Y__ Z__——螺旋线的终点坐标；

　　　CR=__——螺旋线的半径；

　　　I__ J__ K__——螺旋线起点到圆心的矢量值；

　　　TURN=__——整圆循环的个数。

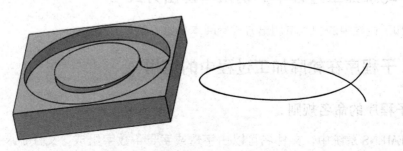

图 4-5　螺旋线插补的加工轨迹

例 4-1　用 $\phi16\,mm$ 的高速钢立铣刀加工图 4-6 所示的工件，试编写其数控铣削加工程序。

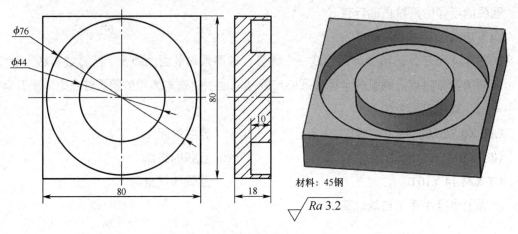

材料：45钢

$\sqrt{}$ Ra 3.2

图 4-6　螺旋线插补的加工实例

加工本例工件时，选择 $\phi16\,mm$ 的立铣刀采用螺旋线插补指令进行编程，其加工程序如下：

AA401.MPF；　　　　　　　　　　　　　　（主程序）

N10 G90 G94 G71 G40 G17 G54；

N20 G74 Z0；

N30 M03 S600；

N40 T1D1；

N50 G00 X30.0 Y0 M08；

N60 Z10.0；

N70 G01 Z0 F100；

N80 G02 X30.0 Y0 Z-5.0 I-30.0；　　　　　（分两次进行螺旋线插补）

N90 G02 X30.0 Y0 Z-10.0 I-30.0；

N100 G02 X30.0 Y0 I-30.0；　　　　　　　（加工整圆）

N110 G90 G00 Z50.0 M09；

N120 M05；

N130 M02；

二、轮廓加工过程中的切入与切出方式

轮廓加工过程中的切入与切出方式参阅本书第二章第二节。

三、子程序在轮廓加工过程中的运用

1. 子程序的命名规则

在 SIEMENS 系统中，文件名可以由字母或字母＋数字组成。文件扩展名有两种，即

".MPF"和".SPF"。其中".MPF"表示主程序，如"AA123.MPF"；".SPF"表示子程序，如"L123.SPF"。文件名命名规则如下：

（1）以字母、数字或下划线命名文件名，字符间不能有分隔符，且最多不能超过 8 个字符。另外，程序名开始的两个符号必须是字母，如"SHENG123""AA12"等。该命名规则同时适用于主程序文件名的命名，如省略其后缀，则默认为".MPF"。

（2）以地址 L 加数字命名程序名，L 后的数字可有 7 位，且 L 后的每个零都有具体含义，不能省略，如 L123 不同于 L00123。该命名规则也同样适用于主程序文件名的命名，如省略其后缀，则默认为".SPF"。

2. 子程序的格式与调用

在 SIEMENS 系统中，子程序除程序后缀名和程序结束指令与主程序略有不同外，在内容和结构上与主程序并无本质区别。

子程序的结束标记通常使用辅助功能指令 M17 表示。在 SIEMENS 数控系统（如 802D、810D、840D）中，子程序的结束标记除可使用 M17 外，还可以使用 M02、RET 等指令表示。子程序的格式如下：

L456；　　　　　　　　　　　　　　　　（子程序名）

：

RET；　　　　　　　　　　　　　　　　（子程序结束并返回主程序）

RET 要求单独占用一程序段。另外，当使用 RET 指令结束子程序并返回主程序时，不会中断 G64 指令连续路径运行方式；而用 M02 指令时，则会中断 G64 指令运行方式，并进入停止状态。

子程序的调用格式如下：

L××××P×××；　或　××××P×××；

其中，L 为给定子程序名，P 为指定循环次数。

例如，程序段"N10 L785P2；"表示调用子程序"L785"2 次，而程序段"SS11P5；"表示调用子程序"SS11"5 次。

子程序的执行过程如下：

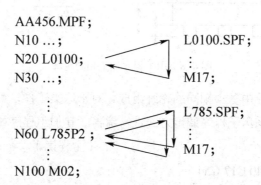

3. 子程序的嵌套

当主程序调用子程序时，该子程序被认为是一级子程序。在 SIEMENS 802D 系统中，子程序可有四级程序界面，即三级嵌套，如图 4-7 所示。

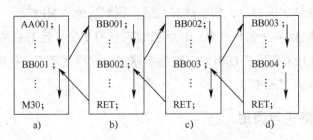

图 4-7 子程序的嵌套
a）主程序 b）一级嵌套 c）二级嵌套 d）三级嵌套

4. 调用子程序的注意事项

调用子程序的注意事项参阅本书第二章第二节。

5. 子程序的应用

例 4-2 加工图 4-8 所示工件六个相同的外轮廓，试采用子程序编程方式编写其数控铣削加工程序。

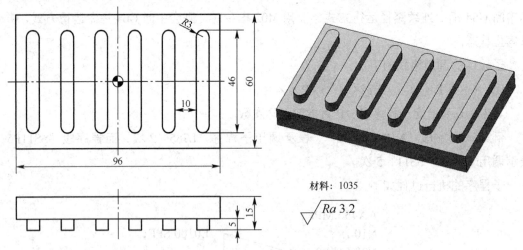

材料：1035

图 4-8 用子程序加工相同轮廓

编程分析：本例工件由多个相同的轮廓组成，对于这类工件，可采用子程序方式编写单个轮廓的加工程序，再采用子程序调用方式进行编程。其加工程序如下：

AA402.MPF；   （主程序）

N10 G90 G94 G71 G40 G17 G54；

N20 G74 Z0；

N30 M03 S800；

N40 T1D1；

N50 G00 X–48.0 Y–40.0 M08；

N60 Z10.0；

N70 G01 Z–5.0 F100；

N80 L402P6；　　　　　　　　　　（调用子程序 6 次）

N90 G90 G00 Z50.0 M09；

N100 M05；

N110 M02；

L402.SPF；　　　　　　　　　　　（子程序）

N10 G91 G41 G01 X5.0；　　　　　（在子程序中编写刀具半径补偿）

N20 Y60.0；

N30 G02 X6.0 CR=3.0；

N40 G01 Y–40.0；

N50 G02 X–6.0 CR=3.0；

N60 G40 G01 X–5.0 Y–20.0；　　　（取消刀具半径补偿）

N70 G01 X16.0；　　　　　　　　　（移到下一个轮廓起点）

N80 RET；

例 4–3　加工图 4–9 所示的工件，试采用子程序编程方式编写其数控铣削加工程序。

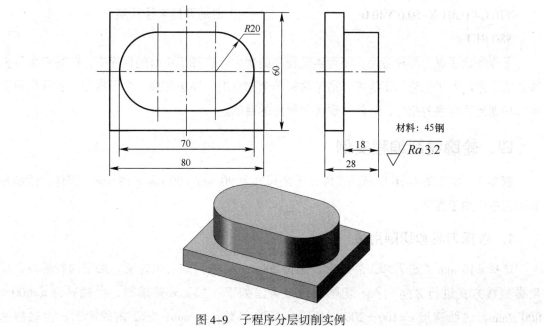

图 4–9　子程序分层切削实例

编程分析：加工本例工件时，由于加工深度较大，无法一次性完成切削工作，对于这类工件，可通过子程序调用方式实现分层切削的目的。

```
AA403.MPF;                              （主程序）
N10 G90 G94 G71 G40 G17 G54;
N20 G74 Z0;
N30 M03 S800;
N40 T1D1;
N50 G00X–50.0 Y40.0 M08;
N60 Z10.0;
N70 G01 Z0 F100;
N80 L403P3;                             （调用子程序3次）
N90 G90 G00 Z50.0 M09;
N100 M05;
N110 M02;
L403.SPF;                               （子程序）
N10 G91 G01 Z–6.0;                      （Z向增量切入深度为6 mm）
N20 G90 G41 G01 Y20.0;                  （在轮廓延长线上建立刀具半径补偿）
N30 X15.0;
N40 G02 Y–20.0 CR=20.0;
N50 G01 X–15.0;
N60 G02 Y20.0 CR=20.0;
N70 G40 G01 X–50.0 Y40.0;              （取消刀具半径补偿）
N80 RET;
```

子程序除了以上两种应用，还可实现程序的优化。在加工中心的程序中，往往包含许多独立的工序，为了优化加工程序，通常将每一个独立的工序编写成一个子程序，主程序只有换刀和调用子程序的指令，从而实现优化程序的目的。

四、轮廓铣削编程实例

例 4–4　加工图 4–10 所示的工件，毛坯尺寸为 90 mm×90 mm×18 mm，铝件，试编写其加工中心加工程序。

1. 选择刀具和切削用量

选择 ϕ16 mm 立铣刀加工外轮廓，选择 ϕ8 mm 立铣刀加工内轮廓。加工内轮廓时，采用螺旋线方式进行 Z 向切入。切削用量推荐值如下：加工外轮廓时，主轴转速 n=600～800 r/min，进给速度 v_f=100～200 mm/min，背吃刀量 a_p=6 mm；加工内轮廓时，主轴转速 n=800～1 000 r/min，进给速度 v_f=80～120 mm/min，背吃刀量 a_p=5 mm。

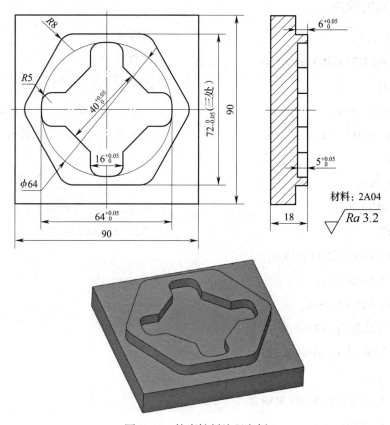

图 4-10 轮廓铣削编程实例 1

2. 计算基点坐标

本例工件选择 MasterCAM 软件或 CAXA 制造工程师软件进行基点坐标分析，得出的局部基点坐标如图 4-11 所示。

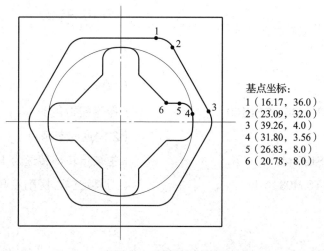

基点坐标：
1（16.17, 36.0）
2（23.09, 32.0）
3（39.26, 4.0）
4（31.80, 3.56）
5（26.83, 8.0）
6（20.78, 8.0）

图 4-11 局部基点坐标

3. 编制加工程序

AA404.MPF;	（程序号）
N10 G90 G94 G71 G40 G54 F150;	（程序初始化）
N20 G74 Z0;	（Z 向返回参考点）
N30 T2D1 M03 S800;	（主轴正转，转速为 800 r/min）
N40 G00 X-55.0 Y55.0 M08;	（定位至起刀点，切削液开）
N50 Z30.0;	
N60 G01 Z-6.0;	
N70 G41 G01 Y36.0;	（延长线上建立刀补）
N80 X16.17;	（加工外轮廓）
N90 G02 X23.09 Y32.0 CR=8.0;	
N100 G01 X39.25 Y4.0;	
N110 G02 Y-4.0 CR=8.0;	
N120 G01 X23.09 Y-32.0;	
N130 G02 X16.17 Y-36.0 CR=8.0;	
N140 G01 X-16.17;	
N150 G02 X-23.09 Y-32.0 CR=8.0;	
N160 G01 X-39.26 Y-4.0;	
N170 G02 Y4.0 CR=8.0;	
N180 G01 X-23.09 Y32.0;	
N190 G02 X-16.17 Y36.0 CR=8.0;	
N200 G40 G01 X-55.0 Y55.0;	（取消刀具半径补偿）
N210 G74 Z0 M09;	（Z 向返回参考点）
N220 M05;	（程序结束部分）
N230 M02;	
AA405.MPF;	（程序号）
N10 G90 G94 G71 G40 G54 F100;	（程序初始化）
N20 G74 Z0;	（Z 向返回参考点）
N30 T3D1 M03 S1000;	（主轴正转，转速为 1 000 r/min）
N40 G00 X10.0 Y0 M08;	（刀具定位，切削液开）
N50 Z30.0;	
N60 G01 Z0;	
N70 G02 X10.0 Y0 Z-5.0 I-10.0;	

N80 G41 G01 Y–8.0;　　　　　　　　　（建立刀补）

N90 G01 X26.83;　　　　　　　　　　（加工内轮廓）

N100 G03 X31.80 Y–3.56 CR=5.0;

N110 G03 Y3.56 CR=32.0;

N120 G03 X26.83 Y8.0 CR=5.0;

N130 G01 X20.78;

N140 G01 X8.0 Y20.78;

N150 G01 Y26.83;

N160 G03 X3.56 Y31.80 CR=5.0;

N170 G03 X–3.56 CR=32.0;

N180 G03 X–8.0 Y26.83 CR=5.0;

N190 G01 Y20.78;

N200 G01 X–20.78 Y8.0;

N210 G01 X–26.83;

N220 G03 X–31.80 Y3.56 CR=5.0;

N230 G03 Y–3.56 CR=32.0;

N240 G03 X–26.83 Y–8.0 CR=5.0;

N250 G01 X–20.78;

N260 G01 X–8.0 Y–20.78;

N270 G01 Y–26.83;

N280 G03 X–3.56 Y–31.80 CR=5.0;

N290 G03 X3.56 CR=32.0;

N300 G03 X8.0 Y–26.83 CR=5.0;

N310 G01 Y–20.78;

N320 G01 X20.78 Y–8.0;

N330 G40 X0 Y0;　　　　　　　　　　（取消刀具半径补偿）

N340 G74 Z0 M09;　　　　　　　　　　（Z 向返回参考点）

N350 M05;　　　　　　　　　　　　　（程序结束部分）

N360 M02;

例 4–5　加工图 4–12 所示的工件，毛坯尺寸为 90 mm×90 mm×20 mm，铝件，试编写其加工中心加工程序。

1. 计算基点坐标

本例工件选择 MasterCAM 软件或 CAXA 制造工程师软件进行基点坐标分析，得出的局部基点坐标如图 4–13 所示。

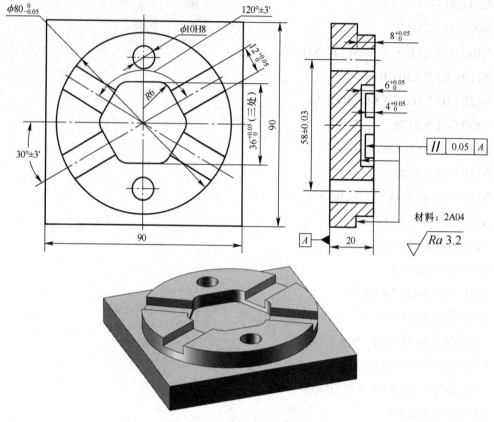

图 4-12 轮廓铣削编程实例 2

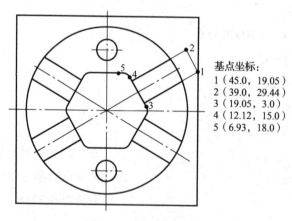

基点坐标：
1（45.0，19.05）
2（39.0，29.44）
3（19.05，3.0）
4（12.12，15.0）
5（6.93，18.0）

图 4-13 局部基点坐标

2. 编制加工程序

AA406.MPF；	（外圆凸台加工程序）
N10 G90 G94 G71 G40 G54 F150；	（程序初始化）
N20 G74 Z0；	（Z 向返回参考点）
N30 T2D1 M03 S800；	（主轴正转，转速为 800 r/min）

N40 G00 X-55.0 Y-45.0 M08；　　　　　　　（定位至起刀点，切削液开）

N50 Z30.0；

N60 G01 Z-8.0；

N70 G41 G01 X-40.0；　　　　　　　　　　（延长线上建立刀补）

N80 Y0；　　　　　　　　　　　　　　　　（加工外轮廓）

N90 G02 I40.0；

N100 G01 Y5.0；

N110 G40 G01 X-55.0 Y-45.0；　　　　　　（取消刀具半径补偿）

N120 G74 Z0 M09；　　　　　　　　　　　（*Z* 向返回参考点）

N130 M05；　　　　　　　　　　　　　　　（程序结束部分）

N140 M02；

AA407.MPF；　　　　　　　　　　　　　　（内轮廓加工程序）

N10 G90 G94 G71 G40 G54 F150；　　　　　（程序初始化）

N20 G74 Z0；　　　　　　　　　　　　　　（*Z* 向返回参考点）

N30 T3D1 M03 S1000；　　　　　　　　　　（主轴正转，转速为 1 000 r/min）

N40 G00 X0 Y0 M08；　　　　　　　　　　（刀具定位，切削液开）

N50 Z30.0；

N60 G01 Z0；

N70 G41 G01 Y18.0；　　　　　　　　　　（建立刀补）

N80 G03 Z-6.0 J-18.0；　　　　　　　　　（螺旋线切入）

N90 G01 X-6.93；　　　　　　　　　　　　（加工内轮廓）

N100 G03 X-12.12 Y15.0 CR=6.0；

N110 G01 X-19.05 Y3.0；

N120 G03 Y-3.0 CR=6.0；

N130 G01 X-12.12 Y-15.0；

N140 G03 X-6.93 Y-18.0 CR=6.0；

N150 G01 X6.93；

N160 G03 X12.12 Y-15.0 CR=6.0；

N170 G01 X19.05 Y-3.0；

N180 G03 Y3.0 CR=6.0；

N190 G01 X12.12 Y15.0；

N200 G03 X6.93 Y18.0 CR=6.0；

N210 G01 X-6.93；

N220 G40 G01 X0 Y0；　　　　　　　　　　（取消刀补）

N230 G00 Z3.0; （刀具重新定位）

N240 X60.0 Y0;

N250 G01 Z-4.0;

N260 G41 G01 X39.0 Y29.44; （建立刀补）

N270 X-45.0 Y-19.05; （加工第一条槽）

N280 X-39.0 Y-29.44;

N290 X45.0 Y19.05;

N300 G40 G01 X60.0 Y0; （取消刀补）

N310 G41 G01 X39.0 Y-29.44; （建立刀补）

N320 X-45.0 Y19.05; （加工第二条槽）

N330 X-39.0 Y29.44;

N340 X45.0 Y-19.05;

N350 G40 G01 X60.0 Y0; （取消刀具半径补偿）

N360 G74 Z0 M09; （Z 向返回参考点）

N370 M05; （程序结束部分）

N380 M02;

第三节　SIEMENS 802D 系统的孔加工固定循环

孔加工固定循环主要用于钻孔、镗孔、攻螺纹等形式的孔加工。编程时只需使用一个程序段即可完成一个孔加工的全部动作（如钻孔进给、退刀、孔底暂停等），从而达到简化程序、减少编程工作量的目的。

一、孔加工固定循环概述

SIEMENS 802D 系统的孔加工固定循环与 FANUC 0i 系统的孔加工固定循环功能相类似，只是在 SIEMENS 系统中，孔加工固定循环功能通过调用 CYCLE81～CYCLE89 指令实现，且该调用为非模态调用。孔加工固定循环动作见表 4-2。

表 4-2　　　　　　　　　　孔加工固定循环动作

指令	加工动作（-Z 方向）	孔底部动作	退刀动作（+Z 方向）	用途
CYCLE81	切削进给	—	快速进给	钻孔循环
CYCLE82	切削进给	暂停	快速进给	钻孔与锪孔循环
CYCLE83	间歇进给	—	快速进给	深孔加工循环
CYCLE84	攻螺纹进给	暂停、主轴反转	切削进给	刚性攻螺纹循环

指令	加工动作 （-Z 方向）	孔底部动作	退刀动作 （+Z 方向）	用途
CYCLE840	切削进给	暂停、主轴反转	切削进给	柔性攻螺纹循环
CYCLE85	切削进给	—	切削进给	镗孔循环
CYCLE86	切削进给	准停	快速进给	精镗孔循环
CYCLE87	切削进给	M00、M05	手动	镗孔循环
CYCLE88	切削进给	暂停、M00、M05	手动	镗孔循环
CYCLE89	切削进给	暂停	切削进给	镗孔循环

1. 孔加工动作

SIEMENS 系统孔加工固定循环的动作与 FANUC 系统孔加工固定循环动作基本相同（请参阅本书第二章），不同之处是 SIEMENS 系统在孔加工固定循环编程时，由于程序中没有参数来指定孔的中心位置，因此，在固定循环开始前刀具要移到所要加工孔的中心位置；否则，刀具将在当前位置执行孔加工固定循环。而 FANUC 系统在孔加工固定循环编程时，刀具无须预先移到孔中心位置，孔中心位置的坐标直接在固定循环指令中指定。

2. 固定循环的调用

（1）非模态调用

孔加工固定循环的非模态调用格式如下：

CYCLE81～89（RTP，RFP，SDIS，DP，DPR，…）；

例如，N10 G00 X30.0 Y40.0；

　　　N20 CYCLE81（RTP，RFP，SDIS，DP，DPR）；

　　　N30 G00 X0 Y0；

采用这种格式时，该循环指令为非模态指令，只有在指定的程序段内才能执行循环动作。

（2）模态调用

孔加工固定循环的模态调用格式如下：

MCALL CYCLE81～89（RTP，RFP，SDIS，DP，DPR，…）；

MCALL；（取消模态调用）

例如，N10 MCALL CYCLE81（RTP，RFP，SDIS，DP，DPR）；

　　　N20 G00 X30.0 Y40.0；

　　　N30 X0 Y0；

　　　N40 MCALL；

采用这种格式后，只要不取消模态调用，则刀具每执行一次移动，将执行一次固定循环调用，如本例中的 N30 程序段表示刀具移到（0，0）位置后将再执行一次固定循环，直至取消。

3．固定循环的平面

（1）返回平面（RTP）

返回平面是为安全下刀而规定的一个平面。返回平面可以设定在任意一个安全高度上，当使用一把刀具加工多个孔时，刀具在返回平面内任意移动时将不会与夹具、工件凸台等发生干涉。

（2）加工开始平面（RFP+SDIS）

加工开始平面类似于 FANUC 系统中的 R 参考平面，在该平面，刀具从快速进给转为切削进给。该平面距工件表面的距离主要考虑工件表面的尺寸变化，一般情况下取 2～5 mm，如图 4-14 所示。

（3）参考平面（RFP）

参考平面是指孔深在 Z 轴方向工件表面的起始测量位置平面，该平面一般设在工件的上表面。参考平面与加工开始平面之间应留有安全间隙。注意与 FANUC 固定循环指令中的 R 参考平面相区别。

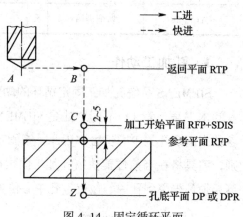

图 4-14　固定循环平面

（4）孔底平面（DP 或 DPR）

加工不通孔时，孔底平面就是孔底的 Z 轴高度；加工通孔时，除了要考虑孔底平面的位置，还要考虑刀具的超越量（见图 4-14 中 Z 点），以保证所有孔深都加工到尺寸。

4．固定循环中参数的赋值

（1）直接赋值

在编写孔加工固定循环指令时，参数直接用数字编写，例如：

CYCLE81（30.0，0，3.0，-30.0）；

CYCLE81（30.0，0，3.0，，30.0）；

注：固定循环中有些参数可以不写，如本例中没有写孔底平面的绝对值坐标。如果省略的参数并不位于最后，则虽然该值可省略，但该值处的“，”不能省略。

（2）变量赋值

在编写孔加工固定循环指令时，先对变量赋值，然后在程序中直接调用变量，例如：

N10 RTP=30.0 RFP=0 SDIS=3.0 DP=-30.0 DPR=30.0；

⋮

N50 CYCLE81（RTP，RFP，SDIS，DP，DPR）；

二、孔加工固定循环指令

1. 钻孔循环指令CYCLE81与锪孔循环指令CYCLE82

（1）指令格式

CYCLE81（RTP，RFP，SDIS，DP，DPR）；

CYCLE82（RTP，RFP，SDIS，DP，DPR，DTB）；

例如，CYCLE81（10.0，0，3.0，-30.0）；

　　　　CYCLE82（10.0，0，3.0，，30.0，2.0）；

式中　RTP——返回平面，用绝对值进行编程；

　　　RFP——参考平面，用绝对值进行编程；

　　　SDIS——安全距离，无符号编程，其值为参考平面到加工开始平面的距离；

　　　DP——最终的孔加工深度，用绝对值进行编程；

　　　DPR——孔的相对深度，无符号编程，其值为最终孔加工深度与参考平面的距离（程序中参数DP与DPR只指定一个即可，如果两个参数同时指定，则以参数DP为准）；

　　　DTB——孔底暂停的时间，单位为秒（s）。

（2）动作说明

CYCLE81指令动作如图4-15所示，执行该循环，刀具从加工开始平面切削进给到孔底，然后从孔底快速退回至返回平面。

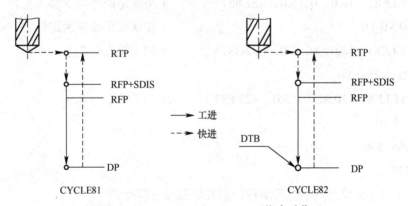

图4-15　CYCLE81和CYCLE82指令动作

CYCLE82指令动作类似于CYCLE81指令，只是在孔底增加了进给后的暂停动作，因此提高了孔底的精度。该指令常用于台阶孔的加工。

（3）编程实例

例4-6　加工图4-16所示工件的孔，试用CYCLE81或CYCLE82指令进行编程。

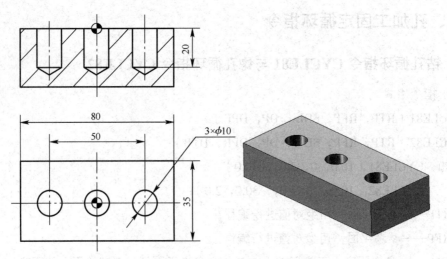

图 4-16　CYCLE81 和 CYCLE82 指令编程实例

AA408.MPF；

N10 G90 G94 G40 G71 G54 F100；　　　　　（程序初始化）

N20 G74 Z0；

N30 T1D1；

N40 G00 X–25.0 Y0；　　　　　　　　　　（G17 平面快速定位）

N50 Z30 M08；　　　　　　　　　　　　　（Z 向定位至返回平面，切削液开）

N60 M03 S600；　　　　　　　　　　　　　（主轴正转，转速为 600 r/min）

N70 CYCLE81（10.0，0，3.0，–22.887）；　（用固定循环指令加工孔，注意孔深）

N80 G00 X0 Y0；　　　　　　　　　　　　（在返回平面快速定位）

N90 CYCLE81（10.0，0，3.0，–22.887）；　（加工第二个孔）

N100 G00 X25.0 Y0；

N110 CYCLE81（10.0，0，3.0，–22.887）；　（加工第三个孔）

N120 G74 Z0；

N130 M05 M09；

N140 M30；

本例工件如采用模态指令进行编程，则其局部加工程序如下：

⋮

N70 MCALL CYCLE81（10.0，0，3.0，–22.887）；（固定循环模态调用）

N80 G00 X–25.0 Y0；　　　　　　　　　（加工第一个孔）

N90 X0 Y0；　　　　　　　　　　　　　（加工第二个孔）

N100 X25.0 Y0；　　　　　　　　　　　（加工第三个孔）

N110 MCALL；　　　　　　　　　　　　（取消模态调用）

⋮

2. 深孔往复排屑加工循环指令 CYCLE83

（1）指令格式

CYCLE83（RTP，RFP，SDIS，DP，DPR，FDEP，FDPR，DAM，DTB，DTS，FRF，VARI）；

例如，CYCLE83（30，0，3，–30，，–5，5，2，1，1，1，0）；

式中　RTP、RFP、SDIS、DP、DPR、DTB——参数说明参照 CYCLE82 指令；

FDEP——起始钻孔深度，用绝对值表示；

FDPR——相对于参考平面的起始钻孔深度，无符号；

DAM——相对于上次钻孔深度的 Z 向退回量，无符号；

DTS——起始点处用于排屑的停顿时间（VARI=1 时有效）；

FRF——钻孔深度上的进给速度系数（系数不大于 1，由于在固定循环中没有指定进给速度，因此将前面程序中的进给速度用于固定循环，并通过该系数调整进给速度的大小）；

VARI——排屑与断屑类型的选择（VARI=0 为断屑，表示钻头在每次到达钻孔深度后退回 DAM 距离量进行断屑；VARI =1 为排屑，表示钻头在每次到达钻孔深度后返回加工开始平面进行排屑）。

（2）动作说明

CYCLE83 指令动作如图 4–17 所示，该循环指令通过 Z 轴方向的间歇进给实现断屑与排屑。刀具从加工开始平面 Z 向进给 FDPR 后暂停断屑，然后快速回退到加工开始平面；暂停排屑后再次快速进给到 Z 向距上次切削孔底平面 DAM 处，从该点处由快进变成工进，工进距离为 FDPR+DAM。如此循环直到加工至孔深，刀具回退到返回平面完成孔的加工。此类孔加工方式多用于深孔加工。

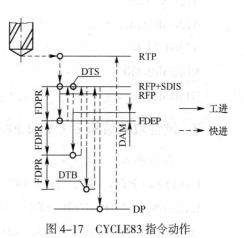

图 4–17　CYCLE83 指令动作

（3）编程实例

例 4–7　试用 CYCLE83 指令编写图 4–18 所示工件的孔加工程序。

AA409.MPF；

N10 G90 G94 G40 G71 G54 F100；　　　　　　　（程序初始化）

N20 G74 Z0；

N30 T1D1；

N40 G00 X0 Y0；

N50 Z30 M08；　　　　　　　　　　（Z 向快速定位到初始平面，切削液开）

N60 M03 S600；

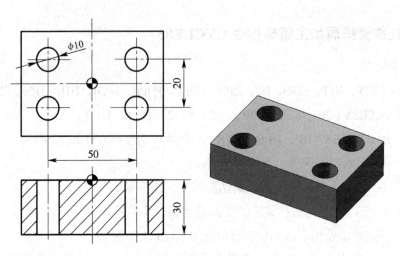

图 4-18　CYCLE83 指令编程实例

N70 MCALL CYCLE83（10.0，0，3.0，−35.0，，−5.0，5.0，2.0，1.0，1.0，1.0，0）；

N80 G00 X−25.0 Y−10.0；　　　　　　　　（加工第一个孔）

N90 X25.0；　　　　　　　　　　　　　　（加工第二个孔）

N100 Y10.0；　　　　　　　　　　　　　　（加工第三个孔）

N110 X−25.0；　　　　　　　　　　　　　（加工第四个孔）

N120 MCALL；　　　　　　　　　　　　　（取消模态调用）

N130 G74 Z0；

N140 M05 M09；

N150 M02；

3. 刚性攻螺纹指令 CYCLE84 与柔性攻螺纹指令 CYCLE840

（1）指令格式

CYCLE84（RTP，RFP，SDIS，DP，DPR，DTB，SDAC，MPIT，PIT，POSS，SST，SST1）；

CYCLE840（RTP，RFP，SDIS，DP，DPR，DTB，SDR，SDAC，ENC，MPIT，PIT）；

例如，CYCLE84（30，0，2，−20，，0，3，10，，0，50，50）；

　　　　CYCLE840（30，0，2，−20，，0，4，3，0，，2）；

式中　RTP、RFP、SDIS、DP、DPR、DTB——参数说明参照 CYCLE82 指令；

　　　SDAC——循环结束后的旋转方向，取值 3、4、5 分别代表 M03、M04、M05；

　　　MPIT——标准螺距，螺距由螺纹尺寸决定，取值范围为 3～48，分别表示 M3～M48，
　　　　　　　符号代表旋转方向，其中负值表示左旋螺纹；

　　　PIT——螺距由数值决定，符号代表旋转方向，其中负值表示左旋螺纹；

　　　POSS——主轴的准停角度；

　　　SST——攻螺纹进给速度；

　　　SST1——退回速度；

SDR——返回时的主轴旋转方向，取值为 0、3、4，SDR=0 代表主轴返回时的旋转方向自动颠倒，3、4 分别代表 M03、M04；

ENC——是否带编码器攻螺纹，ENC=0 为带编码器，ENC=1 为不带编码器。

（2）动作说明

CYCLE84 和 CYCLE840 指令动作如图 4-19 所示。执行 CYCLE84 指令时，根据螺纹的旋向选择主轴的旋转方向；刀具以 G00 方式快速移到加工开始平面；执行攻螺纹指令到达孔底，攻螺纹进给速度由参数 SST 指定；主轴以攻螺纹的相反旋转方向退回加工开始平面，退回速度由参数 SST1 指定；再以 G00 方式退到返回平面，完成攻螺纹动作；主轴旋转方向回到 SDAC 状态。

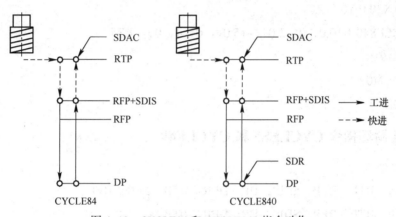

图 4-19　CYCLE84 和 CYCLE840 指令动作

CYCLE840 指令动作与 CYCLE84 指令基本类似，只是 CYCLE840 指令在刀具到达最后钻孔深度后回退时的主轴旋转方向由 SDR 决定。

在 CYCLE84 和 CYCLE840 指令攻螺纹期间，进给倍率、进给保持均被忽略。

（3）编程实例

例 4-8　试用攻螺纹循环指令编写图 4-20 所示工件两个螺孔（攻螺纹前已加工出 ϕ10.3 mm 的底孔）的加工程序。

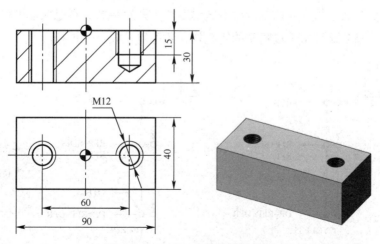

图 4-20　CYCLE84 指令编程实例

AA410.MPF；

N10 G90 G94 G40 G71 G54 F100；　　　　　　　　　　（程序初始化）

N20 G74 Z0；

N30 T1D1；

N40 G00 X–30.0 Y0；

N50 Z30 M08；

N60 M03 S200；　　　　　　　　　　　　　　　　　（攻螺纹时用较低的转速）

N70 CYCLE840（10.0，0，2.0，–32.0，，0，4，0，，1.75）；

N80 G00 X30.0 Y0；

N90 CYCLE840（10.0，0，2.0，–15.0，，0，4，0，，1.75）；

N100 G74 Z0；

N110 M05 M09；

N120 M02；

4．镗孔循环指令 CYCLE85 和 CYCLE89

（1）指令格式

CYCLE85（RTP，RFP，SDIS，DP，DPR，DTB，FFR，RFF）；

CYCLE89（RTP，RFP，SDIS，DP，DPR，DTB）；

例如，CYCLE85（10，0，2，–30，，0，100，200）；

　　　　CYCLE89（10，0，2，–30，，2）；

式中　RTP、RFP、SDIS、DP、DPR、DTB——参数说明参照 CYCLE82 指令；

　　　FFR——刀具切削进给速度；

　　　RFF——刀具从最后加工深度退回加工开始平面时的进给速度。

（2）动作说明

CYCLE85 和 CYCLE89 指令动作如图 4–21 所示。当执行 CYCLE85 指令时，刀具以切削进给方式加工到孔底，然后以切削进给方式返回加工开始平面，再以快速进给方式回到返回平面。因此，该指令除可用于较精密的镗孔外，还可用于铰孔、扩孔。

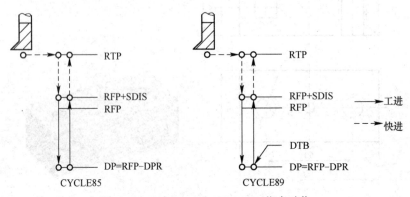

图 4–21　CYCLE85 和 CYCLE89 指令动作

CYCLE89 指令动作与 CYCLE85 指令动作类似，不同的是 CYCLE89 指令动作在孔底增加了暂停，因此该指令常用于台阶孔的加工。

（3）编程实例

例 4-9　精加工图 4-22 所示工件中两个 ϕ8H7 的孔（加工前底孔已加工至 ϕ7.8 mm），试编写该工件的数控加工程序。

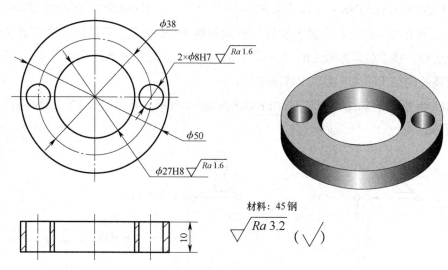

图 4-22　镗孔编程实例

AA411.MPF；

N10 G90 G94 G40 G71 G54 F100；　　　　　　　　　　（程序初始化）

N20 G74 Z0；

N30 T1D1；

N40 G00 X-19.0 Y0；

N50 Z30 M08；

N60 M03 S200；　　　　　　　　　　　　　　　（镗孔时用较低的转速）

N70 CYCLE85（30.0，0，5.0，-15.0，，0，100，200）；

N80 G00 X19.0 Y0；

N90 CYCLE85（30.0，0，5.0，-15.0，，0，100，200）；

N100 G74 Z0；

N110 M05 M09；

N120 M02；

5. 镗孔循环指令 CYCLE87 和 CYCLE88

（1）指令格式

CYCLE87（RTP，RFP，SDIS，DP，DPR，SDIR）；

CYCLE88（RTP，RFP，SDIS，DP，DPR，DTB，SDIR）；

例如，CYCLE87（10，0，3，–20，，3）；

CYCLE88（10，0，3，–20，，2，3）；

式中　RTP、RFP、SDIS、DP、DPR、DTB——参数说明参照 CYCLE82 指令；

SDIR——刀具切削进给时的主轴旋转方向，取值 3、4 分别代表 M03、M04。

（2）动作说明

CYCLE87 和 CYCLE88 指令动作如图 4–23 所示。执行 CYCLE87 指令时，刀具以切削进给方式加工到孔底，此时，主轴的旋转方向由参数 SDIR 决定。刀具在孔底位置主轴停转，程序暂停运行；按下机床面板上的"循环启动"按键，主轴快速退回返回平面。此种方式虽能相应提高孔的加工精度，但加工效率较低。

CYCLE88 指令的加工动作与 CYCLE87 指令基本相同，不同的是 CYCLE88 指令在孔底增加了暂停。

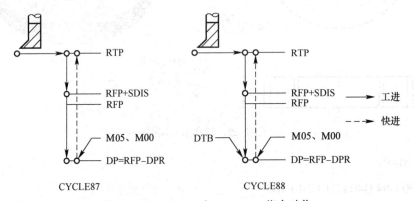

图 4–23　CYCLE87 和 CYCLE88 指令动作

（3）编程实例

例 4–10　试用 CYCLE87 和 CYCLE88 指令编写图 4–24 所示工件两个 φ30 mm 孔（镗孔前已将底孔粗加工至 φ29.5 mm）的加工程序。

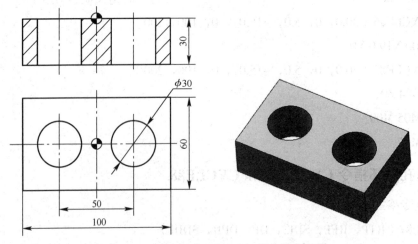

图 4–24　CYCLE87 和 CYCLE88 指令编程实例

AA412.MPF；

⋮

N50 G00 X–25.0 Y0；

N60 CYCLE87（30.0，0，5.0，–32.0,，3,）；

N70 G00 X25.0 Y0；

N80 CYCLE88（30.0，0，5.0，–32.0,，0，3）；

⋮

6. 精镗孔循环指令 CYCLE86

（1）指令格式

CYCLE86（RTP，RFP，SDIS，DP，DPR，DTB，SDIR，RPA，RPO，RPAP，POSS）；

例如，CYCLE86（30，0，2，–30,，0，3，3，0，2，0）；

式中　RTP、RFP、SDIS、DP、DPR、DTB——参数说明参照 CYCLE82 指令；

　　　SDIR——主轴旋转方向，取值 3、4 分别代表 M03、M04；

　　　RPA——平面中第一轴（如 G17 平面中的 X 轴）方向的让刀量，该值用带符号的增量值表示；

　　　RPO——平面中第二轴（如 G17 平面中的 Y 轴）方向的让刀量，该值用带符号的增量值表示；

　　　RPAP——镗孔轴上的返回路径，该值用带符号的增量值表示；

　　　POSS——固定循环中用于规定主轴的准停位置，其单位为度（°）。

（2）动作说明

CYCLE86 指令动作如图 4-25 所示。执行 CYCLE86 指令时，刀具以切削进给方式加工到孔底；实现主轴准停；刀具在加工平面第一轴方向移动 RPA，在第二轴方向移动 RPO，镗孔轴方向移动 RPAP，使刀具脱离工件表面，保证刀具退出时不擦伤工件表面；主轴快速退回加工开始平面；然后主轴快退至返回平面的循环起点位置；主轴恢复 SDIR 旋转方向。该指令主要用于精镗孔。

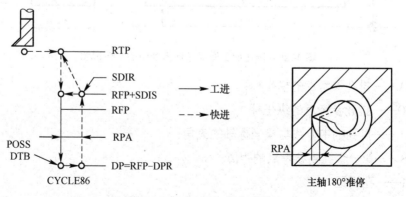

图 4-25　CYCLE86 指令动作

（3）编程实例

例 4-11 试用精镗孔指令编写图 4-24 所示工件两个 $\phi30$ mm 孔（镗孔前已将底孔粗加工至 $\phi29.5$ mm）的加工程序。

AA413.MPF;

⋮

N50 G00 X-25.0 Y0;

N60 CYCLE86（30.0，0，5.0，-32.0，，1.0，3，0.5，0，0.5，180.0）;

N70 G00 X25.0 Y0;

N80 CYCLE86（30.0，0，5.0，-32.0，，1.0，3，0.5，0，0.5，180.0）;

⋮

三、孔加工样式循环指令

1. 排孔加工样式循环指令 HOLES1

排孔加工样式循环指令（HOLES1）与孔加工固定循环指令（如 CYCLE83 等）联用，可用来加工沿直线均布的一排孔，通过简单变量计算及循环调用可加工呈矩形均布的网格孔。

（1）指令格式

HOLES1（SPCA，SPCO，STA1，FDIS，DBH，NUM）;

例如，MCALL CYCLE81（20.0，0，2.0，-25.0）;

　　　　HOLES1（0，10.0，30.0，20.0，15.0，3）;

该循环指令中的参数说明如图 4-26 所示。

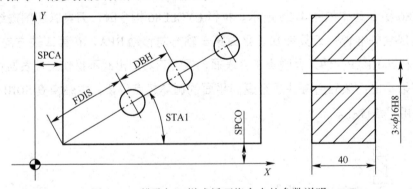

图 4-26　排孔加工样式循环指令中的参数说明

式中　SPCA——排孔参考点的横坐标；

　　　SPCO——排孔参考点的纵坐标；

　　　STA1——排孔的中心线与横坐标轴的夹角；

　　　FDIS——第一个孔到参考点的距离；

　　　DBH——孔间距；

　　　NUM——孔数。

（2）指令说明

用排孔指令加工沿一条直线均布的孔时，第一步必须先用 MCALL 指令调用任一种孔加工固定循环指令（如 CYCLE81 等）；第二步再用排孔指令描述孔的分布情况，并根据第一步的孔加工类型加工孔；最后用 MCALL 指令取消对孔加工固定循环指令的调用。具体程序可参照以下格式编写：

⋮

MCALL CYCLE81（RTP，RFP，SDIS，DP，DPR）；

HOLES1（SPCA，SPCO，STA1，FDIS，DBH，NUM）；

MCALL；

⋮

（3）编程实例

例 4–12　用 HOLES1 指令加工图 4–27 所示工件的网格孔，网格孔共计 7 行 9 列，行距和列距均为 10 mm。

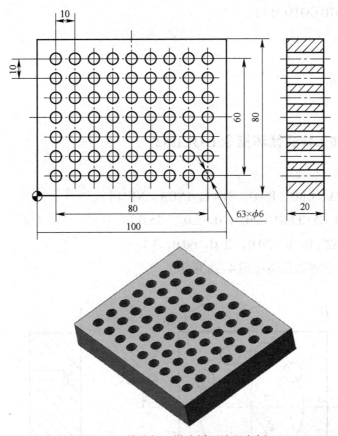

图 4-27　排孔加工样式循环编程实例

编程说明：用排孔指令加工本例呈矩形均布的网格孔时，第一步必须先用 MCALL 指令调用孔加工固定循环指令（CYCLE81）；第二步再用排孔指令描述孔的分布情况，并根据第一步的孔加工类型加工孔；第三步计算下一行孔的坐标值；第四步计算已加工完的孔的行数；

第五步有条件循环执行第二步到第四步；第六步用 MCALL 指令取消对孔加工固定循环指令的调用。具体程序如下：

```
AA414.MPF；
N10 G90 G94 G40 G71 G54 F100；                   （程序初始化）
N20 G74 Z0；
N30 T1D1；
N40 G00 X0 Y0；
N50 Z30 M08；
N60 M03 S800；
N70 R1=10.0；                                    （定义 SPCO 变量）
N80 MCALL CYCLE81（20.0，0，2.0，-25.0）；        （模态调用钻孔循环指令）
N90 MA1：HOLES1（0，R1，0，10.0，10.0，9）；      （排孔加工样式循环）
N100 R1=R1+10.0；
N110 IF R1<=70 GOTO MA1；
N120 MCALL；
N130 G74 Z0；
N140 M05 M09；
N150 M02；
```

2. 圆周孔加工样式循环指令 HOLES2

（1）指令格式

HOLES2（CPA，CPO，RAD，STA1，INDA，NUM）；

例如，MCALL CYCLE81（20.0，0，2.0，-25.0）；

HOLES2（0，0，30.0，20.0，60.0，3）；

该循环指令中的参数说明如图 4-28 所示。

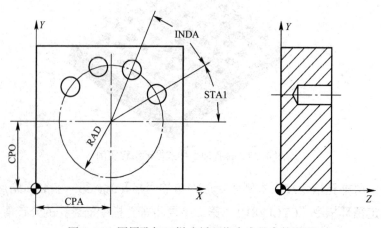

图 4-28　圆周孔加工样式循环指令中的参数说明

式中 CPA——圆周中心点的横坐标；

　　　CPO——圆周中心点的纵坐标；

　　　RAD——圆周的半径；

　　　STA1——起始角度；

　　　INDA——增量角；

　　　NUM——孔数。

（2）指令说明

圆周孔加工样式循环指令（HOLES2）与孔加工固定循环指令（如 CYCLE83 等）联用，可用来加工沿圆周均布的一圈孔。

（3）编程实例

例 4-13　用 HOLES2 指令加工图 4-29 所示工件的圆周均布孔，试编写其数控加工程序。

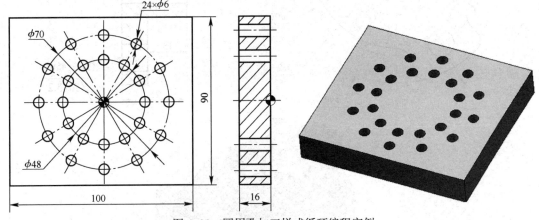

图 4-29　圆周孔加工样式循环编程实例

AA415.MPF；

N10 G90 G94 G40 G71 G54 F100；　　　　　　　　　　（程序初始化）

N20 G74 Z0；

N30 T1D1；

N40 G00 X0 Y0；

N50 Z30 M08；

N60 M03 S800；

N70 MCALL CYCLE81（20.0，0，2.0，-20.0）；（模态调用钻孔循环指令）

N80 HOLES2（0，0，35.0，0，30.0，12）；　　　　（圆周孔加工样式循环）

N90 HOLES2（0，0，24.0，0，30.0，12）；

N100 MCALL；

N110 G74 Z0；

N120 M05 M09；

N130 M02；

四、孔加工综合实例

例 4-14 在加工中心上加工图 4-30 所示的工件，其外轮廓已加工完成，试编写该工件的孔加工程序。

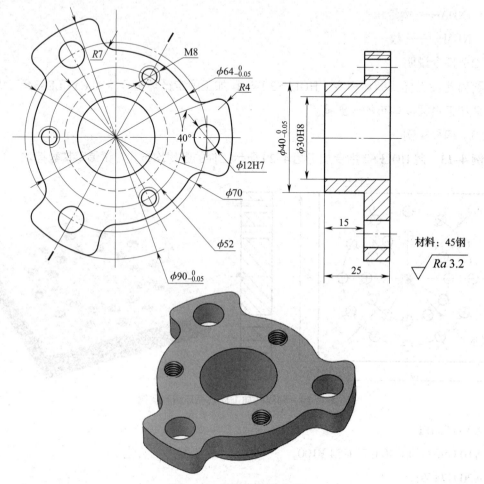

图 4-30 孔加工综合实例

编程说明：加工本例工件时，其加工步骤、加工过程中选用的刀具规格和切削用量均列入表 4-3 的加工工艺卡中，加工程序如下：

表 4-3 加工工艺卡

序号	加工步骤	刀具号	刀具规格	主轴转速 / (r·min⁻¹)	进给速度 / (mm·min⁻¹)	背吃刀量 / mm
1	用中心钻进行孔定位	T1	A2.5 mm/6.3 mm 中心钻	2 000	50~100	D/2
2	钻 7 个孔	T2	φ6.7 mm 钻头	1 000	50~100	D/2
3	扩底板上的孔	T3	φ11.8 mm 钻头	800	100~200	2.55
4	用立铣刀扩孔（铣孔）	T4	φ20 mm 立铣刀	600	100~200	6.5

续表

序号	加工步骤	刀具号	刀具规格	主轴转速 / $(r \cdot min^{-1})$	进给速度 / $(mm \cdot min^{-1})$	背吃刀量 / mm
5	铰孔	T5	ϕ12 mm 铰刀	200	50～100	0.1
6	攻螺纹	T6	M8 丝锥	100	100	0.65
7	镗 ϕ30H8 通孔	T7	ϕ30 mm 精镗刀	1 200	100～200	0.2
8	工件去毛刺，倒钝锐边					

AA416.MPF；

N10 G90 G94 G40 G71 G54 F100；　　　（程序开始部分）

N20 G74 Z0；

N30 T1D1 M06；　　　（换中心钻）

N40 M03 S2000；　　　（主轴转速为 2 000 r/min）

N50 G00 X0 Y0；　　　（刀具定位）

N60 Z30.0 M08；

N70 MCALL CYCLE81（20.0，0，2.0，-5.0）；

N80 G00 X0 Y0；

N90 X35.0 Y0；

N100 X-17.5 Y30.31；　　　（采用模态指令对 7 个孔进行定位）

N110 X-17.5 Y-30.31；

N120 X-26.0 Y0；

N130 X13.0 Y22.52；

N140 X-13.0 Y22.52；

N150 MCALL；　　　（取消模态指令）

N160 G74 Z0 M05 D00；

N170 T2D1 M06；　　　（换 ϕ6.7 mm 的钻头）

N180 M03 S1000；　　　（变换主轴转速后刀具定位）

N190 G00 X0 Y0；

N200 Z30.0 M08；

N210 CYCLE81（20.0，0，2.0，-30.0）；（加工中间孔，加工深度为 30 mm）

N220 MCALL CYCLE81（20.0，0，2.0，-15.0）；

　　　（采用模态指令加工 6 个孔，孔深为 15 mm）

N230 G00 X35.0 Y0；

N240 X-17.5 Y30.31；

N250 X-17.5 Y-30.31；

N260 X-26.0 Y0；

N270 X13.0 Y22.52;

N280 X−13.0 Y22.52;

N290 MCALL;　　　　　　　　　　　　　（取消模态指令）

N300 G74 Z0 M05 D00;

N310 T3D1 M06;　　　　　　　　　　（换 φ11.8 mm 的钻头扩孔）

N320 M03 S800;

N330 G00 X0 Y0;　　　　　　　　　　　　（刀具定位）

N340 Z30.0 M08;

N350 MCALL CYCLE81（20.0，0，2.0，−15.0）;

N360 G00 X35.0 Y0;　　　　　　　　　　（采用模态指令扩孔）

N370 X−17.5 Y30.31;

N380 X−17.5 Y−30.31;

N390 MCALL;

N400 G74 Z0 M05 D00;

N410 T4D1 M06;　　　　　　　　　　（换立铣刀）

N420 M03 S600;

N430 G00 X0 Y0;　　　　　　　　　　　　（刀具定位）

N440 Z30.0 M08;

N450 G01 Z0;　　　　　　　　　　（分层切削加工中间孔）

N460 L416P4;

N470 G74 Z0 M05 D00;

N480 T5D1 M06;　　　　　　　　　　（换铰刀）

N490 M03 S200;

N500 G00 X0 Y0;　　　　　　　　　　　　（刀具定位）

N510 Z30.0 M08;

N520 MCALL CYCLE85（20.0，0，2.0，−15.0，，0，100，200）;

　　　　　　　　　　　　　　　　　　（采用模态指令铰孔）

N530 G00 X35.0 Y0;

N540 X−17.5 Y30.31;

N550 X−17.5 Y−30.31;

N560 MCALL;

N570 G74 Z0 M05 D00;

N580 T6D1 M06;　　　　　　　　　　（换 M8 的丝锥）

N590 M03 S100;

N600 G00 X0 Y0；　　　　　　　　　　　　　　（刀具定位）

N610 Z30.0 M08；

N620 MCALL CYCLE840（10.0，0，2.0，-14.0，，0，0，3，0，，1.25）；
　　　　　　　　　　　　　　　　　　　（采用模态指令加工螺纹）

N630 G00 X-26.0 Y0；

N640 X13.0 Y22.52；

N650 X-13.0 Y22.52；

N660 MCALL；

N670 G74 Z0 M05 D00；

N680 T7D1 M06；　　　　　　　　　　　　　　（换精镗刀）

N690 M03 S1200；

N700 G00 X0 Y0；　　　　　　　　　　　　　　（刀具定位）

N710 Z30.0 M08；

N720 CYCLE86（30.0，0，5.0，-28.0，，1.0，3，0.5，0，0.5，180.0）；
　　　　　　　　　　　　　　　　　　　（精镗孔）

N730 G74 Z0 M05 D00；

N740 M09；　　　　　　　　　　　　　　　　　（程序结束部分）

N750 M02；

L416.SPF；　　　　　　　　　　　　　　　　　（扩孔子程序）

N10 G91 G01 Z-6.5 F100；

N20 G90 G41 X14.8 Y0；　　　　　　　（扩孔，单边保留 0.2 mm 的精加工余量）

N30 G03 I-14.8；

N40 G40 G01 X0 Y0；

N50 M17；　　　　　　　　　　　　　　　　　（返回主程序）

第四节　SIEMENS 802D 系统的铣削加工固定循环

　　在 SIEMENS 802D 系统中，除孔加工固定循环指令外，还有铣削固定循环指令，灵活运用这些固定循环指令进行铣削加工，可大大减少编程的工作量。常用的铣削循环指令见表 4-4。

表 4-4　　　　　　　　　　　　常用的铣削循环指令

铣削内容		铣削指令
轮廓和螺纹的铣削	端面	CYCLE71
	轮廓	CYCLE72
	螺纹	CYCLE90

续表

铣削内容		铣削指令
沉孔的铣削	矩形沉孔	CYCLE76
	圆形沉孔	CYCLE77
标准型腔的铣削	矩形型腔	POCKET1
	圆形型腔	POCKET2
槽的铣削	长孔	LONGHOLE
	圆弧阵列槽	SLOT1
	环形槽	SLOT2

一、轮廓和螺纹的铣削

1. 端面铣削固定循环指令 CYCLE71

（1）指令格式

CYCLE71（RTP，RFP，SDIS，DP，PA，PO，LENG，WID，STA，MID，MIDA，FDP，FALD，FFP1，VARI，FDP1）；

式中　RTP、RFP、SDIS、DP——与钻孔循环指令中的相应参数含义类似，其余参数说明如图 4-31 所示。

　　PA、PO——矩形平面 X 轴和 Y 轴的起点坐标。

　　LENG——X 轴上的矩形长度，增量值，有符号。

　　WID——Y 轴上的矩形宽度，增量值，有符号。

　　STA——矩形纵向轴与 X 轴的夹角，取值为 0°~180°。

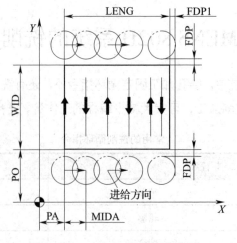

图 4-31　CYCLE71 指令参数说明

MID——每次进给的切入深度。

MIDA——在进行连续平面加工时的最大进给宽度。

FDP——定义平面返回行程的大小，此数值应大于零。

FALD——深度方向的精加工余量。

FFP1——平面加工进给速度。

VARI——定义加工类型，由两位数字构成，前一位数字可为 1、2、3、4（1 表示平行于 X 轴且朝同一方向加工，2 表示平行于 Y 轴且朝同一方向加工，3 表示平行于 X 轴加工，且方向可交替，4 表示平行于 Y 轴加工，且方向可交替）；后一位数字可为 1 或 2（1 表示完成平面铣削粗加工，2 表示完成平面铣削精加工）。

FDP1——在平面进给方向上的超越量。

端面铣削方向如图 4-32 所示。如果 LENG、WID 都为负值，则其加工对象在坐标系的第三象限，且加工方向与进给方向都朝两轴的负方向进行。

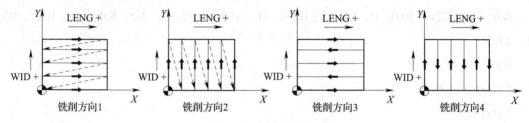

图 4-32　端面铣削方向

（2）动作说明

用 CYCLE71 指令可以铣削任何矩形平面，该循环可以完成平面的粗加工和精加工，该循环指令的基本动作如下：

1）刀具在 XY 面以 G00 方式到达循环中的起始点位置，然后刀具沿 Z 向运动到距离 Z0 平面为安全间隙的参考平面。

2）刀具按指定的进给速度以 G01 方式进给至加工深度，按 VARI 指定的方式进行平面铣削，一层铣削完毕，刀具退回起点位置，进行第二层铣削，直至加工完毕。

3）刀具以 G00 方式退回返回平面。

（3）编程实例

例 4-15　加工图 4-33 所示工件的上表面（加工余量为 3 mm），试采用 CYCLE71 指令编写其加工程序。

AA417.MPF；

N10 G90 G94 G40 G71 G54 F100；　　　　　　　　（程序初始化）

N20 G74 Z0；

N30 T1D1；

N40 G00 X-20.0 Y-20.0；

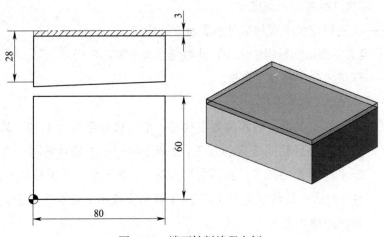

图 4-33　端面铣削编程实例

N50 Z30.0 M08；

N60 M03 S800；

N70 CYCLE71（30.0，0，2.0，-3.0，0，0，80.0，60.0，0，3.0，8.0，2.5，0.2，100，41，4.0）；

N80 G74 Z0；

N90 M05 M09；

N100 M02；

2. 轮廓铣削固定循环指令 CYCLE72

（1）指令格式

CYCLE72（KNAME，RTP，RFP，SDIS，DP，MID，FAL，FALD，FFP1，FFD，VARI，RL，AS1，LP1，FF3，AS2，LP2）；

式中　RTP、RFP、SDIS、DP——与钻孔循环指令中的相应参数含义类似。

KNAME——轮廓定义，定义方法有两种，一是轮廓通过子程序定义，其格式为"KNAME：L18"（L18 为子程序名），对于子程序，可直接填写系统中已存在的根据加工要求编辑完成的子程序名，也可先填写未编辑的新子程序名，然后按下界面右上方的［新的文件］软键，建立新的子程序，同时进入子程序编辑界面，待程序编写完后，可利用界面右下方的［工艺屏蔽］软键返回循环参数填写界面；二是轮廓通过程序段定义，其格式为"KNAME：CC"（系统自动生成的定义轮廓的加工程序段，其起始标记为"CC"，结束标记为"CCD"），系统自动将定义轮廓的程序段放在程序结束后，即 M30 程序段之后。

MID——最大进给深度。

FAL——边缘轮廓的精加工余量。

FALD——深度方向的精加工余量。

FFP1——平面切削进给速度。

FFD——深度进给速度。

VARI——用于定义加工类型，由三位数字构成，前一位数字可为 0、1、2、3，用来确定轮廓返回位置（0 表示轮廓末端返回 RTP 平面，1 表示轮廓末端返回 RTP+SDIS 平面，2 表示轮廓末端返回 SDIS 平面，3 表示轮廓末端不返回）；中间一位数字可为 0 或 1，用来确定中间路径（0 表示使用 G00 的中间路径，1 表示使用 G01 的中间路径）；后一位数字可为 1 或 2（1 表示完成轮廓铣削粗加工，2 表示完成轮廓铣削精加工）。注意，这三位数字前的零可省略不写，例如，"1"表示轮廓末端返回 RTP 平面，使用 G00 的中间路径，完成轮廓铣削粗加工。

RL——选择刀具补偿方向，"0"表示不采用刀具半径补偿，"1"表示采用 G41 指令，"2"表示采用 G42 指令。

AS1——用于定义接近路径，由两位数字组成，前一位数字可为 0 或 1（0 表示接近平面中的轮廓，1 表示接近空间路径的轮廓）；后一位数字可为 1、2、3（1 表示以切线方式切入工件，2 表示以四分之一圆弧方式切入工件，3 表示以半圆方式切入工件）。

LP1——接近路径的长度，若接近路径为切线，LP1 定义为切线的长度；若接近路径为圆弧，LP1 定义为圆弧半径。

FF3——返回进给速度和平面中间位置的进给速度。

AS2——定义返回路径，其参数设定与 AS1 类似，若 AS2 未设定，则返回路径方式类似于接近路径的方式。

LP2——返回路径的长度，若返回路径为切线，LP2 定义为切线的长度；若返回路径为圆弧，LP2 定义为圆弧半径。

关于参数 AS1、LP1、FF3、AS2、LP2、FFP1 的具体说明如图 4-34 所示。

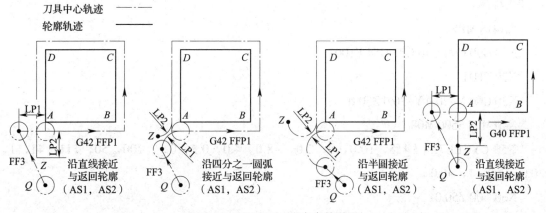

图 4-34　CYCLE72 指令参数说明

（2）指令说明

使用 CYCLE72 指令可以铣削定义在子程序中的任何轮廓。程序循环运行时可根据需要选择有或无刀具半径补偿。现以加工图 4-35 所示工件的轮廓为例，说明 CYCLE72 指令的动作。

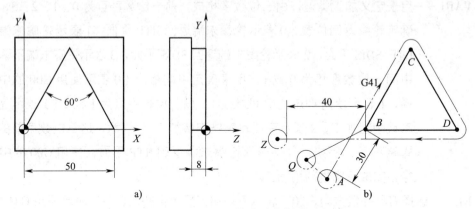

图 4-35　CYCLE72 指令动作与编程实例

a）坐标原点和坐标轴　b）指令动作

1）刀具在 XY 面以 G00 方式到达 Q 点，然后以 FF3 设定的速度运动到 A 点（系统根据轮廓特征点 B 点、C 点和参数 RL、AS1、LP1 自动计算得出），然后以 FF3 设定的速度沿 Z 向运动到距离 Z0 平面为安全间隙的参考平面。

2）刀具按 FFD 指定的进给速度进给至加工深度，按 VARI 指定的方式进行平面铣削，待刀具运动到 Z 点（系统根据轮廓特征点 D 点、B 点和参数 RL、AS2、LP2 自动计算得出），刀具从当前位置以 FF3 设定的速度回退到 RTP 设定平面，此时第一层铣削完毕；然后刀具以 FF3 设定的速度沿 Z 向运动到第二层铣削深度，进行第二层铣削，直至第二层铣削完毕；最后进行第三层铣削，完成工件的加工。

3）刀具在当前位置以 G00 方式退回初始定位的 Z 向高度（程序中的 Z50.0 位置）。

（3）编程实例

例 4-16　用 CYCLE72 指令精加工图 4-35 所示工件的三角形外轮廓，试编写其数控铣削加工程序。

AA418.MPF；

N10 G90 G94 G40 G71 G54 F100；

N20 T1D1；

N30 G00 X-20.0 Y-20.0 Z50.0；

N40 M03 S500 M08；

N50 CYCLE72（L418，10.0，0，2.0，-8.0，4.0，0.2，0.1，100，50，111，41，1，30.0，200，1，40.0）；

N60 G00 Z50.0；

N70 M05；

N80 M30；

L418.SPF；

N10 G01 X0 Y0；

N20 X25.0 Y43.3；

N30 X50.0 Y0；

N40 X0 Y0；

N50 RET；

（4）使用 CYCLE72 指令的注意事项

1）在最初位置编程前，不能在子程序中编写坐标偏移指令。

2）轮廓子程序中的第一段程序应包含 G90 和 G00（或 G90 和 G01）指令并定义轮廓起始点。

3）轮廓程序中不能包含 G40、G41、G42 指令。

3. 螺纹铣削固定循环指令 CYCLE90

（1）指令格式

CYCLE90（RTP，RFP，SDIS，DP，DPR，DIATH，KDIAM，PIT，FFR，CDIR，TYPTH，CPA，CPO）；

式中 RTP、RFP、SDIS、DP、DPR——与钻孔循环指令中的相应参数含义类似，其余参数含义如图 4-36 所示；

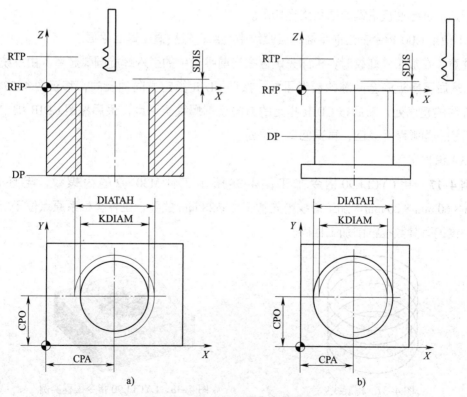

图 4-36 CYCLE90 指令参数说明

DIATH——螺纹大径；

KDIAM——螺纹小径；

PIT——螺纹导程；

FFR——螺旋线切削进给速度；

CDIR——定义铣削方向，由一位数字决定，2 表示采用顺时针方向 G02 方式铣削，3 表示采用逆时针方向 G03 方式铣削；

TYPTH——定义螺纹类型，0 表示内螺纹，1 表示外螺纹；

CPA、CPO——螺纹中心的横坐标和纵坐标（绝对值方式）。

（2）指令说明

现以加工内螺纹时的机床动作为例说明 CYCLE90 循环指令的基本动作。

1）刀具在 XY 面以 G00 方式到达螺孔中心点，用 G00 指令进给至返回平面，至接近安全间隙的参考平面（具体位置由系统自动计算）。

2）刀具按 FFR 指定的进给速度以 G01 方式进给到引入螺旋圆弧起点（由系统自动计算）。

3）按照 CDIR 指定的方向，移至图 4-37 所示切削螺旋线的起点处。

4）按照 CDIR 指定的方向，沿螺旋路径铣削螺纹，螺纹铣刀绕螺纹轴线做 X 向、Y 向插补运动，同时做平行于轴线的 +Z 向运动，即每绕螺纹轴线运行 360°，沿 +Z 向上升一个螺距，三轴联动运行轨迹为一螺旋线，如图 4-37 所示。

5）待螺纹铣削至深度后（螺纹具体深度为接近 DP 的数值），按照相同的旋转方向和 FFR 指定的进给速度沿螺旋圆弧路径切出。

6）使用 G00 指令在当前平面退回螺纹中心点，然后退回返回平面。

注意，在加工外螺纹时，机床先定位在当前平面中的引入螺旋圆弧起点（由系统自动计算），然后至接近安全间隙的参考平面，按照 CDIR 指定方向的反向，移至图 4-37 所示切削螺旋线的起点处，然后按 CDIR 指定的方向铣削螺纹至深度，最后按照 CDIR 指定方向的反向沿切出圆弧路径返回，再退回返回平面。

（3）编程实例

例 4-17　用 CYCLE90 指令加工图 4-38 所示工件 M30×2 的内螺纹，毛坯尺寸为 60 mm×60 mm×20 mm，加工螺纹前先加工出 φ28 mm 的孔，工件坐标系原点位于上表面孔中心，试编写其数控铣削加工程序。

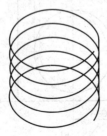

图 4-37　螺旋线

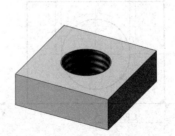

图 4-38　CYCLE90 指令编程实例

AA419.MPF；

N10 G90 G94 G40 G71 G54 F100；

N20 T1D1；

N30 G00 X0 Y0 Z50.0；

N40 M03 S500 M08；

N50 CYCLE90（10.0，0，2.0，−20.0，，30.0，28.0，2.0，50，2，0，0，0）；

N60 G00 Z50.0；

N70 M05；

N80 M30；

（4）注意事项

1）加工自下而上的螺纹时，只需将 RTP 数值与 DP 数值互换即可（注意，深度必须定义成绝对值，在调用循环指令前应将刀具移到返回平面位置或者返回平面下方的位置）。

2）螺纹超出长度计算。在铣削螺纹时，刀具的钻进、钻出动作在三个轴上完成，这会在钻出时导致沿垂直轴方向的附加行程，因此超出了编程的螺纹深度。系统自动按以下公式计算超出的行程：

$$\Delta Z = \frac{P}{4} \times \frac{2 \times WR + RDIFF}{DIATH}$$

式中　ΔZ——超出行程；

P——螺纹导程；

WR——刀具半径；

RDIFF——返回圆的半径差（内螺纹：RDIFF=DIATH/2−WR；外螺纹：RDIFF=DIATH/2+WR）；

DIATH——螺纹大径。

二、槽的铣削

1. 圆弧阵列槽铣削固定循环指令 SLOT1

（1）指令格式

SLOT1（RTP，RFP，SDIS，DP，DPR，NUM，LENG，WID，CPA，CPO，RAD，STA1，INDA，FFD，FFP1，MID，CDIR，FAL，VARI，MIDF，FFP2，SSF）；

例如，SLOT1（10.0，0，5.0，−18.0，，4，20.0，12.0，50.0，45.0，20.0，30.0，60.0，80，150，3.0，2，0.5，0，2.5，50，1000）；

式中　RTP、RFP、SDIS、DP、DPR——与钻孔循环指令中的相应参数含义类似，其余参数含义如图 4-39 所示；

NUM——槽的数量；

LENG、WID——槽的长度和宽度，无符号值；

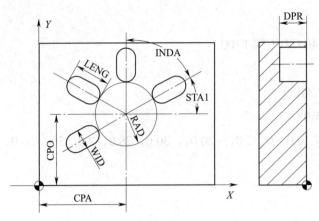

图 4-39 SLOT1 指令参数说明

CPA、CPO——圆弧中心的横坐标和纵坐标，绝对值方式输入；

RAD、STA1、INDA——圆弧半径、槽的起始角和增量角；

FFD、FFP1——深度方向进给速度与端面方向进给速度；

MID——每次进给的深度；

CDIR——加工槽的铣削方向，2 表示 G02 方式，3 表示 G03 方式；

FAL——槽侧的精加工余量；

VARI——加工类型，0 表示完整加工，1 表示粗加工，2 表示精加工；

MIDF——精加工的最大背吃刀量；

FFP2——精加工的进给速度；

SSF——精加工的主轴转速。

（2）指令说明

SLOT1 是一个综合了粗加工与精加工的固定循环指令，使用此循环可以加工分布在圆周上的阵列槽。执行该循环时，工件坐标系根据参数 STA1 和 INDA 进行坐标系的旋转，在深度方向进行分层切削，在工件轮廓方向进行环形切削。加工完一个槽后，刀具移位加工另一个槽。

在加工过程中对刀具直径的要求：槽宽 /2< 铣刀直径 < 槽宽。

（3）编程实例

例 4-18 加工图 4-40 所示工件的四个环形均布槽（以工件上表面对称中心作为工件坐标系原点），环形槽的各参数如下：RAD=20.0，LENG=24.0，WID=16.0，STA1=30.0，INDA=60.0，DPR=8.0。试编写其数控铣削加工程序。

AA420.MPF；

⋮

N50 G00 X0 Y0 Z30.0；

N60 SLOT1（10.0，0，5.0，−8.0，，4，24.0，16.0，0，0，20.0，30.0，60.0，80，150，

图 4-40 SLOT1 指令编程实例

4.0，3，0.5，0，10.0，50，1000）；

⋮

2. 环形槽铣削固定循环指令 SLOT2

（1）指令格式

SLOT2（RTP，RFP，SDIS，DP，DPR，NUM，AFSL，WID，CPA，CPO，RAD，STA1，INDA，FFD，FFP1，MID，CDIR，FAL，VARI，MIDF，FFP2，SSF）；

例如，SLOT2（10，0，5，-18,，3，60，12，50，45，30，15，120，80，150，3，2，0.5，0，2.5，50，1000）；

SLOT2 循环指令中的参数说明如图 4-41 所示。

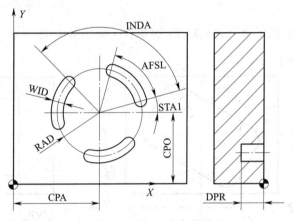

图 4-41 SLOT2 指令参数说明

式中 AFSL——槽的扇形角度；

其余参数与 SLOT1 指令的参数类似。

（2）指令功能

SLOT2 指令主要用于加工圆周均布的环形槽。该循环指令的执行过程与 SLOT1 循环指令的执行过程基本一致。

在加工过程中对刀具直径的要求：槽宽 /2< 铣刀直径 < 槽宽。

（3）编程实例

例 4-19 加工图 4-42 所示工件的三个环形均布槽（以工件上表面对称中心作为工件坐标系原点），环形槽的各参数如下：AFSL=60.0，WID=12.0，RAD=30.0，STA1=15.0，INDA=120.0，DPR=8.0。试编写其数控铣削加工程序。

AA421.MPF；

⋮

N50 G00 X0 Y0 Z30.0；

N60 SLOT2（10.0，0，5.0，-8.0,，3，60.0，12.0，0，

图 4-42 SLOT2 指令编程实例

0，30.0，15.0，120.0，50，100，4.0，3，0.5，0，10.0，50，1000）；

⋮

三、标准型腔的铣削

1. 矩形型腔铣削固定循环指令 POCKET1

（1）指令格式

POCKET1（RTP，RFP，SDIS，DP，DPR，LENG，WID，CRAD，CPA，CPO，STA1，FFD，FFP1，MID，CDIR，FAL，VARI，MIDF，FFP2，SSF）；

例如，POCKET1（10，0，5，−15，，50，30，6，50，40，30，80，150，3，2，0.5，0，2.5，50，1000）；

矩形型腔铣削固定循环指令 POCKET1 的参数说明如图 4-43 所示。

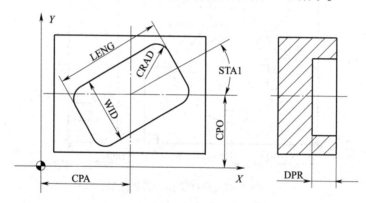

图 4-43　POCKET1 指令参数说明

式中　CRAD——矩形四周圆角半径；

　　　STA1——矩形横向轴与工件坐标系横坐标轴的夹角；

其他参数的含义与 SLOT1 指令中的相应参数含义类似。

（2）指令说明

POCKET1 指令主要用于粗、精铣削矩形型腔，该循环指令的执行过程与 SLOT 循环指令的执行过程基本一致。

（3）编程实例

例 4-20　加工图 4-44 所示工件的矩形型腔（以工件上表面对称中心作为工件坐标系原点），该型腔的各参数如下：LENG=50.0，WID=30.0，CRAD=8.0，STA1=30.0，DPR=10.0。试编写其数控铣削加工程序。

AA422.MPF；

⋮

N50 G00 X0 Y0 Z30.0；

图 4-44　POCKET1 指令编程实例

N60 POCKET1（10.0，0，5.0，–10.0，，50.0，30.0，8.0，0，0，30.0，80，150，5.0，3，0.5，0，12.0，50，1000）；

⋮

2. 圆形型腔铣削固定循环指令 POCKET2

（1）指令格式

POCKET2（RTP，RFP，SDIS，DP，DPR，PRAD，CPA，CPO，FFD，FFP1，MID，CDIR，FAL，VARI，MIDF，FFP2，SSF）；

例如，POCKET2（10，0，5，–15，，20，50，40，80，150，3，2，0.5，0，2.5，50，1000）；

圆形型腔铣削固定循环指令 POCKET2 的参数说明如图 4-45 所示。

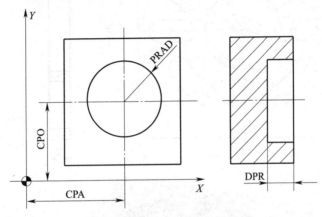

图 4-45　POCKET2 指令参数说明

式中　PRAD——圆形型腔半径；

其他参数的含义与 POCKET1 指令中的相应参数含义类似。

（2）指令说明

POCKET2 指令主要用于粗、精铣削圆形型腔，该循环的执行过程与 SLOT 循环指令的执行过程基本一致。

（3）编程实例

例 4-21　加工图 4-46 所示工件的圆形型腔（以工件上表面对称中心作为工件坐标系原点），该型腔的各参数如下：PRAD=30.0，DP=–10.0。试编写其数控铣削加工程序。

AA423.MPF；

⋮

N50 G00 X0 Y0 Z30.0；

N60 POCKET2（10.0，0，5.0，–10.0，，30.0，0，0，50，120，5.0，3，0.5，0，12.0，50，1000）；

⋮

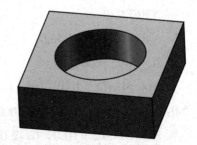

图 4-46　POCKET2 指令编程实例

四、铣削循环编程实例

例 4–22 如图 4-47 所示，工件外轮廓已加工完成，试编写工件中各环形槽和圆形型腔的数控铣削加工程序。

AA424.MPF；

N10 G00 G17 G90 G94 G71 G54 F100；

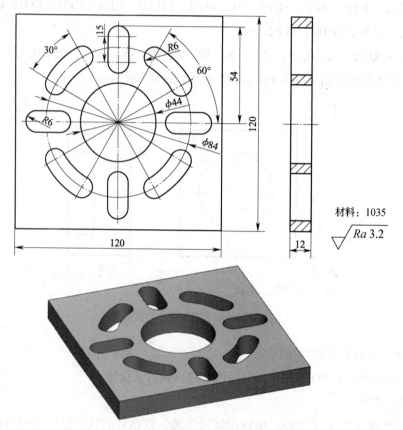

图 4-47　铣削循环编程实例 1

N20 G74 Z0；

N30 T1D1；

N40 G00 X0 Y0 Z30.0；

N50 M03 S600 M08；

N60 SLOT1（10.0，0，2.0，–13.0，，4，27.0，12.0，0，0，28.5，0，90.0，50，100，5.0，3，0.5，0，10.0，50，1000）；　　　　　　（粗、精加工圆弧阵列槽）

N70 SLOT2（10.0，0，2.0，–13.0，，4，30.0，12.0，0，0，42.0，30.0，90.0，50，100，5.0，3，0.5，0，10.0，50，1000）；　　　　　　（粗、精加工环形槽）

N80 POCKET2（10.0，0，2.0，–13.0，，22.0，0，0，50，100，5.0，3，0.5，0，12.0，50，1000）；　　　　　　（粗、精加工圆形型腔）

N90 G00 X0 Y0 Z100.0 M09;

N100 M30;

例 4-23　加工图 4-48 所示的工件，毛坯尺寸为 100 mm×80 mm×22 mm，试编写其数控铣削加工程序。

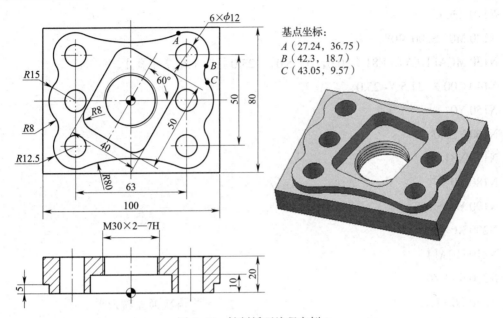

基点坐标：
A（27.24，36.75）
B（42.3，18.7）
C（43.05，9.57）

图 4-48　铣削循环编程实例 2

加工本例工件时，其切削加工步骤如下：

（1）采用 CYCLE71 指令铣削工件上表面。

（2）采用 CYCLE81 指令钻孔（共钻出 7 个孔）。

（3）采用 CYCLE72 指令铣削外轮廓。

（4）采用 POCKET1 指令铣削矩形型腔。

（5）采用 POCKET2 指令铣削圆形型腔（螺纹底孔）。

（6）采用 CYCLE90 指令铣削内螺纹。

（7）采用 CYCLE85 指令铰孔。

加工程序如下：

AA425.MPF;

N10 G90 G94 G80 G71 G17 G54 F100;

N20 G74 Z0;

N30 L6 T1D1;　　　　　　　　　　　　　　（换立铣刀，L6 为 SIEMENS 系统的换刀指令）

N40 G00 X-60.0 Y-50.0;

N50 Z30.0;

N60 M03 S600 M08;

N70 CYCLE71（20.0，2.0，4.0，-50.0，-40.0，0，100.0，80.0，0，3.0，8.0，2.5，0.2，

100, 41, 4.0）;   （铣削上表面）

    N80 G74 Z0;

    N90 L6 T2D1;   （换钻头）

    N100 G00 X0 Y0;

    N110 Z30.0;

    N120 M03 S600 M08;

    N130 MCALL CYCLE81（20.0, 0, 5.0, −23.0）;   （钻 7 个孔）

    N140 G00 X−31.5 Y−25.0;

    N150 Y0;

    N160 Y25.0;

    N170 X31.5;

    N180 Y0;

    N190 Y−25.0;

    N200 X0 Y0;

    N210 MCALL;

    N220 G74 Z0;

    N230 L6 T1D1;   （再次换立铣刀）

    N240 G00 X−60.0 Y−50.0;

    N250 Z30.0;

    N260 M03 S600 M08;

    N270 CYCLE72（L425, 10.0, 0, 2.0, −5.0, 6.0, 0.2, 0.1, 100, 50, 111, 41, 1, 30.0, 200, 1, 40.0）;   （铣削外轮廓）

    N280 G00 X0 Y0;

    N290 POCKET1（10.0, 0, 5.0, −10.0,, 50.0, 40.0, 8.0, 0, 0, 60.0, 80, 150, 5.0, 3, 0.5, 0, 10.0, 50, 1000）;   （粗、精加工方形型腔）

    N300 POCKET2（10.0, −10.0, 2.0, −22.0,, 14.0, 0, 0, 50, 100, 5.0, 3, 0.2, 0, 12.0, 50, 1000）;   （粗、精加工圆形型腔）

    N310 G74 Z0;

    N320 L6 T3D1;   （换螺纹铣刀铣削螺纹）

    N330 G00 Z30.0;

    N340 M03 S600 M08;

    N350 CYCLE90（10.0, −10.0, 2.0, −22.0,, 30.0, 28.0, 2.0, 50, 2, 0, 0, 0）;

    N360 G74 Z0;

    N370 L6 T4D1;   （换铰刀铰孔）

    N380 G00 Z30.0;

N390 M03 S200 M08；

N400 MCALL CYCLE85（20.0，0，5.0，-24.0，，50，100）；

N410 G00 X-31.5 Y-25.0；

N420 Y0；

N430 Y25.0；

N440 X31.5；

N450 Y0；

N460 Y-25.0；

N470 MCALL；

N480 G74 Z0 M09；

N490 M02；

L425.SPF；

N10 G01 X-27.24 Y-36.75；

N20 G02 X-42.3 Y-18.7 CR=12.5；

N30 G03 X-43.05 Y-9.57 CR=8.0；

N40 G02 Y9.57 CR=15.0；

N50 G03 X-42.3 Y18.7 CR=8.0；

N60 G02 X-27.24 Y36.75 CR=12.5；

N70 G03 X27.24 CR=80.0；

N80 G02 X42.3 Y18.7 CR=12.5；

N90 G03 X43.05 Y9.57 CR=8.0；

N100 G02 Y-9.57 CR=15.0；

N110 G03 X42.3 Y-18.7 CR=8.0；

N120 G02 X27.24 Y-36.75 CR=12.5；

N130 G03 X-27.24 CR=80.0；

N140 RET；

第五节 SIEMENS 系统的坐标变换编程

在数控铣床 / 加工中心的编程中，为了达到简化编程的目的，除常用固定循环指令外，还采用一些特殊的坐标变换功能指令。下面将介绍 SIEMENS 802D 系统中常用的坐标变换功能指令。

一、极坐标编程

采用极坐标编程，可以大大减少编程时的计算工作量，因此在编程中得到广泛应用。通常情况下，圆周分布的孔类零件（如法兰类零件）以及图样尺寸以半径和角度形式标示的零件（如正多边形外轮廓）采用极坐标编程较为合适。

1. 极坐标

当使用极坐标指令后，坐标值以极坐标方式指定，即以极坐标半径和极坐标角度确定点的位置。测量半径与角度的起始点称为极点。

极坐标半径是指在指定平面内，指定点到极点的距离，在程序中用 RP 表示。极坐标半径一律用正值表示。

极坐标角度是指在指定平面内，指定点和极点的连线与指定平面第一轴（如 G17 平面的 X 轴）的夹角，在程序中用 AP 表示。极坐标角度的 0° 方向为第一坐标轴的正方向，逆时针方向为角度的正方向。

如图 4-49 所示，A 点与 B 点的坐标相对于极点 O，用极坐标方式可描述如下：

A 点：RP=30.0，AP=0（极坐标半径为 30 mm，极坐标角度为 0°）；

B 点：RP=30.0，AP=60.0（极坐标半径为 30 mm，极坐标角度为 60°）。

2. 极坐标系原点

极坐标系原点指定方式有 G110、G111 和 G112 三种，其指令格式如下：

G110（G111）X__ Y__ Z__；

G112 AP=__ RP=__；

式中　G110——极坐标参数，相对于刀具最近到达的点（即刀具当前位置点）定义极坐标；

　　　G111——极坐标参数，相对于工件坐标系原点定义极坐标；

　　　G112——极坐标参数，相对于上一个有效的极点定义极坐标；

　　　AP=__ ——极坐标角度，数值范围为 ±（0°~360°），其值可以用绝对值表示，也可以用增量值表示，分别用符号 AC 与 IC 表示；

　　　RP=__ ——极坐标半径，其单位为毫米（mm）或英寸（in）；

　　　X__ Y__ Z__ ——相对于定义点的坐标值。

如图 4-50 所示，分别将 A 点、B 点和 C 点（当前刀具中心位置点）指定为极坐标系原点。

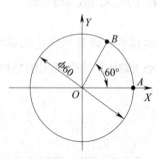

图 4-49　极坐标的表示

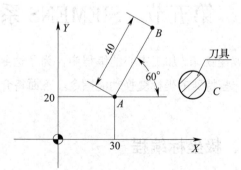

图 4-50　极坐标系原点的指定

A 点：G111 X30.0 Y20.0；　　　　　　　　（相对于工件坐标系原点定义极坐标）

B 点：G112 AP=60.0 RP=40.0；　　　　　　（相对于前一极坐标系原点定义极坐标）

C 点：G110 X0 Y0；　　　　　　　　　　　（当前刀具中心位置点）

3. 极坐标中的刀具移动方式

与笛卡儿坐标系一样，在极坐标系中用 G00/G01/G02/G03 指令加上 AP、RP 指令，可以使刀具完成快速定位、直线插补、顺时针和逆时针圆弧插补等动作。具体指令格式如下：

G00 AP=__ RP=__；

G01 AP=__ RP=__；

G02 AP=__ RP=__ CR=__；

G03 AP=__ RP=__ CR=__；

例如，G01 AP=30.0 RP=40.0；

当使用极坐标进行圆弧编程时，应特别注意指令中的 AP 和 RP 是圆弧终点相对于圆弧圆心的极角与极半径，而不是圆弧终点相对于极点的极角与极半径。

4. 编程实例

例 **4-24**　加工图 4-51 所示的工件，试采用极坐标指令编写其数控铣削加工程序。

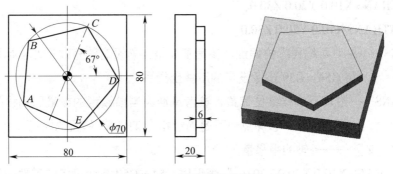

图 4-51　极坐标编程举例

AA426.MPF；

N10 G90 G94 G17 G40 G71 G54；　　　　　　（程序初始化）

N20 G74 Z0；　　　　　　　　　　　　　　（返回 *Z* 向参考点）

N30 T1D1 M03 S600；

N40 G00 X-50.0 Y-50.0；

N50 Z30.0；

N60 G01 Z-6.0 F100；

N70 G111 X0 Y0；　　　　　　　　　　　　（相对于工件坐标系定义极坐标）

N80 G41 G01 RP=35.0 AP=211.0；　　　　　　（*A* 点）

N90 AP=139.0；　　　　　　　　　　　　　（*B* 点）

N100 AP=67.0;　　　　　　　　　　　　　（*C* 点）

N110 AP=355.0;　　　　　　　　　　　　　（*D* 点）

N120 AP=283.0;　　　　　　　　　　　　　（*E* 点）

N130 AP=211.0;　　　　　　　　　　　　　（*A* 点）

N140 G40 G01 X−50.0 Y−50.0;

N150 G00 Z50.0;

N160 M30;

二、坐标平移

用 TRANS 和 ATRANS 指令可以平移当前坐标系。如果工件上不同的位置有重复出现的需加工的形状或结构，或者为方便编程要选用一个新的参考点，可用此项功能。使用坐标平移功能后，会根据平移量产生一个新的当前坐标系，新输入的尺寸均是在当前坐标系中的数据。

1. 指令格式

TRANS X__ Y__ Z__;

ATRANS X__ Y__ Z__;

例如，TRANS X10.0 Y20.0 Z30.0;

　　　　ATRANS X10.0 Y20.0 Z30.0;

式中　TRANS——绝对可编程零位偏置，参考基准是当前设定的有效工件坐标系原点，即使用 G54～G59 指令设定的工件坐标系。

　　　ATRANS——附加可编程零位偏置，参考基准为当前设定的或最后编程的有效工件坐标系原点，该原点也可是通过指令 TRANS 偏置的原点。

　　　X__ Y__ Z__ ——各轴的平移量。

例如，"TRANS X10.0 Y20.0 Z30.0;"表示以 G54～G59 指令设定的工件坐标系原点为基点执行坐标系平移，平移的距离为"X10.0 Y20.0 Z30.0"。

"ATRANS X10.0 Y20.0 Z30.0;"表示以最后编程有效的工件坐标系原点为基点执行坐标系平移，平移的距离为"X10.0 Y20.0 Z30.0"。如果在同一程序中先执行"TRANS X10.0 Y20.0 Z30.0;"，再执行"ATRANS X10.0 Y20.0 Z30.0;"，则经过两次坐标平移后的原点相对于 G54 指令设定的工件坐标系原点偏移了"X20.0 Y40.0 Z60.0"的距离。

2. 用坐标平移指令编程的注意事项

如果在 TRANS 指令后面没有轴移动参数，该指令将取消程序中所有的框架，仍保留原工件坐标系。

所谓框架，是 SIEMENS 802D/840D/810D 系统中用来描述坐标系平移或旋转等几何运算的术语。框架用于描述从当前工件坐标系开始到下一个目标坐标系的坐标或角度变化。常用的框架有坐标平移（TRANS、ATRANS）、坐标系旋转（ROT、AROT）、比例缩放（SCALE、ASCALE）、坐标镜像（MIRROR、AMIRROR）。

以上所有的框架指令在程序中必须单独占一行。

3. 编程实例

例 4-25 加工图 4-52 所示工件的四个凸台轮廓，试采用坐标平移指令编写其加工程序。

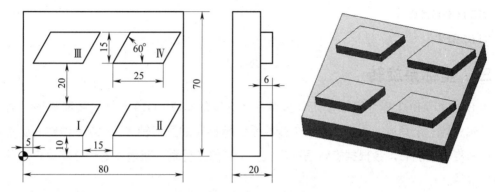

图 4-52 坐标平移编程实例

AA427.MPF；

N10 G90 G94 G17 G40 G71 G54；   （程序初始化）

N20 G74 Z0；   （返回 Z 向参考点）

N30 T1D1 M03 S600 F100；

N40 TRANS X5.0 Y10.0；   （绝对平移）

N50 L427；   （加工轮廓 I ）

N60 ATRANS X40.0；   （附加平移）

N70 L427；   （加工轮廓 II ）

N80 ATRANS；   （取消坐标平移）

N90 TRANS X5.0 Y45.0；   （绝对平移）

N100 L427；   （加工轮廓 III ）

N110 ATRANS X40.0；   （附加平移）

N120 L427；   （加工轮廓 IV ）

N130 ATRANS；   （取消坐标平移）

N140 G74 Z0；   （程序结束部分）

N150 M30；

L427.SPF；   （轮廓子程序）

N10 G00 Z10.0；

N20 X-10.0 Y-10.0；

N30 G01 Z-6.0；

N40 G41 G01 X27.0 Y0；

N50 X0；

N60 X8.66 Y15.0；

N70 X33.66；

N80 X25.0 Y0；

N90 G40 G01 X30.0 Y−10.0；

N100 G00 Z5.0；

N110 RET；

三、坐标系旋转

用 ROT 和 AROT 指令可以使工件坐标系在选定的 G17～G19 平面内绕着与该平面垂直的坐标轴旋转一个角度；也可以使工件坐标系绕着指定的几何轴 X、Y 或 Z 做空间旋转。使用坐标系旋转功能后，会根据旋转情况产生一个当前坐标系，新输入的尺寸均是在当前坐标系中的数据。

1. 指令格式

ROT RPL=__；

AROT RPL=__；

例如，G17 ROT RPL=30.0；

　　　　G18 AROT RPL=30.0；

式中　ROT——绝对可编程坐标系旋转，参考基准是通过 G54～G59 指令建立的工件坐标系原点。

　　　AROT——附加可编程坐标系旋转，参考基准为当前设定的或最后编程的有效工件坐标系原点，该原点也可是通过指令 ROT 偏置的原点。

　　　RPL——在平面内的旋转角度。对于平面旋转指令，旋转轴为与该平面垂直的轴，从旋转轴的正方向向该平面看，逆时针方向为正方向，顺时针方向为负方向。

例如，"G17 ROT RPL=30.0；"表示以编程坐标系原点为基点，在 G17 平面内绕 Z 轴转过 30°。

"G18 AROT RPL=30.0；"表示以当前设置的坐标系原点为基点，在 G18 平面内绕 Y 轴转过 30°。

2. 用坐标系旋转指令编程的注意事项

如果在镜像指令 MIRROR 后用 AROT 指令编辑一个附加的旋转，则其旋转方向与镜像前相反。

坐标系旋转指令的取消与坐标平移指令的取消类似，如果 ROT 指令后面没有轴参数，则前面所有编程的框架被取消。

3. 编程实例

例 4–26　加工图 4–53 所示的工件，毛坯尺寸为 80 mm×80 mm×20 mm，试采用坐标系旋转指令编写其加工程序。

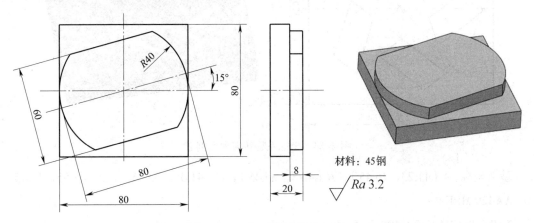

图 4–53　坐标系旋转编程实例 1

AA428.MPF；

N10 G90 G94 G17 G40 G71 G54；　　　　　　　　（程序初始化）

N20 G74 Z0；　　　　　　　　　　　　　　　　（返回 Z 向参考点）

N30 T1D1；

N40 M03 S600 F100；

N50 G00 X50.0 Y–50.0；

N60 Z20.0；

N70 G01 Z–8.0；

N80 ROT RPL=15.0；　　　　　　　　　　　　（坐标系逆时针旋转 15°）

N90 G41 G01 Y–30.0；

N100 X–26.46；

N110 G02 Y30.0 CR=40.0；

N120 G01 X26.46；

N130 G02 Y–30.0 CR=40.0；

N140 G40 G01 X50.0 Y–50.0；

N150 ROT；

N160 G00 Z50.0；　　　　　　　　　　　　　　（程序结束部分）

N170 M30；

例 4–27　加工图 4–54 所示工件上的图案（加工深度为 1 mm），试编写其数控铣削加工程序。

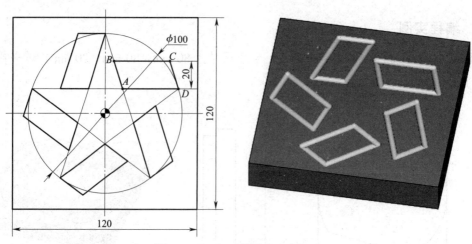

图 4-54　坐标系旋转编程实例 2

基点坐标: A（11.23，15.45），B（4.73，35.45），C（41.05，35.45），D（47.55，15.45）。

AA429.MPF;

N10 G90 G94 G17 G40 G71 G54;　　　　　　　　（程序初始化）

N20 G74 Z0;　　　　　　　　　　　　　　　　（返回 Z 向参考点）

N30 T1D1;

N40 M03 S600 F100;

N50 G00 X0 Y0;

N60 Z20.0;

N70 L429;

N80 ROT RPL=72.0;　　　　　　　　　　　　（坐标系旋转 72°）

N90 L429;

N100 AROT RPL=72.0;　　　　　　　　　　　（附加坐标系旋转 72°）

N110 L429;

N120 AROT RPL=72.0;　　　　　　　　　　　（附加坐标系旋转 72°）

N130 L429;

N140 AROT RPL=72.0;　　　　　　　　　　　（附加坐标系旋转 72°）

N150 L429;

N160 AROT;　　　　　　　　　　　　　　　（取消坐标系旋转）

N170 G00 Z50.0;

N180 M30;

L429.SPF;

N10 G00 X11.23 Y15.45;

N20 G01 Z-1.0;

N30 X4.73 Y35.45;

N40 X41.05；

N50 X47.55 Y15.45；

N60 X11.23；

N70 G01 Z5.0；

N80 RET；

四、坐标镜像

使用坐标镜像指令可实现沿某一坐标轴或某一坐标点的对称加工。在 SIEMENS 802D/840D/810D 系统中，采用 MIRROR 或 AMIRROR 指令实现坐标镜像功能。

1. 指令格式

MIRROR X0 Y0 Z0；

AMIRROR X0 Y0 Z0；

例如，G17 MIRROR X0；

　　　　G17 AMIRROR Y0；

式中　　MIRROR——绝对可编程镜像，相对于 G54～G59 指令设定的当前有效坐标系的绝对镜像；

　　　　AMIRROR——相对可编程镜像，参考当前有效设定或编程坐标系的补充镜像；

　　　　X0 Y0 Z0——将改变方向的坐标轴。

例如，"G17 MIRROR X0；"表示在 G17 平面内以 Y 坐标轴作为镜像轴，沿 X 轴镜像。

"G17 AMIRROR Y0；"表示在 G17 平面内以 X 坐标轴作为镜像轴，沿 Y 轴补充镜像。

2. 用坐标镜像指令编程的注意事项

（1）在指定平面内执行镜像指令时，如果程序中有圆弧指令，则圆弧的旋转方向相反，即 G02 变成 G03，G03 变成 G02。

（2）在指定平面内执行镜像指令时，如果程序中有刀具半径补偿指令，则刀具半径补偿的偏置方向相反，即 G41 变成 G42，G42 变成 G41。

（3）在使用镜像功能时，由于数控机床的 Z 轴安装有刀具，因此一般情况下不在 Z 轴方向执行镜像功能。

（4）MIRROR 后面如不带任何参数，则取消所有以前激活的框架指令。

（5）在 SIEMENS 系统中使用镜像指令时，其镜像的原点为编程时的工件坐标系原点。

3. 编程实例

例 4-28　试用镜像指令编写图 4-55 所示工件轮廓的数控铣削加工程序。

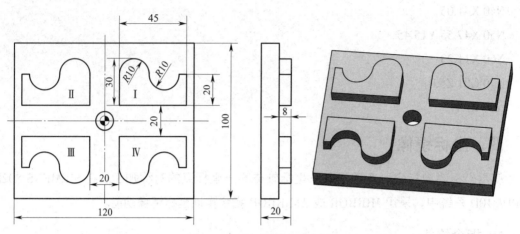

图 4-55　坐标镜像编程实例

AA430.MPF；	（轮廓加工主程序）
N10 G90 G94 G17 G71 G54；	（程序初始化）
N20 T1D1 F100；	
N30 G00 X0 Y0；	
N40 Z30.0；	
N50 M03 S600 M08；	
N60 L430；	（加工轮廓Ⅰ）
N70 MIRROR X0；	（沿 Y 轴镜像）
N80 L430；	（加工轮廓Ⅱ）
N90 AMIRROR Y0；	（沿 X 轴镜像）
N100 L430；	（加工轮廓Ⅲ）
N110 AMIRROR X0；	（沿 Y 轴镜像）
N120 L430；	（加工轮廓Ⅳ）
N130 MIRROR；	
N140 G74 Z0 M09；	
N150 M30；	
L430.SPF；	（轮廓Ⅰ的子程序）
N10 G00 X0 Y0；	（快速移到当前坐标系的零点）
N20 G01 Z−8.0 F100；	
N30 G41 G01 X10.0 Y0；	
N40 G01 Y30.0；	
N50 G02 X30.0 CR=10.0；	
N60 G03 X50.0 CR=10.0；	
N70 G01 X55.0；	

N80 Y10.0;

N90 X10.0

N100 G40 G01 X0 Y0;

N110 Z5.0;

N120 RET;　　　　　　　　　　　　　　　　（返回主程序）

五、比例缩放

在数控编程中，对于一些形状相同但尺寸不同的零件，为了达到方便编程的目的，常采用比例缩放指令（SCALE、ASCALE）进行编程。使用此功能指令进行编程后，系统会根据比例缩放量产生一个当前坐标系，新输入的尺寸均是在当前坐标系中的数据。

1. 指令格式

SCALE X__ Y__ Z__;

ASCALE X__ Y__ Z__;

例如，SCALE X2.0 Y1.5 Z1.0;

　　　　ASCALE X2.0 Y1.5 Z1.0;

式中　SCALE——参考 G54～G59 指令设定的当前有效坐标系原点进行比例缩放；

　　　ASCALE——参考当前有效设定或编程坐标系进行附加比例缩放；

　　　X__ Y__ Z__——各轴的缩放因子。

例如，"SCALE X2.0 Y1.5 Z1.0;"表示以当前由 G54～G59 指令设定的工件坐标系原点作为缩放基点，在 X 向的缩放比例系数为 2，Y 向的缩放比例系数为 1.5，Z 向的缩放比例系数为 1。

"ASCALE X2.0 Y1.5 Z1.0;"表示以当前设定的有效坐标系（如平移、缩放、旋转坐标系等）的原点为基点进行缩放，在 X 向的缩放比例系数为 2，Y 向的缩放比例系数为 1.5，Z 向的缩放比例系数为 1。

2. 比例缩放中的注意事项

（1）如果在比例缩放后再进行坐标系的平移，则坐标系平移值也进行比例缩放。

例如，SCALE X2.0 Y1.5;

　　　　ATRANS X20.0 Y30.0;

执行平移指令后，实际的平移距离为"X40.0 Y45.0"。

（2）如果轮廓中有圆弧轮廓时，两个轴的缩放比例系数必须一致。

（3）比例缩放对刀具偏置值和刀具补偿值无效。

（4）如果在 SCALE 指令后没有轴移动参数，将取消程序中所有的框架，仍保留原工件坐标系。

（5）在 SIEMENS 系统中使用比例缩放指令时，其缩放中心为编程时的工件坐标系原点。

3. 编程实例

例 **4-29** 用 $R2$ mm 球头铣刀加工图 4-56 所示工件的梅花图案，中间的图形缩放比例系数（参照外部形状）为 0.6。试编写其数控铣削加工程序。

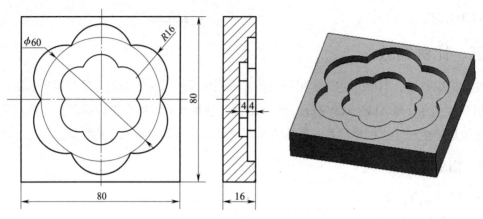

图 4-56 比例缩放编程实例

AA431.MPF；	（轮廓加工主程序）
N10 G90 G94 G17 G71 G54；	（程序初始化）
N20 G74 Z0；	
N30 T1D1 F100；	
N40 G00 X0 Y0；	
N50 Z10.0；	
N60 M03 S600 M08；	
N70 G01 Z−4.0；	
N80 L431；	（加工外轮廓）
N90 G01 Z−8.0；	
N100 SCALE X0.6 Y0.6；	（缩放比例系数为 0.6）
N110 L431；	（加工内轮廓）
N120 SCALE；	
N130 G74 Z0 M09；	
N140 M30；	
L431.SPF；	
N10 G41 G01 X30.0 Y0；	
N20 G03 X15.0 Y25.98 CR=16.0；	
N30 G03 X−15.0 CR=16.0；	
N40 G03 X−30.0 Y0 CR=16.0；	
N50 G03 X−15.0 Y−25.98 CR=16.0；	

N60 G03 X15.0 CR=16.0；

N70 G03 X30.0 Y0 CR=16.0；

N80 G40 G01 X0 Y0；

N90 RET；

第六节 参 数 编 程

SIEMENS 系统中的参数编程与 FANUC 系统中的用户宏程序编程功能相似，SIEMENS 系统中的 R 参数就相当于用户宏程序中的变量。在 SIEMENS 系统中，可以通过对 R 参数进行赋值、运算等处理，从而使程序实现一些按规律变化的动作，进而提高程序的灵活性和实用性。

一、参数

1. R 参数的表示

R 参数由地址 R 与若干位（通常为三位）数字组成，如 R1、R10、R105 等。

2. R 参数的引用

除地址 N、G、L 外，R 参数可以用来代替其他任何地址字后面的数值，但是使用参数编程时，地址字与参数间必须通过"="连接，这一点与宏程序编程不同。

例如，G01 X=R10 Y=−R11 F=100−R12；

当 R10=100，R11=50，R12=20 时，上式即表示为"G01 X100.0 Y−50.0 F80；"。

参数可以在主程序和子程序中进行定义（赋值），也可以与其他指令编在同一程序段中。

例如，：

　　　R1=10 R2=20 R3=−5 M03 S500；

　　　G01 X=R1 F100；

　　　：

在参数赋值过程中，数值取整数值时可省略小数点，正号可以省略不写。

3. R 参数的种类

R 参数分为三类，即自由参数、加工循环传递参数和加工循环内部计算参数。

R0～R99 为自由参数，可以在程序中自由使用。

R100～R249 为加工循环传递参数。如果在程序中没有使用固定循环，则这部分参数也可以自由使用。

R250～R299 为加工循环内部计算参数。同样，如果在程序中没有使用固定循环，则这部分参数也可以自由使用。

二、参数的运算

1. 参数运算格式

R 参数的运算与 B 类宏变量运算相同，也是直接使用运算表达式进行的。R 参数的运算格式见表 4-5。

表 4-5 R 参数的运算格式

功能	格式	备注与具体示例
定义、转换	Ri=Rj	R1=R2 R1=30
加法	Ri=Rj+Rk	R1=R1+R2 R1=R1–R2 R1=R1*R2 R1=R1/R2
减法	Ri=Rj–Rk	
乘法	Ri=Rj*Rk	
除法	Ri=Rj/Rk	
正弦	Ri=SIN（Rj）	R10=SIN（R1） R10=COS（36.3+R2）
余弦	Ri=COS（Rj）	
正切	Ri=TAN（Rj）	
平方根	Ri=SQRT（Rj）	R10=SQRT（R1*R1–100）

在参数运算过程中，函数 SIN、COS 等的角度单位是度（°），分和秒要换算成度（°），例如，90°30′换算成 90.5°，而 30°18′换算成 30.3°。

2. 参数运算次序

R 参数的运算次序依次为函数运算（如 SIN、COS、TAN 等）、乘除运算（如 *、/、AND 等）、加减运算（如 +、–、OR、XOR 等）。

例如，R1=R2+R3*SIN（R4）的运算次序为：

①函数运算 SIN（R4）。

②乘除运算 R3*SIN（R4）。

③加减运算 R2+R3*SIN（R4）。

在 R 参数的运算过程中，允许使用括号改变运算次序，且括号允许嵌套使用。

例如，R1=SIN（（（R2+R3）*R4+R5）/R6）

三、跳转指令

跳转指令起到控制程序流向的作用。

1. 无条件跳转

无条件跳转的指令格式如下：

GOTOB LABEL；

GOTOF LABEL；

式中 GOTOB——带向后跳转目的的跳转指令（朝程序开头跳转）；

GOTOF——带向前跳转目的的跳转指令（朝程序结尾跳转）；

LABEL——跳转目的，程序内标号，如果写成"LABEL："，则可跳转到其他程序名中。

例 4–30 ：

```
N20 GOTOF MARK2；              （向前跳转到 MARK2）
N30 MARK1：R1=R1+R2；         （MARK1）
    ⋮
N60 MARK2：R5=R5−R2；          （MARK2）
    ⋮
N100 GOTOB MARK1；            （向后跳转到 MARK1）
    ⋮
```

在本例无条件跳转指令中，当执行到程序段 N20 时，无条件向前跳转到标记符 MARK2，即程序段 N60 处执行；而当执行到程序段 N100 时，无条件向后跳转到标记符 MARK1，即程序段 N30 处执行。

2. 条件跳转

条件跳转的指令格式如下：

IF 条件表达式 GOTOB LABEL；

IF 条件表达式 GOTOF LABEL；

式中 IF——跳转条件引入符；

条件表达式——跳转条件既可以是任何对比，也可以是逻辑操作（结果为 TRUE 或 FALSE，如果结果是 TRUE，则实行跳转）。

运算比较符书写格式见表 4–6。

表 4–6 运算比较符书写格式

运算符	书写格式	运算符	书写格式
等于	==	大于	>
不等于	<>	小于或等于	<=
小于	<	大于或等于	>=

跳转条件表达式的书写格式有以下多种形式：

（1）IF R1>R2 GOTOB MA1；

此条件表达式为单一比较式，如果 R1 大于 R2，则跳转到 MA1。

（2）IF R1>=R2+R3*31 GOTOF MA1；

此条件表达式为复合形式。

（3）IF R1 GOTOF MA1；

在条件表达式中允许确定一个变量，如果变量值为 0（=FALSE），则条件不满足；而对于其他所有值，则条件满足，进行跳转。

（4）IF R1==R2 GOTOB MA1 IF R1==R3 GOTOB MA2；

如果一个程序段中有多个条件跳转，则当第一个条件满足后就进行跳转。

四、R 参数编程实例

例 4-31　加工图 4-57 所示工件的外轮廓，试采用 R 参数编写其数控铣削加工程序。

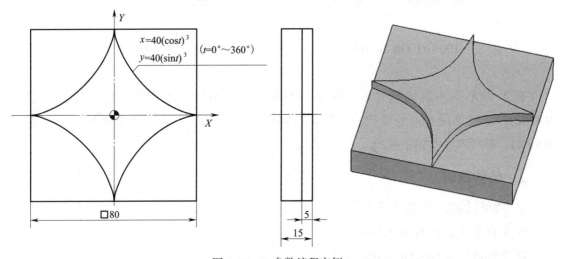

图 4-57　R 参数编程实例 1

本例工件以角度作为自变量，其变化范围为 0°～360°；轮廓上各点的 X 坐标和 Y 坐标作为因变量。编程过程中使用以下变量进行运算。

R1：角度变量。

R2：X 坐标变量，R2=40*COS（R1）*COS（R1）*COS（R1）。

R3：Y 坐标变量，R3=40*SIN（R1）*SIN（R1）*SIN（R1）。

AA432.MPF；　　　　　　　　　　　　　　　　　　　　（轮廓加工主程序）

N10 G90 G94 G17 G71 G54；　　　　　　　　　　　　　（程序初始化）

N20 G74 Z0；

N30 T1D1 F100；

N40 G00 X60.0 Y-20.0；

N50 Z10.0；

N60 M03 S800 M08；

N70 G01 Z-5.0 F100；　　　　　　　　　　　　（刀具 Z 向落刀至加工位置）

N80 G41 G01 X50.0 Y0 D01；　　　　　　　　（切线方向切入）

N90 R1=360.0；　　　　　　　　　　　　　　（角度变量赋初值）

N100 MA1：R2=40*COS（R1）*COS（R1）*COS（R1）；（X 坐标值）

N110 R3=40*SIN（R1）*SIN（R1）*SIN（R1）；　　（Y 坐标值）

N120 G01 X=R2 Y=R3；

N130 R1=R1-1.0；

N140 IF R1>=0 GOTOB MA1；

N150 G74 Z0 M09；

N160 M30；

例 4-32　用 φ16 mm 立铣刀加工图 4-58 所示工件的锥台，试采用 R 参数编写其数控铣削加工程序。

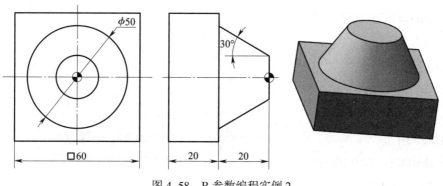

图 4-58　R 参数编程实例 2

加工本例工件时，先精加工出 φ50 mm 圆柱。精加工时采用 R 参数编程，加工过程中刀具在 XY 平面内加工一整圆后，刀具 Z 向抬高 0.1 mm，通过参数运算计算出相应的 X 值和 Z 值，再继续加工整圆，如此循环，直至刀具抬高到锥台顶面处退出循环。R 参数的计算如图 4-59 所示，Z 值为自变量，每次变化 0.2 mm；X 值为因变量，X=25-Z*TAN（30）。

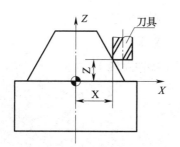

R1：锥台底平面与刀具间的 Z 向高度(图中尺寸Z)

R2：刀位点在工件坐标系中的 Z 坐标值

R3：锥台各点 X 坐标，X=25-Z*TAN（30）

图 4-59　R 参数的计算

```
AA433.MPF;                              （主程序）
N10 G90 G40 G71 G17 G94 G54 F100;      （程序初始化）
N20 T1D1 M03 S600;
N30 G00 X40.0 Y40.0;
N40 Z20.0;
N50 G01 Z0;
N60 BB433P4;                            （去余量，Z向分层切削）
N70 G01 Z5.0;
N80 G00 X30.0 Y30.0;
N90 CC433;                              （调用锥台精加工程序）
N100 G74 Z0;
N110 M05;
N120 M30;
BB433.SPF;                              （去余量子程序）
N10 G91 G01 Z-5.0;                      （每次切入深度为 5 mm）
N20 G90 G41 G01 X25.0 Y25.0;
N30 Y0;
N40 G02 I-25.0 J0;
N50 G40 G01 X40.0 Y40.0;
N60 RET;
CC433.SPF;                              （锥台精加工子程序）
N10 R1=0 R2=-20.0 R3=25.0;              （参数赋初值）
N20 MA1: G01 Z=R2;
N30 G41 G01 X=R3 Y10.0;
N40 Y0;
N50 G02 I=-R3 J0;
N60 G40 X30.0 Y30.0;                    （刀具运行一整圆轨迹）
N70 R1=R1+0.2;                          （刀具每次抬高 0.2 mm）
N80 R2=R2+0.2;                          （Z坐标值）
N90 R3=25.0-R1*TAN（30.0）              （X坐标值）
N100 IF R2<=0 GOTOB MA1;                （条件跳转）
N110 RET;
```

第七节　SIEMENS 系统数控铣床 / 加工中心的操作

由于数控机床的生产厂家众多，同一系统数控机床的操作面板各不相同，但由于系统的功能相同，因此操作方法也基本相同。

一、SIEMENS 802D 数控铣床操作面板

现以 SIEMENS 802D 数控系统为例进行叙述，其数控铣床操作面板如图 4-60 所示。为了便于阅读，本书将操作面板上的按键分为以下三组：

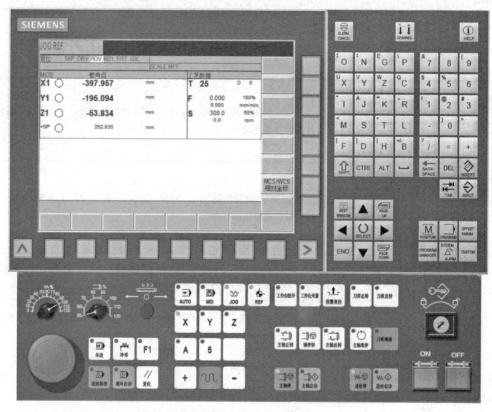

图 4-60　SIEMENS 802D 数控铣床操作面板

1. 机床控制面板按键

机床控制面板按键（旋钮、按钮）为机床生产厂家自定义功能键，位于操作面板下方和右方。本书中用加 " " 的字母或文字表示，如 "机床启动" 等。

2. MDI 功能键

MDI 功能键位于显示屏下侧，只要系统型号相同，其功能键的含义和位置也相同。本书用加 " ▭ " 的字母或文字表示，如 OFFSET PARAM 、 CUSTOM 等。

3. 显示屏软键

显示屏下的软键在本书中用加"[ ]"的字母或文字表示，如［参数］、［综合］等。

二、数控铣床操作面板按钮和按键及其功能介绍

1. 机床控制面板按钮和按键功能介绍

SIEMENS 802D 机床控制面板按钮和按键功能见表 4-7。

表 4-7　　　　　　　　　　　SIEMENS 802D 机床控制面板按钮和按键功能

名称	图示	功能
机床总电源开关		机床总电源开关一般位于机床的侧面，置于"1"时为主电源开
系统电源开关		按下"机床启动"按钮（绿色），向机床润滑系统、冷却系统等机械部件和数控系统供电
紧急停止按钮	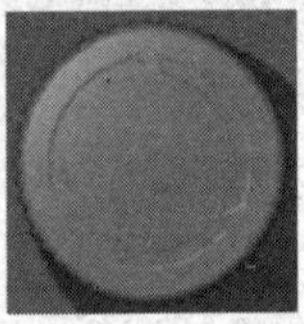	当出现紧急情况而按下"急停"按钮时，在显示屏上出现"EMG"字样，机床报警指示灯亮
厂家自定义键		可控制机床切削液的开启与关闭、气动冷却的开关、机床照明的开关，能对机床进行点动润滑及超程的解除
模式选择按键	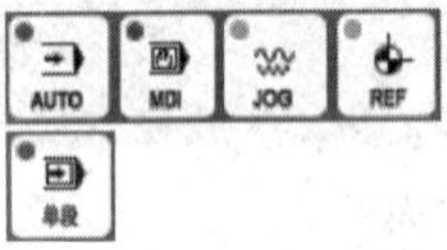	：在该模式下可进行手动切削连续进给、手动快速进给、程序编辑、对刀等操作 ：在该模式下可进行回参考点操作 ：可使机床自动运行程序 ：自动运行模式下的单段运行 ：进行手动数据（如参数等）输入的操作 注：以上模式选择按键除"单段"和"AUTO"可复选外，其余按键均为单选按键，只能选择其中的一个
主轴功能按键		：主轴正转按键 ：主轴停转按键 ：主轴反转按键 ：主轴准停按键 注：以上按键仅在"JOG"模式下有效

续表

名称	图示	功能
"JOG"进给及其进给方向键	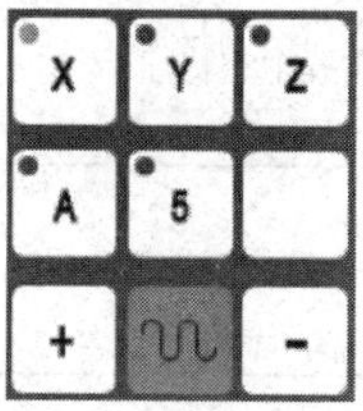	在"JOG"模式下，按下指定轴的方向键不松开，即可实现刀具沿指定的方向进行手动连续慢速进给，进给速度可通过进给速度倍率旋钮进行调节 按下快速移动按键 ▦ 不松开，再按下指定轴的方向键不松开，即可实现该方向上的快速进给
主轴倍率旋钮		在主轴旋转过程中，可以通过主轴倍率旋钮对主轴转速进行50%～120%的无级调速。同样，在程序执行过程中，也可对程序中指定的转速进行调节
进给速度倍率旋钮		在手动连续进给中，可以通过进给速度倍率旋钮对进给速度进行调节，范围为0～120%。同样，在程序执行过程中，也可对程序中指定的进给速度进行调节
自动运行控制键		▦："循环暂停"按键，又称进给保持键 ▦："循环启动"按键

2. MDI 功能键功能介绍

MDI 功能键的功能见表 4-8。

表 4-8　　　　　　　　　　　　　　MDI 功能键的功能

名称	图示	功能
数字键	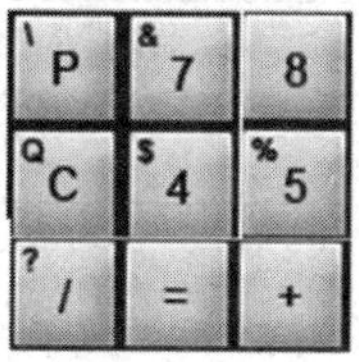	用于输入数字 1～9 和 "+" "−" "*" "/" 等运算符
运算键		
字母键		用于输入 A、B、C、X、Y、Z、I、J、K 等字母
退格键		按下该键，删除光标前一个字符
删除键		按下该键，删除光标当前位置的字符
插入键		该键用于程序编辑过程中程序字的插入

续表

名称	图示	功能
制表键	 TAB	按下该键，在当前光标位置前插入五个空格
确认键	 INPUT	用于确认输入内容，编程时按下该键，光标另起一行
上挡键	 SHIFT	用于输入上挡字符
控制键	 CTRL	起控制作用，与其他键组合使用
替代键	 ALT	用于程序编辑过程中程序字的替代
空格键	 ␣	用于在文本或程序中插入空格
下个窗口键	 NEXT WINDOW	按下该键，显示下一个窗口
结束键	 END	按下该键，使光标移至该程序段的结尾处
功能选择键	 SELECT	该键用于机床模式的选择与转换
翻页键	 PAGE UP	用于向程序开始的方向翻页
	 PAGE DOWN	用于向程序结束的方向翻页
光标移动键	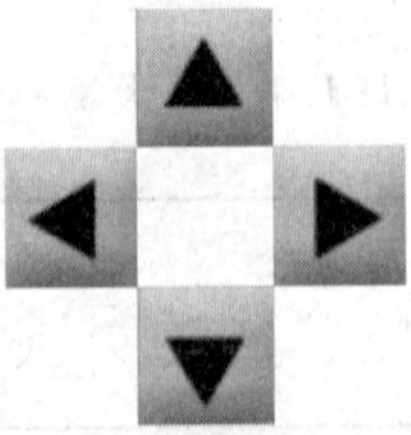 ▲ ◀ ▶ ▼	光标移动键共四个，使光标上下或左右移动
位置显示键	 POSITON	按下该键，显示当前加工位置的机床坐标值或工件坐标值
程序显示键	 PROGRAM	按下该键，显示正在执行或编辑的程序内容

续表

名称	图示	功能
参数设置键	OFFSET PARAM	按下该键，可设置及显示刀具补偿值、工件坐标系
程序管理键	PROGRAM MANAGER	按下该键，将显示存储器中的所有程序号列表
报警键	SYSTEM ALARM	按下该键，可显示各种系统报警信息
自定义键	CUSTOM	该键由生产厂家自定义
报警取消键	ALARM CANCEL	该键用于消除数控系统（包括机床）的报警信号
通道转换键	1…n CHANNEL	用于通道转换
帮助键	HELP	为操作人员提供报警信息与帮助

3. 显示屏划分与显示屏软键功能介绍

SIEMENS 802D 系统的显示屏划分与显示屏软键如图 4-61 所示，分为状态区、应用区、说明和软键区三部分。SIEMENS 802D 系统的显示屏软键较为复杂，本书将在操作过程中介绍各软键的功能。

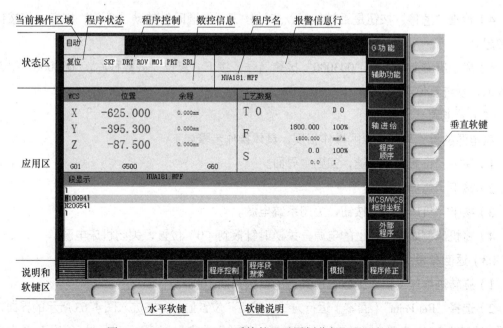

图 4-61　SIEMENS 802D 系统的显示屏划分与显示屏软键

三、机床操作

1. 机床电源的开 / 关及返回参考点

（1）开电源

1）检查机床和数控系统各部分初始状态是否正常。

2）将机床侧面电气柜上的电源开关顺时针扳到"1"位置，接通机床电源。

3）按下机床面板上的"机床启动"按钮，数控系统开始启动，显示图 4-62 所示的开机界面。

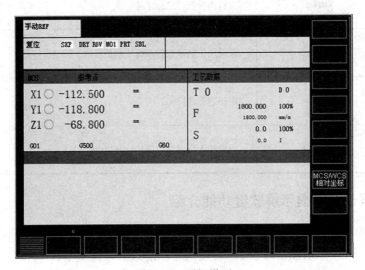

图 4-62　开机界面

4）检查"急停"按钮是否被按下，如被按下，需顺时针转动"急停"按钮，使按钮向上弹起。

5）显示屏右上角闪烁"003000"报警信号，按下"复位"键数秒后，"003000"报警信号取消，系统复位。

（2）关电源

关电源的操作与开电源的操作相反，具体操作步骤如下：

1）按下"位置显示"键，回到主界面。

2）按下"急停"按钮。

3）按下"机床关闭"按钮，关闭系统电源。

4）将机床侧面电气柜上的电源开关逆时针扳到"0"位置，关闭机床电源。

（3）返回参考点（简称"回零"）

1）旋转进给速度倍率旋钮，使其上的箭头指向 100%。

2）选择"Ret Point"（回零）运行方式，按下"位置显示"键进入图 4-63 所示的界面，若界面中显示"○"，表示坐标轴未回到参考点；若显示"⊕"，则表示坐标轴已经返回参考点。

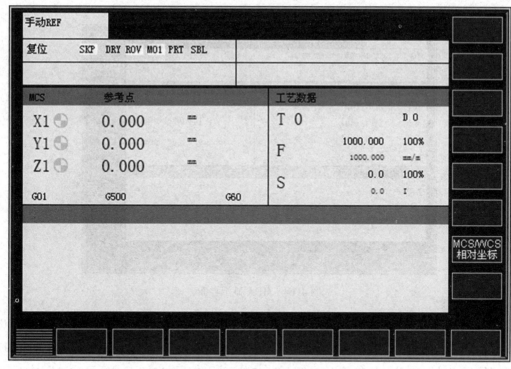

图 4-63 机床返回参考点界面

3）按住 "+Z" 键，使刀架向 Z 轴正向移动，显示屏上的图标由 "Z1 ○" 变成 "Z1 ⦿"，表示 Z 轴已经回到参考点。

4）按照同样的方法，分别使 X 轴和 Y 轴返回参考点。

X 轴、Y 轴、Z 轴回参考点后，显示屏显示内容如图 4-63 所示。通常情况下，在返回参考点操作结束后，还需采用 JOG（手动）方式结束回参考点状态，并按住 "-X" "-Y" "-Z" 键使刀架回退一段距离，以离开机床的极限位置，再进行机床的其他操作。

（4）返回参考点的注意事项

在返回参考点过程中的注意事项如下：

1）开机后，首先应进行机床回参考点操作，机床坐标系的建立必须通过该操作完成。

2）即使机床已经执行了返回参考点操作，如果出现下列三种情况，必须重新进行机床回参考点操作：机床系统断电后重新接通电源，机床解除急停状态后，机床超程报警解除后。

3）在 X、Y、Z 轴回参考点过程中，如果选择了错误的回参考点方向，则刀架不会移动。

4）在 X、Y、Z 轴回参考点过程中，注意不要发生任何碰撞。

2. 手摇进给操作和手动进给操作

（1）MDI（手动数据输入）运行方式

在 MDI 方式下，可以输入程序段并执行其内容。先按 "MDI" 键进入手动数据输入运行方式，然后按 "位置显示" 键进入图 4-64 所示界面。

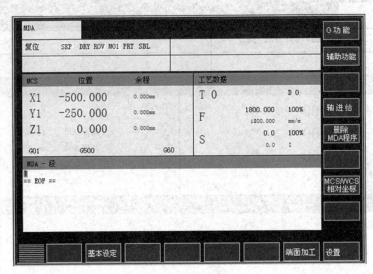

图 4-64 MDA 显示界面

若需在 MDI 方式下控制主轴的开和关，则可在 MDA 界面的命令行中输入"M03 S600；M05；"，再将"SINGLE BLOCK（单段加工）"打开；将主轴倍率旋钮上的箭头指向 100%；按下"循环启动"按键，主轴将以 600 r/min 的转速正转；再次按下"循环启动"按键，主轴停止。

该程序段执行完毕，命令行中的内容仍然保留，并可重复执行，直至输入新的内容替换它。

自动方式下的程序控制（如单段加工、程序测试等）在 MDI 方式下同样有效。

（2）JOG（手动）运行方式

按"JOG"键进入手动运行方式后，显示屏显示图 4-65 所示的界面，在这种方式下主要可以进行以下几种操作：

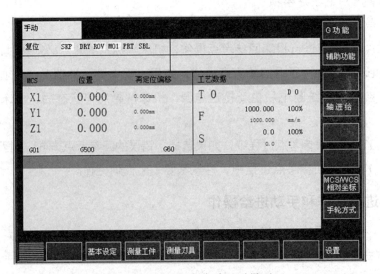

图 4-65 JOG 运行方式显示界面

1）慢速工进。按住某轴的方向选择键，可以使工作台、主轴沿相应的轴移动，移动速度可以通过进给速度倍率旋钮随时调节。

2）快速进给。按住某轴的方向选择键不松开，同时按住"RAPID（快速运行）"键，可以使工作台、主轴沿该轴快速移动。

3）增量进给。按下"VAR（步进增量）"键，进入增量模式并选择增量步长（1INC、10INC、100INC、1 000INC）后，每按一次轴的方向选择键，刀架向相应方向移动一个步进增量，用这种方式可对坐标位置进行精确调节。

在 VAR 模式下按下"JOG"键，则结束增量模式，进入手动运行方式。

（3）手轮进给运行方式

在 JOG 界面中，按下垂直软键［手轮方式］进入图 4-66 所示手轮操作界面。例如，要使机床朝"-Y"方向移动 1 mm，可重复按下"VAR（步进增量）"键，选择增量步长为 100INC，再按下界面右上角的软键［Y］，使界面右下角"Y"位置出现符号"√"，逆时针转动手轮 10 小格，即可完成机床的移动操作。

按下手轮操作界面中的垂直软键［返回］，即可取消手轮进给，回到手动状态。

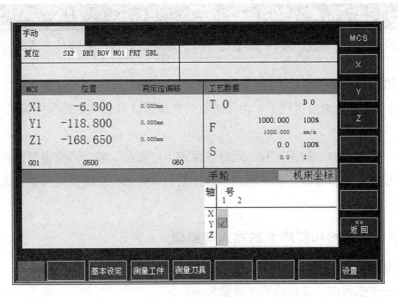

图 4-66 手轮操作界面

提示

若连续摇动手轮，即可使刀具沿相应轴连续进给。另外，在利用手轮进给时，若刀具远离工件或夹具时，则可选择增量步长为 100INC 或 1 000INC；若刀具接近工件、夹具或在切削加工状态时，则选择增量步长为 1INC 或 10INC。

当有些机床采用图 4-67 所示带有轴选择和增量步长选择功能的综合手轮时，只要手轮的轴选择开关没有位于"OFF"挡位，则系统默认当前机床运行方式为手轮方式，且轴的选择、增量步长的选择都默认为手轮上的选择。若需进行回零操作或手动进给，则需先把手轮上轴的选择挡位拨至"OFF"处，再进行相关操作。

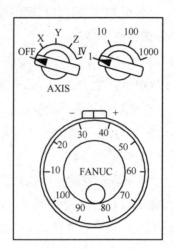

图 4-67　综合手轮

> **提示**
>
> 手动进给操作时，进给方向一定不能弄错，这是数控机床操作的基本功。

（4）机床超程解除

在手摇进给或手动进给过程中，由于进给方向错误，常会发生超程报警现象，其解除过程如下：

1）按下"超程解除"键不松开，同时连续按下"复位"键，消除报警信号。

2）仍不松开"超程解除"键，利用手轮控制机床向超程轴的反向移动，退出超程位置，使机床恢复正常。

3．程序、程序段和程序字的输入与编辑

（1）程序编辑

1）建立一个新程序。其具体操作步骤如下：

①按下 MDI 功能键 PROGRAM MANAGER，进入图 4-68 所示的程序管理界面，显示系统中已存在的程序目录。

②按下垂直软键［新程序］，显示屏中出现新程序名输入界面，在该界面中输入图 4-69 所示的新程序名"HUA181"。

③按下垂直软键［确认］，生成程序名为"HUA181"的主程序文件，自动转入图 4-70 所示的程序编辑界面，此时的程序名为"HUA181.MPF"，其中".MPF"为主程序扩展名，由系统自动生成。

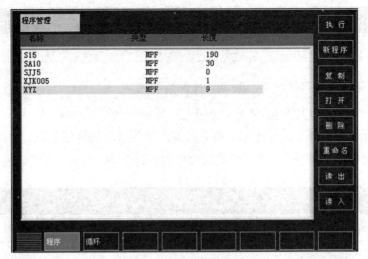

图 4-68　程序管理界面

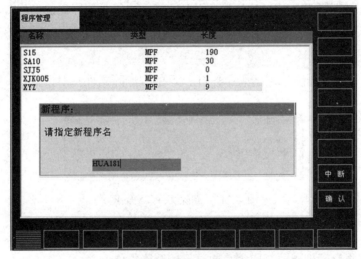

图 4-69　新程序名输入界面

图 4-70　程序编辑界面

提示

建立新程序时，要注意新建立的程序名应为存储器中没有的程序名。

2）调用存储器中储存的程序。其具体操作步骤如下：

①按下 MDI 功能键 PROGRAM MANAGER ，显示程序管理界面。

②移动光标至所要调出的程序名上或直接键入所要调出的程序名。

③按下垂直软键 ［打开］，即可完成该程序的打开。

提示

调用程序时，一定要调用存储器中已存在的程序。

3）删除程序。删除存储器中已有程序的操作步骤如下：

①按下 MDI 功能键 PROGRAM MANAGER ，显示程序管理界面。

②移动光标至所要删除的程序名（如"HUA181.MPF"）上或直接键入所要删除的程序名。

③按下垂直软键 ［删除］，出现图 4-71 所示的"删除文件"对话框。

图 4-71 "删除文件"对话框

④按下垂直软键 ［确认］，即完成程序"HUA181.MPF"的删除操作；若按下垂直软键 ［中断］，则返回程序管理界面，取消之前进行的删除操作。

如果要删除存储器中的所有程序，只需移动光标，选中"删除全部文件"，按下垂直软键 ［确认］，即可完成系统程序目录中所有程序的删除操作。

（2）程序段的操作

1）输入程序段。其具体操作步骤如下：

①按下 MDI 功能键 PROGRAM MANAGER ，打开新建程序"HUA181.MPF"，显示图 4-72 所示的程序段输入界面。

②输入程序段"G94；"，按下 INPUT 键即完成程序段的输入与换行。

③如图 4-72 所示，将剩余的所有程序段输入完毕。

④按下垂直软键 ［重编号］，完成程序段号的自动生成，如图 4-73 所示。

2）插入程序段。其具体操作步骤如下：

①将光标移至要插入位置的前一程序段的结束字符上。

②按下 INPUT 键，输入程序段内容。

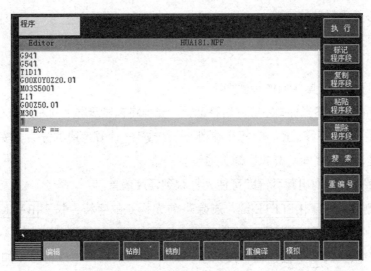

图 4-72 "HUA181. MPF"程序段输入界面

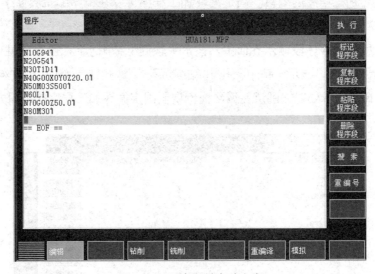

图 4-73 程序段号自动生成

③按下垂直软键［重编号］，系统进行程序段号的自动生成。

3）删除程序段。其具体操作步骤如下：

①将光标停留在所要删除程序段的第一个字符上。

②按下垂直软键［标记程序段］。

③用光标移动键或上下翻页键选中要删除的程序段。

④按下垂直软键［删除程序段］，将当前所标记的程序段全部删除。

4）复制、粘贴程序段。其具体操作步骤如下：

①将光标停留在所要复制的程序段的第一个字符上。

②按下垂直软键［标记程序段］，标记要复制的内容。

③按下垂直软键［复制程序段］。

④将光标移至需粘贴的位置。

⑤按下垂直软键［粘贴程序段］，完成当前所复制内容的插入操作。

（3）程序字的操作

1）编辑程序字。其具体操作步骤如下：

①扫描程序字。按下光标向左或向右移动键，光标将在显示屏上向左或向右移动一个地址字。按下光标向上或向下移动键，光标将移到上一个或下一个程序段的开头。按下 PAGE UP 或 PAGE DOWN 键，光标将向前或向后翻页显示。

②跳到程序开头。利用翻页键即可使光标跳到程序段首。

③字符的删除。按下 DELETE 键，删除当前光标处的字符；按下 BACKSPACE 键，删除光标前的一个字符。

④字符的检索。按下垂直软键［搜索］→键入要检索的文本或行号（如"G41"）→按下垂直软键［确认］，光标自动搜索到"G41"的位置。

2）固定循环加工程序的编辑。固定循环加工程序可以在程序编辑界面手动输入，但通过显示屏格式输入更直观、方便，也更容易保证其准确性。

在图 4-72 所示的程序段输入界面中，按水平软键［钻削］，在垂直软键处出现图 4-74 所示钻削方式选择界面，显示［钻中心孔］［钻削沉孔］［深孔钻］［镗孔］［攻丝］［取消模态］［孔模式］等选择项，本处以钻削沉孔循环为例说明固定循环加工程序的编辑方法。

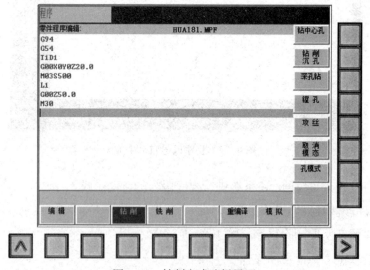

图 4-74　钻削方式选择界面

①按垂直软键［钻削沉孔］，出现图 4-75 所示的固定循环加工程序参数设定界面。

②在对应的参数表格中输入相应的数值后按［确认］键，返回程序编辑界面，完成固定循环加工程序的输入与编辑操作。

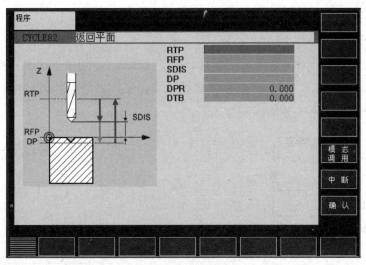

图 4-75　固定循环加工程序参数设定界面

提示

　　若在程序、程序段和程序字的输入与编辑过程中出现报警，可通过按 MDI 功能键 RESET 消除；进行程序编辑时的标记、删除、复制、粘贴功能对单个字符也有效；零件程序未处于执行状态时才可以进行编辑；如果要对原有程序进行编辑，可以在程序管理界面用光标选择待编辑的程序，然后选择 ［打开］，就可以进行编辑了；零件程序中进行的任何修改均立即被存储。

4. 对刀操作与设定工件坐标系

（1）对刀操作

1）XY 平面的对刀操作。其具体操作步骤如下：

①选择 JOG（手动）运行方式，在主轴上安装好找正器，将进给速度倍率旋钮和主轴倍率旋钮设置在 100%。

②选择 MDI 运行方式→输入"M03 S500；"→按"循环启动"按键，在 MDI 运行方式下开主轴。

③选择 JOG（手动）运行方式，选择机床坐标系，选择手轮方式。

④选择相应的轴（X 轴），快速摇动手轮，使找正器接近 X 轴方向的一条侧边，如图 4-76 所示 A 点处，降低手动进给倍率，使找正器慢慢接近工件侧边，正确找正侧边 A 点处。记录显示屏显示界面中机床坐标系（MCS）的 X 值，设为 X_1。

⑤用同样的方法找正侧边 B 点处，记录下 X_2 值。

⑥计算出工件坐标系的 X 值，X=（X_1+X_2）/2。

⑦重复步骤④~⑥，用同样的方法测量并计算出工件坐标系的 Y 值。

⑧按下"复位"键，使主轴停转。

2）Z 轴方向的对刀操作。其具体操作步骤如下：

①将主轴停转，手动换上切削刀具。

②在工件上方放置一个 $\phi10$ mm 的测量心棒（或量块），利用手轮使刀具在 Z 轴方向快速接近心棒（见图 4-77），然后降低手动进给倍率，使刀具与心棒轻轻接触。记录下显示屏显示界面中机床坐标系的 Z 值，设为 Z_1。

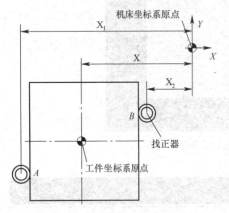

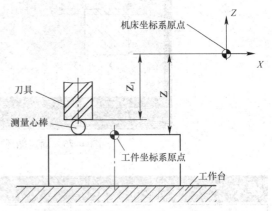

图 4-76　XY 平面的对刀操作　　　　图 4-77　Z 轴方向的对刀操作

③计算出工件坐标系的 Z 值，$Z=Z_1-10.0$（"10.0"为心棒直径）。

④如果是加工中心，同时使用多把刀具进行加工，则可重复以上步骤，分别测出各自不同的 Z 值。

（2）工件坐标系的设定方法一

将工件坐标系原点与机床坐标系原点间的零点偏移值手动输入 G54 地址中，其设定过程如下：

1）按下 MDI 功能键 OFFSET SETTING 。

2）按下显示屏下的水平软键［零点偏移］，出现图 4-78 所示的零点偏移界面。

	X mm	Y mm	Z mm	X rot	Y rot	Z rot
基本	0.000	0.000	0.000	0.000	0.000	0.000
G54	0.000	0.000	0.000	0.000	0.000	0.000
G55	0.000	0.000	0.000	0.000	0.000	0.000
G56	0.000	0.000	0.000	0.000	0.000	0.000
G57	0.000	0.000	0.000	0.000	0.000	0.000
G58	0.000	0.000	0.000	0.000	0.000	0.000
G59	0.000	0.000	0.000	0.000	0.000	0.000
程序	0.000	0.000	0.000	0.000	0.000	0.000
缩放	1.000	1.000	1.000			
镜像	0	0	0			
全部	0.000	0.000	0.000			

图 4-78　零点偏移界面

3）向下移动光标到 G54 坐标系 "X" 处，输入前面计算出的 X 值，注意不要输地址 "X"，按下 |INPUT| 键。

4）将光标移到 G54 坐标系 "Y" 处，输入前面计算出的 Y 值，按下 |INPUT| 键。

5）用同样的方法，将计算出的 Z 值输入 G54 地址中。

（3）工件坐标系的设定方法二

利用工件测量功能，让系统自动计算 X、Y、Z 方向的零点偏移值，并自动完成偏移值的设定。下面介绍利用试切法对刀及利用工件测量功能完成零点偏移值的设定。

1）确定 X 方向零点偏移值。其具体操作步骤如下：

①装刀→主轴正转。

②选择 JOG 运行方式→按下 "位置显示" 键→按下水平软键［测量工件］→按下垂直软键［X］，进入图 4-79 所示的 X 方向零点偏移值计算界面。

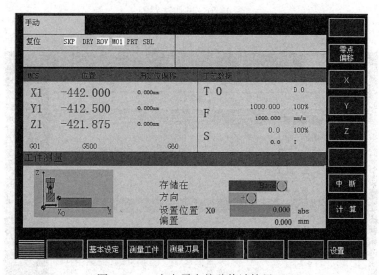

图 4-79　X 方向零点偏移值计算界面

③利用手轮使刀具向 X 轴负方向慢慢靠近图 4-80 所示工件侧边 A 点处，接触到工件后，立即停止机床进给运动。

④在 X 方向零点偏移值计算界面（见图 4-78）填写参数及进行偏移值的计算，具体参数填写方法如图 4-81 所示。

⑤按操作面板上的方向键，移动光标至显示屏中 "存储在" 后的方框 Base◯（见图 4-79），按操作面板上的 "功能选择" 键 ◯，选择 "G54"［此位置为工件坐标系原点 X 坐标值的存储位置，有 BASE（基本）、G54、G55、G56、G57、G58、G59，可通过操作面板上的 "功能选择" 键 ◯ 选择相应的存储地址］。

⑥按操作面板上的方向键，移动光标至显示屏中 "方向" 后的方框 -◯，按操作面板上的 "功能选择" 键 ◯，选择方向为 "-"（"方向" 选择项有 "+" 和 "-"，用于指定刀具与工件的位置关系，若刀具位于工件的正方向，则选择 "-"）。

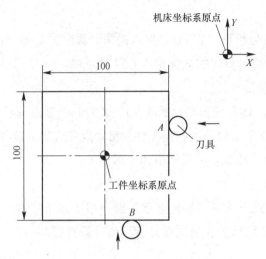

图 4-80　试切法对刀

图 4-81　确定 X 方向零点偏移值

⑦按操作面板上的方向键，移动光标至显示屏中"设置位置"后的方框 ▓▓▓▓▓▓ **0.000 abs**，输入"58"，按操作面板上的"输入"键 ◈（"58"为当前刀具中心与工件原点在 X 向的距离，刀具直径为 16 mm）。

⑧按下垂直软键［计算］，系统自动根据机床当前的坐标位置计算出偏移值"-500.000"，并将数值存储到 G54 的 X 地址中。

2）确定 Y 方向零点偏移值。其具体操作步骤如下：

利用手轮使刀具往 Y 轴正方向慢慢移动，靠近图 4-80 所示工件侧边 B 点处，接触到工件后，立即停止机床进给运动；按照图 4-82 所示完成参数的设定，按下垂直软键［计算］，系统自动计算出偏移值"-415.000"，并将数值存储到 G54 的 Y 地址中。

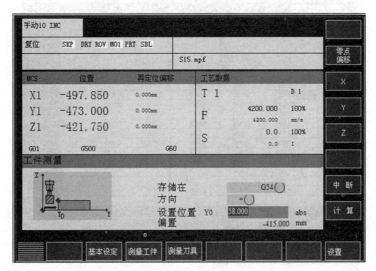

图 4-82　确定 Y 方向零点偏移值

3）确定 Z 方向零点偏移值。参照前面的 Z 轴对刀方法，在刀具与心棒轻轻接触后，立即停止机床进给运动，按照图 4-83 所示完成参数的设定，按下垂直软键［计算］，系统自动计算出偏移值"-370.000"，并将数值存储到 G54 的 Z 地址中。

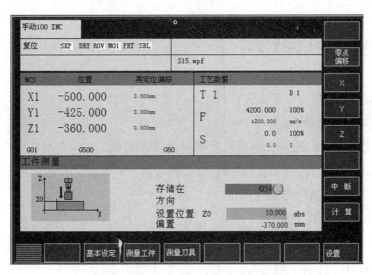

图 4-83　确定 Z 方向零点偏移值

在 X、Y、Z 零点偏移值设定完成后，可先按下功能键 OFFSET PARAM，再按下水平软键［零点偏移］，进入图 4-84 所示零点偏移值设置界面，查看系统是否已在 G54 地址中完成了参数的存储。

（4）对刀正确性校验

对刀结束后，为保证对刀的正确性，要进行对刀正确性的校验工作，可手动移动刀具靠近工件原点位置，然后观察刀具与工件间的实际相对位置，对照显示屏显示的机床坐标值，判断零点偏移参数是否正确。

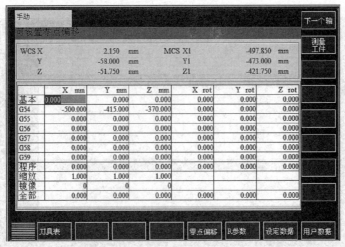

图 4-84　零点偏移值设置界面

> **提示**
>
> 　　记录坐标值时，务必记录显示屏中的机床坐标值。工件坐标系设定完成后，先在 MDI 方式下运行"G54；"程序段，然后进入坐标系显示界面，看一看各坐标系的坐标值与设定前有什么区别。

5. AUTO（自动）运行方式

（1）自动运行前的检查

使用自动运行功能前，一定要先做好以下各项检查工作：

1）机床刀架必须回参考点。

2）待加工零件的加工程序已经输入，并经调试确认无误。

3）加工前的其他准备工作均已就绪，如参数设置、对刀及刀补设置。

4）必要的安全锁定装置已经启动。

（2）自动加工的操作过程

1）按下功能键 PROGRAM ，调出需运行的程序。

2）选择"AUTO"（自动）运行方式，使显示屏显示正在执行的程序和坐标，如图 4-85 所示。

3）重复按下垂直软键［MCS/WCS 相对坐标］，根据需要选择机床坐标系、工件坐标系或相对坐标系中的实际值。

4）按"循环启动"按键，进入自动加工。

在加工过程中，可以通过图 4-85 所示的界面观察到当前刀尖的坐标位置（机床/工件）、剩余行程、当前进给速度、主轴转速和当前刀具，还可以观察正在执行和待执行的程序段。

（3）自动加工过程中的程序控制

1）在图 4-85 所示的界面中按下水平软键［程序控制］，进入图 4-86 所示的程序控制界面。

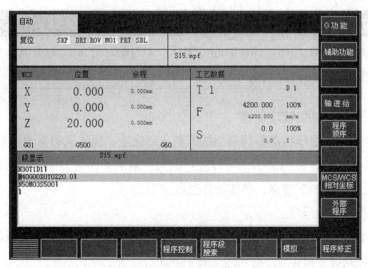

图 4-85　自动运行方式状态

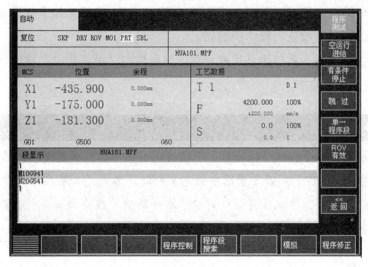

图 4-86　程序控制界面

2）按下该界面中相对应的垂直软键，即可实现不同的程序控制功能。自动运行状态下程序控制内容见表 4-9。

表 4-9　自动运行状态下程序控制内容

垂直软键	功能
程序测试	程序运行，但机床不执行进给运动，用于检测程序格式的正确性
空运行进给	刀具以空运行速度执行该程序，用于检测刀具轨迹的正确性
有条件停止	执行程序时，M01 指令的功能与 M00 指令的功能相同
跳过	执行程序时，跳过程序段前加符号"/"的程序段
单一程序段	单段运行方式，每个程序段逐段解码，每段结束时有一暂停
ROV 有效	按下该软键，进给速度倍率旋钮对于快速运行也有效

提示

> 程序测试对于 VAR、JOG、Ret Point、MDI、AUTO 运行方式都有效。另外，在机床校验过程中，采用单段运行方式运行较合适。

（4）采用图形显示功能校验程序

图形显示功能可以显示自动运行期间的刀具运动轨迹，操作人员可通过观察显示屏显示出的轨迹检查加工过程，显示的图形可以进行放大及复原。图形显示功能可以在自动运行、机床锁住和空运行等模式下使用，具体操作过程如下：

1）调出所要校验的程序。

2）选择"AUTO"（自动）运行方式，按下垂直软键［程序测试］，选择程序测试状态。

3）按下水平软键［模拟］，进入图形显示界面。

4）按下"循环启动"按键，机床开始移动，并在显示屏上绘出刀具运动轨迹。

5）观察图形轨迹，若发现有误，可按下"复位"键，使机床处于复位状态，再按下水平软键［程序修正］，直接进行程序的编辑。

6）利用翻页键使光标直接跳至程序段首，然后按下"循环启动"按键，重新进行工件的模拟加工，直至模拟完毕。

提示

> 为了安全起见，在进行程序校验时，一定要明确程序测试状态是否已启用，可直接通过观察状态栏中的"PRT"是否处于选中状态来判断。另外，如果在加工中发现程序有错误，直接按下"复位"键使机床复位，再按下水平软键［程序修正］，可直接对当前程序进行修改，所有修改会立即被存储。

（5）其他操作

在 SIEMENS 802D 系统的显示屏操作中，除了上述操作，还能进行［报警］［维修信息］［调试］［机床数据］［口令］［语言转换］等按键操作，具体的操作过程可参阅与机床配套的操作说明书。

操作提示：在机床锁住校验过程中，如出现程序格式错误，则机床显示程序报警界面，机床停止运行。因此，机床锁住校验主要用于校验程序格式的正确性。

机床空运行校验和图形显示校验主要用于校验程序轨迹的正确性。如果机床具有图形显示功能，则采用图形显示校验更加方便、直观。

思考与练习

1. SIEMENS 系统中的孔加工循环调用有哪两种？与 FANUC 系统中的孔加工循环调用有什么区别？

2. 什么是返回平面？什么是加工开始平面？什么是参考平面？什么是孔底平面？

3. 试写出 CYCLE81 与 CYCLE82 循环指令的指令格式，并说明两者有什么区别。

4. 试描述 CYCLE83 循环指令的孔加工动作。

5. 试写出 CYCLE85 与 CYCLE87 循环指令的指令格式，并说明两者有什么区别。

6. 简述模式选择按键的种类和各自的作用。

7. 如何进行开电源和关电源的操作？

8. 如何进行程序的检索操作？如何进行程序段的检索操作？

9. 如何进行机床的手动回参考点操作？如何编写回参考点程序？

10. 关于工件坐标系中的 Z 值，本书中为什么在加工中心上将 Z 值设为零，而将对刀测量到的 Z 值设在刀具长度补偿中？

11. 如何进行机床空运行操作？如何进行机床锁住试运行操作？两种试运行操作有什么不同？

12. 加工图 4-87 所示的工件，毛坯为 100 mm×90 mm×20 mm 的铝件，试编写其数控铣削加工程序。

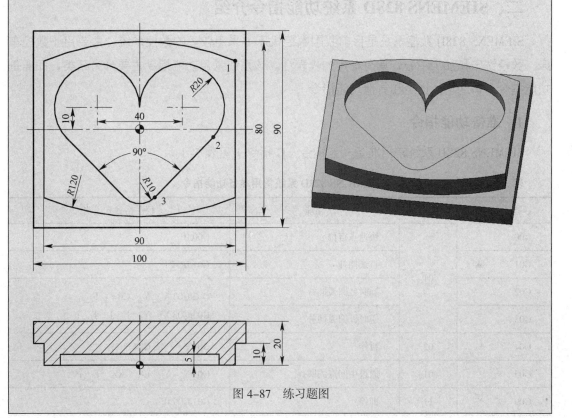

图 4-87　练习题图

第五章　SIEMENS 828D 系统的编程与操作

第一节　SIEMENS 828D 系统功能简介

一、SIEMENS 828D 数控系统介绍

基于面板的 SIEMENS 828D 系统支持车床、铣床的应用，具有可选的水平面板、垂直面板布局和两级性能，可满足不同安装形式和不同性能的要求。该系统的车削和铣削应用软件完全独立，可以尽可能多地预设数控机床的功能，从而最大限度地减少数控机床调试所需的时间。SIEMENS 828D 系统集数控系统、PLC、视窗操作界面和轴控制功能于一体，通过 Drive-CLiQ 总线与全数字驱动系统 SINAMICS S120 实现高速、可靠的通信；PLC I/O 模块通过 PROFINET 连接可自动识别，无须额外配置。该系统具有大量高级的数控功能和丰富、灵活的工件编程方法，可以广泛应用于各种数控加工场合。

二、SIEMENS 828D 系统功能指令介绍

SIEMENS 828D 数控系统是目前我国数控机床上采用较多的数控系统，主要用于数控车床、数控铣床和加工中心，具有一定的代表性。该系统常用功能指令主要分为三类，即准备功能指令、辅助功能指令和其他功能指令。

1. 准备功能指令

SIEMENS 828D 系统常用准备功能指令（G 指令）见表 5-1。

表 5-1　　　　　　　　　　SIEMENS 828D 系统常用准备功能指令

G 指令		组别	功能	程序格式和说明
G00			快速点定位	G00 IP＿;
G01	▲	01	直线插补	G01 IP＿ F＿;
G02			顺时针圆弧插补	G02/G03 X＿ Y＿ CR=＿ F＿;
G03			逆时针圆弧插补	G02/G03 X＿ Y＿ I＿ J＿ F＿;
G04	*	02	暂停	G04 F＿; 或 G04 S＿;
G05		01	通过中间点的圆弧	G05 X＿ Y＿ LX＿ KZ＿ F＿;
G09	*	11	准停	G01 G09 IP＿;

续表

G 指令		组别	功能	程序格式和说明
G17	▲		选择 XY 平面	G17;
G18		06	选择 ZX 平面	G18;
G19			选择 YZ 平面	G19;
G22		29	半径度量	G22;
G23	▲		直径度量	G23;
G25	*	03	主轴低速限制	G25 S__ S1=__ S2=__;
G26	*		主轴高速限制	G26 S__ S1=__ S2=__;
G33			等螺距螺纹切削	G33 Z__ K__ SF__;（圆柱螺纹）
G331		01	攻螺纹	G331 Z__ K__;
G332			攻螺纹返回	G332 Z__ K__;
G40	▲		刀具半径补偿取消	G40;
G41		07	刀具半径左补偿	G41 G01 IP__;
G42			刀具半径右补偿	G42 G01 IP__;
G53	*	09	取消零点偏移	G53;
G54			选择工件坐标系 1	G54;
G55			选择工件坐标系 2	G55;
G56		08	选择工件坐标系 3	G56;
G57			选择工件坐标系 4	G57;
G505 ~ G599			可设定的零点偏移	G505;
G60	▲	10	准停	G60 IP__;
G601	▲		在精准停时切换程序段	指令一定要在 G60 或 G09 指令有效时才有效
G602		12	在粗准停时切换程序段	
G603			在 IPO 程序段结束处切换程序段	
G63		02	攻螺纹方式	G63 Z__ F__;
G64		10	轮廓加工方式	
G641			过渡圆轮廓加工方式	G641 ADIS=__;
G70		13	英制尺寸，用于几何数据（长度）	G70;
G71	▲		公制尺寸，用于几何数据（长度）	G71;

G 指令	组别	功能	程序格式和说明
G74　　*	02	返回参考点	G74 X1=0 Y1=0 Z1=0;
G75　　*		返回固定点	G75 FP=2 X1=0 Y1=0 Z1=0;
G90　　▲	14	绝对值编程	G90 G01 X__ Y__ Z__ F__;
G91		增量值编程	G91 G01 X__ Y__ Z__ F__;
G94		每分钟进给	单位为 mm/min
G95		每转进给	单位为 mm/r
G96		启用恒线速度	G96 S500 LIMS=__;（500 m/min）
G97		取消恒线速度	G97 S800;（800 r/min）
G110　　*	03	相对于不同点为极点的极坐标编程	G110 X__ Y__ Z__;
G111　　*			G111 X__ Y__ Z__;
G112　　*			G112 X__ Y__ Z__;
G158　　*		可编程平移	G158 X__ Y__ Z__;
G450　　▲	18	圆角过渡拐角方式	G450 DISC=__;
G451		尖角过渡拐角方式	G451;
TRANS	框架指令	可编程平移	TRANS X__ Y__ Z__;
ATRANS			ATRANS X__ Y__ Z__;
ROT		可编程旋转	ROT RPL=__;
AROT			AROT RPL=__;
SCALE		可编程比例缩放	SCALE X__ Y__ Z__;
ASCALE			ASCALE X__ Y__ Z__;
MIRROR		可编程镜像	MIRROR X0 Y0 Z0;
AMIRROR			AMIRROR X0 Y0 Z0;
CYCLE81	固定循环	钻孔循环	CYCLE8__（RTP, RFP, SDIS, DP, DPR, …）
CYCLE82		钻孔与锪孔循环	
CYCLE83		深孔加工循环	
CYCLE84		刚性攻螺纹循环	
CYCLE840		柔性攻螺纹循环	
CYCLE85		铰孔循环	
CYCLE86		精镗孔循环	

续表

G 指令	组别	功能	程序格式和说明
HOLES1		直线均布孔样式	HOLES_（RTP, RFP, SDIS, DP, DPR, …）
HOLES2		圆周均布孔样式	
SLOT1	样式循环	圆弧阵列槽铣削样式	SLOT_（RTP, RFP, SDIS, DP, DPR, …）
SLOT2		环形槽铣削样式	
POCKET1		矩形型腔铣削样式	POCKET_（RTP, RFP, SDIS, DP, DPR, …）
POCKET2		圆形型腔铣削样式	

注：1. 当电源接通或复位时，数控系统进入清除状态，此时的开机默认指令在表中以符号"▲"表示。但此时，原来的 G71 或 G70 指令保持有效。

2. 表中的固定循环和固定样式循环及用"*"表示的 G 指令均为非模态指令。

3. 不同组的 G 指令在同一程序段中可以指令多个，如果在同一程序段中指令了多个同组的 G 指令，仅执行最后指定的 G 指令。

2. 辅助功能指令

辅助功能指令以代码 M 表示。SIEMENS 系统的辅助功能指令与通用的 M 指令类似，可参阅本书第一章。

3. 其他功能指令

常用的其他功能指令有刀具功能指令（T 指令）、转速功能代码（S 指令）、进给功能代码（F 指令）等，具体功能指令的含义和用途参阅本书第一章。

第二节　SIEMENS 828D 系统孔加工循环

一、孔加工固定循环概述

SIEMENS 828D 系统的孔加工固定循环和 SIEMENS 802D 系统的孔加工固定循环功能类似，区别在于 SIEMENS 828D 系统在视窗操作界面中使用对话框输入方式进行编程。SIEMENS 828D 系统编程的特点是直观、简单、方便。编程操作人员可以根据编程向导按照自定义的步骤填写参数，大大缩短编程时间，同时确保了程序的准确度。SIEMENS 828D 系统常用孔加工固定循环指令见表 5-2。

表 5-2　　　　　　　SIEMENS 828D 系统常用孔加工固定循环指令

指令	加工动作 （-Z 方向）	孔底部动作	退刀动作 （+Z 方向）	用途
CYCLE81	切削进给	—	快速进给	钻孔循环
CYCLE82	切削进给	暂停	快速进给	钻孔与锪孔循环

续表

指令	加工动作 （-Z 方向）	孔底部动作	退刀动作 （+Z 方向）	用途
CYCLE83	间歇进给	—	快速进给	深孔加工循环
CYCLE84	攻螺纹进给	暂停、主轴反转	切削进给	刚性攻螺纹循环
CYCLE840	切削进给	暂停、主轴反转	切削进给	柔性攻螺纹循环
CYCLE85	切削进给	—	切削进给	铰孔循环
CYCLE86	切削进给	准停	快速进给	精镗孔循环

二、孔加工固定循环指令

1. 钻削、钻中心孔循环指令 CYCLE81

（1）指令格式

CYCLE81（RTP, RFP, SDIS, DP, DPR, DTB, _GMODE, _DMODE, _AMODE）;

钻中心孔是钻削加工中比较常见的加工工序。为了保证钻孔过程中孔的位置精度，通常需要在钻孔前安排一个钻削预定位孔的工序。尤其在深孔钻削前，防止钻头引偏尤为重要。钻中心孔一般选用顶角为 90° 的中心钻。钻中心孔会话式编程方式如下：

在图 5-1 所示的程序输入与编辑界面中按下水平软键［钻削］，再按下垂直软键［钻中心孔］，进入图 5-2 所示的"钻中心孔"对话框，填写钻中心孔参数，即可完成编程工作。

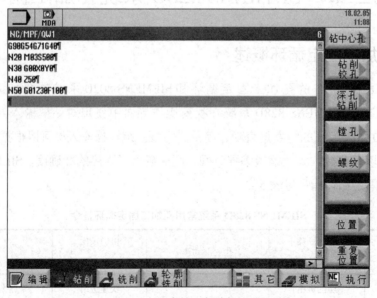

图 5-1 程序输入与编辑界面

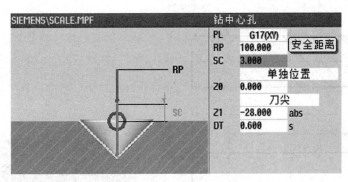

图 5-2　填写钻中心孔参数

（2）参数含义

CYCLE81 指令的孔加工运动轨迹参阅本书第四章第三节。执行该循环时，刀具从加工开始平面切削进给至孔底平面，然后快速退回返回平面，其对话框参数及其含义见表 5-3。

表 5-3　　　　　　　　　　　　CYCLE81 指令对话框参数及其含义

对话框参数	内部参数	含义
PL	_DMODE	加工平面的选择，通过面板上的"功能选择"键进行平面切换
RP	RTP	返回平面，用绝对值进行编程
SC	SDIS	安全距离，无符号编程，其值为参考平面到加工开始平面的距离
加工位置		选项包括单独位置、位置模式（MCALL），通过"功能选择"键进行位置切换，具体参阅本书第四章第三节
Z0	RFP	参考平面，用绝对值进行编程
Z1	_GMODE _AMODE	选项包括直径、刀尖，通过"功能选择"键进行切换 当选择"直径"方式表示钻削深度时，实际上钻削的深度会由数控系统根据钻头的顶角自动进行换算，编程人员只需在"直径"的下一行给出所需的钻削直径即可 当选择"刀尖"方式表示钻削深度时，直接在下一行"Z1"的后面写入钻削深度即可。需要注意的是，钻削深度"Z1"可以使用增量坐标（INC），也可以使用绝对坐标（ABS），通过"功能选择"键进行切换
DT	DTB	钻头在孔底的停留时间，以秒（s）或转（r）为单位，通过"功能选择"键进行切换

（3）编程实例

例 5-1　加工图 5-3 所示工件的三个中心孔，用 CYCLE81 指令进行编程。

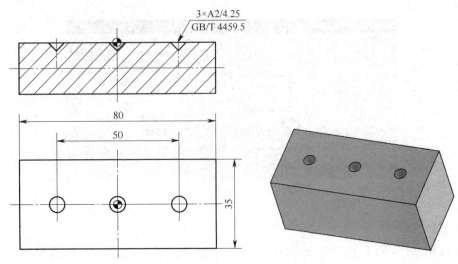

图 5-3　CYCLE81 指令编程实例

AA501.MPF；

N10 G90 G94 G40 G71 G54 F100；　　　　　　　　（程序初始化）

N20 G74 Z0；

N30 T1D1；

N40 G00 X−25.0 Y0；　　　　　　　　　　　　　（G17 平面快速定位）

N50 Z80.0 M08；　　　　　　　　　　　　（Z 向定位至返回平面，切削液开）

N60 M03 S600；　　　　　　　　　　　　　（主轴正转，转速为 600 r/min）

N70 CYCLE81（50，0，3，，−4，0，0，1，11）；　（固定循环加工孔）

提示

  CYCLE81 指令加工程序通过会话式编程方式自动生成，在图 5-4 所示的"钻中心孔"参数输入界面中填写相应参数，按垂直软键［接收］，自动生成以上 CYCLE81 指令程序段。

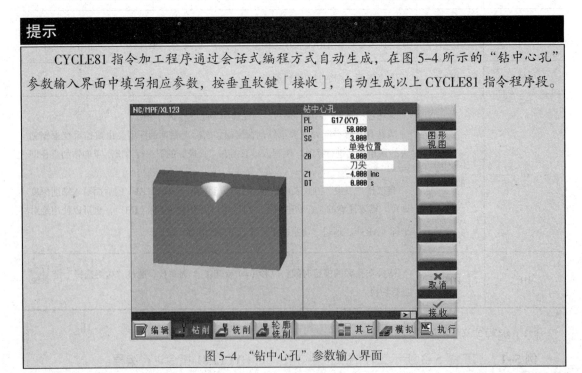

图 5-4　"钻中心孔"参数输入界面

N80 G00 X0 Y0;　　　　　　　　　　　　　　　　　　　　（在返回平面快速定位）

N90 CYCLE81（50，0，3，，-4，0，0，1，11）;　（加工第二个孔）

N100 G00 X25.0 Y0;

N110 CYCLE81（50，0，3，，-4，0，0，1，11）;　（加工第三个孔）

N120 G74 Z0;

N130 M05 M09;

N140 M30;

2. 浅孔钻削、锪平面循环指令 CYCLE82

（1）指令格式

CYCLE82（RTP，RFP，SDIS，DP，DPR，DTB，_GMODE，_DMODE，_AMODE，_VARI，S_ZA，S_FA，S_ZD，S_FD）;

浅孔钻削与钻中心孔的加工刀具不同，进行浅孔钻削时主要选用顶角为 118° 的麻花钻。

（2）参数输入编程

在程序输入与编辑界面中按下水平软键［钻削］，按下垂直软键［钻削铰孔］（见图 5-1），再按下垂直软键［钻削］（见图 5-5a），进入图 5-5b 所示的"钻削"对话框，填写浅孔钻削参数，即可完成编程工作。

（3）参数含义

CYCLE82 指令的孔加工运动轨迹参阅本书第四章第三节，它与 CYCLE81 指令的区别在于浅孔钻孔深度的表示方法有刀杆和刀尖两种形式。CYCLE82 指令对话框参数及其含义见表 5-4。

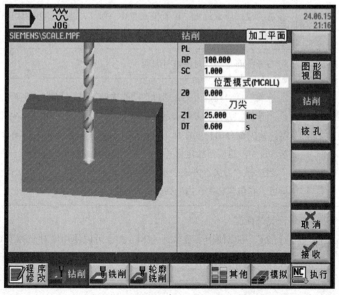

a)

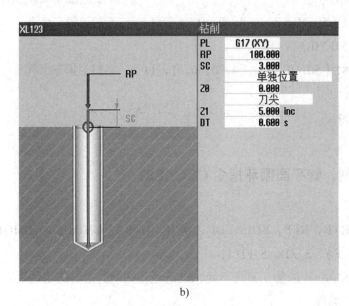

b)

图 5-5　填写浅孔钻削参数

表 5-4　　　　　　　　　　　　　CYCLE82 指令对话框参数及其含义

对话框参数	内部参数	含义
PL	_DMODE	加工平面的选择，通过"功能选择"键 SELECT 进行平面切换
RP	RTP	返回平面，用绝对值进行编程
SC	SDIS	安全距离，无符号编程，其值为参考平面到加工开始平面的距离
加工位置		选项包括单独位置、位置模式（MCALL），通过"功能选择"键 SELECT 进行位置切换，具体参阅本书第四章第三节
Z0	RFP	参考平面，用绝对值进行编程
钻削深度	_GMODE	选项包括刀杆、刀尖，通过"功能选择"键 SELECT 进行切换 当选择"刀杆"方式表示钻削深度时，"Z1"表示除去钻尖部分的钻杆切入的净深度。钻尖部分的长度在加工时由数控系统根据钻头顶角自动计算出来，并补偿在钻削深度中。这对于指定盲孔的钻削深度非常方便 当选择"刀尖"方式表示钻削深度时，直接在下一行"Z1"的后面写入钻削深度即可，它包含钻尖在内的钻头所有长度
Z1	DP/DPR	钻削深度 "Z1"可以使用增量坐标（INC），也可以使用绝对坐标（ABS），通过"功能选择"键 SELECT 进行切换
DT	DTB	钻头在孔底的停留时间，以秒（s）或转（r）为单位，通过"功能选择"键 SELECT 进行切换

（4）编程实例

例 5-2　用 CYCLE82 指令编写图 5-6 所示工件三个孔的加工程序。

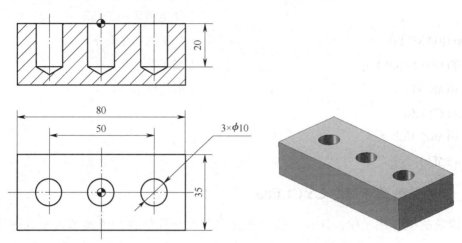

图 5-6　CYCLE82 指令编程实例

AA502.MPF；

N10 G90 G94 G40 G71 G54 F100；　　　　　　　　　　（程序初始化）

N20 G74 Z0；

N30 T1D1；

N40 G00 X-25.0 Y0；　　　　　　　　　　　　　　　（G17 平面快速定位）

N50 Z80.0 M08；　　　　　　　　　　　　　　　　　（Z 向定位至返回平面，切削液开）

N60 M03 S500；　　　　　　　　　　　　　　　　　（主轴正转，转速为 500 r/min）

提示

　　在图 5-7 所示的"钻削"对话框中填写浅孔钻削参数，按垂直软键［接收］，自动生成以上 MCALL CYCLE82 程序段。

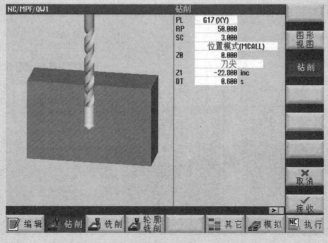

图 5-7　填写浅孔（不通孔）钻削参数

N70 MCALL CYCLE82（50，0，3，，-22.8，0.6，0，1，11）；

N80 G00 X-25.0 Y0；　　　　　　　　　　　（加工第一个孔）

　　　　　　　　　　　　　　　　　　　　　（固定循环加工孔）

N90 G00 X0 Y0；　　　　　　　　　　　　　（加工第二个孔）

N100 G00 X25.0 Y0；　　　　　　　　　　　（加工第三个孔）

N110 MCALL；　　　　　　　　　　　　　　（取消模态循环）

N120 G74 Z0；

N130 M05 M09；

N140 M30；

3. 深孔钻削循环指令 CYCLE83

在传统的机械加工中，深孔一般是指孔的深度与孔的直径的比值大于或等于10的孔。钻削深孔时，如果切屑不能顺利排出，轻则影响孔壁的加工质量，重则可能会导致钻头折断。因此，在深孔钻削循环中，数控系统特别采用了孔内断屑或者孔外排屑的处理方法。

（1）指令格式

CYCLE83（RTP，RFP，SDIS，DP，DPR，FDEP，FDPR，_DAM，DTB，DTS，FRF，VARI，_AXN，_MDEP，_VRT，_DTD，_DIS1，_GMODE，_DMODE，_AMODE）；

（2）参数输入界面

在程序输入与编辑界面中按下水平软键［钻削］，再按下垂直软键［深孔钻削］，进入"深孔钻削"参数输入编程界面。根据所加工孔实际的加工工艺，分别选择"断屑"和"排屑"处理方式，"深孔钻削"（断屑）编程对话框如图5-8所示，"深孔钻削"（排屑）编程对话框如图5-9所示。进一步填写深孔钻削参数，即可完成深孔钻削循环的编程工作。

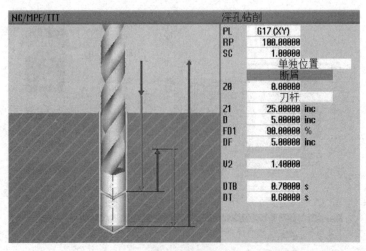

图 5-8　CYCLE83 指令 "深孔钻削"（断屑）编程对话框

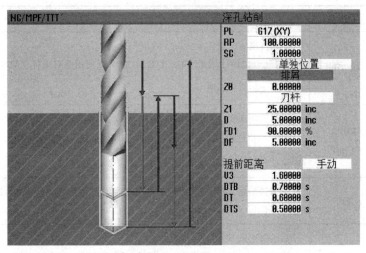

图 5-9　CYCLE83 指令"深孔钻削"（排屑）编程对话框

（3）参数含义

CYCLE83 指令的孔加工运动轨迹参阅本书第四章第三节。孔内断屑是一种加工效率比较高的处理切屑的方法。其特点是钻头每次钻削一定的深度，就沿着刀具轴线方向做一次短距离的退刀动作，并且做一次短暂的进给保持，然后继续钻削一定的深度，再退刀并做短时间进给保持，如此往复钻削，直至达到最终的钻孔深度。CYCLE83 指令孔内断屑方式对话框参数及其含义见表 5-5。

表 5-5　　　　　　　　　　CYCLE83 指令孔内断屑方式对话框参数及其含义

对话框参数	内部参数	含义
PL	_DMODE	加工平面的选择，通过"功能选择"键 进行平面切换
RP	RTP	返回平面，用绝对值进行编程
SC	SDIS	安全距离，无符号编程，其值为参考平面到加工开始平面的距离
加工位置		选项包括单独位置、位置模式（MCALL），通过"功能选择"键 进行位置切换，具体参阅本书第四章第三节
攻螺纹过程	VARI	选项包括断屑（VARI=0）、排屑（VARI=1），通过"功能选择"键 进行切换
Z0	RFP	参考平面，用绝对值进行编程
钻削深度	_GMODE	选项包括刀杆、刀尖，通过"功能选择"键 进行切换 当选择"刀杆"方式表示钻削深度时，"Z1"表示除去钻尖部分的钻杆切入的净深度。钻尖部分的长度在加工时由数控系统根据钻头顶角自动计算出来，并补偿在钻削深度中。这对于指定盲孔的钻削深度非常方便 当选择"刀尖"方式表示钻削深度时，直接在下一行"Z1"的后面写入钻削深度即可，它包含钻尖在内的钻头所有长度

续表

对话框参数	内部参数	含义
Z1	DP/DPR	钻削深度 "Z1"可以使用增量坐标（INC），也可以使用绝对坐标（ABS），通过"功能选择"键 ⊙ 进行切换
D	FDPR/ FDEP	首次钻削深度 "D"可以使用增量坐标（INC），也可以使用绝对坐标（ABS），通过"功能选择"键 ⊙ 进行切换
FD1	FRF	首刀进给率，将前面程序中的进给速度用于固定循环，并通过进给率调整进给速度的大小
DF	_DAM	后续每次进刀量的百分比 当DF=100%时，每次进刀量保持相同；当DF<100%时，每次进刀量向最终钻深方向不断减小
V1	_MDEP	最小深度进刀量。只有编写了DF<100%时，才会存在参数V1 当V1小于进刀量时，按编程时的进刀量进刀；当V1大于进刀量时，按照V1进刀
V2	_VRT	每次加工后的回退量，仅限于选择孔内断屑方式
DTB	DTB	每次钻削停留时间，以秒（s）或转（r）为单位，通过"功能选择"键 ⊙ 进行切换
DT	_DTD	在孔底的停留时间，以秒（s）或转（r）为单位，通过"功能选择"键 ⊙ 进行切换

　　孔外排屑与孔内断屑的处理方式相比，虽然其钻削效率有所降低，但是排屑的方法相对更好。其特点是钻头每次钻削一定的深度，就沿着刀具轴线方向完全退出孔外进行排屑，并且做一次短暂的进给保持，然后快速返回距离上一次钻削深度的提前距离位置继续进行下一段钻削，再完全退刀、排屑，如此往复钻削，直至达到最终的钻孔深度。CYCLE83指令孔外排屑方式对话框参数及其含义见表5-6。

表5-6　　　　　　　　　　　CYCLE83指令孔外排屑方式对话框参数及其含义

对话框参数	内部参数	含义
PL	_DMODE	加工平面的选择，通过"功能选择"键 ⊙ 进行平面切换
RP	RTP	返回平面，用绝对值进行编程
SC	SDIS	安全距离，无符号编程，其值为参考平面到加工开始平面的距离
加工位置		选项包括单独位置、位置模式（MCALL），通过"功能选择"键 ⊙ 进行位置切换，具体参阅本书第四章第三节
攻螺纹过程	VARI	选项包括断屑（VARI=0）、排屑（VARI=1），通过"功能选择"键 ⊙ 进行切换
Z0	RFP	参考平面，用绝对值进行编程

续表

对话框参数	内部参数	含义
钻削深度	_GMODE	选项包括刀杆、刀尖，通过"功能选择"键 进行切换 当选择"刀杆"方式表示钻削深度时，"Z1"表示除去钻尖部分的钻杆切入的净深度。钻尖部分的长度在加工时由数控系统根据钻头顶角自动计算出来，并补偿在钻削深度中。这对于指定盲孔的钻削深度非常方便 当选择"刀尖"方式表示钻削深度时，直接在下一行"Z1"的后面写入钻削深度即可，它包含钻尖在内的钻头所有长度
Z1	DP/DPR	钻削深度 "Z1"可以使用增量坐标（INC），也可以使用绝对坐标（ABS），通过"功能选择"键 进行切换
D	FDPR/ FDEP	首次钻削深度 "D"可以使用增量坐标（INC），也可以使用绝对坐标（ABS），通过"功能选择"键 进行切换
FD1	FRF	首刀进给率，将前面程序中的进给速度用于固定循环，并通过进给率调整进给速度的大小
DF	_DAM	后续每次进刀量的百分比 当 DF=100% 时，每次进刀量保持相同；当 DF<100% 时，每次进刀量向最终钻深方向不断减小
V1	_MDEP	最小深度进刀量。只有编写了 DF<100% 时，才存在参数 V1 当 V1 小于进刀量时，按编程时的进刀量进刀；当 V1 大于进刀量时，按照 V1 进刀
提前距离	_DIS1	钻头完成退刀排屑动作后，需要快速定位到与上一次钻削深度一定距离的位置再次转入进给模式，这段距离就是提前距离 选项包括手动、自动 当选择"手动"时，在下面的加工参数"V3"中指定；当选择"自动"时，提前距离由数控系统指定，默认为 1 mm
V3	_AMODE	指定的提前距离
DTB	DTB	每次钻削停留时间，以秒（s）或转（r）为单位，通过"功能选择"键 进行切换
DT	_DTD	在孔底的停留时间，以秒（s）或转（r）为单位，通过"功能选择"键 进行切换
DTS	DTS	刀具退到孔外排屑时的暂停时间，以秒（s）或转（r）为单位，通过"功能选择"键 进行切换

（4）编程实例

例 5-3 用 CYCLE83 指令编写图 5-10 所示工件四个孔的加工程序。

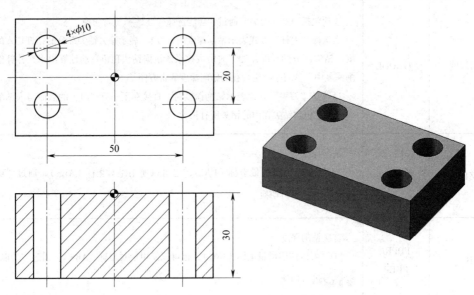

图 5-10 CYCLE83 指令编程实例

AA503.MPF；

N10 G90 G94 G40 G71 G54 F100；　　　　　　　　（程序初始化）

N20 G74 Z0；

N30 T1D1；

N40 G00 X0 Y0；

N50 Z30.0 M08；　　　　　　　　　　（Z 向快速定位到初始平面，切削液开）

N60 M03 S600；

N70 MCALL CYCLE83（50，0，3，，−35，，5，100，0.7，0.5，100，1，0，5，1.4，1，1.6，0，1，11211111）；

N80 G00 X−25.0 Y−10.0；　　　　　　　　（加工第一个孔）

N90 X25.0；　　　　　　　　　　　　　（加工第二个孔）

N100 Y10.0；　　　　　　　　　　　　　（加工第三个孔）

N110 X−25.0；　　　　　　　　　　　　（加工第四个孔）

N120 MCALL；　　　　　　　　　　　　　（取消模态循环）

N130 G74 Z0；

N140 M05 M09；

N150 M02；

提示

在图 5-11 所示的"深孔钻削"对话框中填写相应参数,按垂直软键[接收],系统自动生成以上 MCALL CYCLE83 程序段。

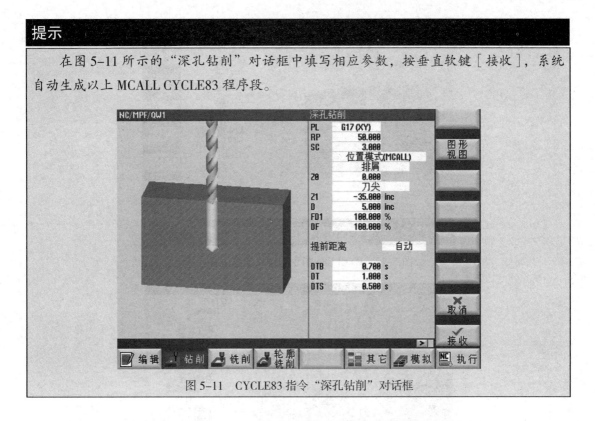

图 5-11 CYCLE83 指令"深孔钻削"对话框

4. 攻螺纹循环指令(CYCLE84、CYCLE840)

(1)指令格式

CYCLE84/CYCLE840(RTP, RFP, SDIS, DP, DPR, DTB, SDAC, MPIT, PIT, POSS, SST, SST1, _AXN, _PITA, _TECHNO, _VARI, _DAM, _VRT, _PITM, _PTAB, _PTABA, _GMODE, _DMODE, _AMODE);

(2)刚性攻螺纹循环指令 CYCLE84

刚性攻螺纹对机床的主轴要求较高,必须使用带编码器的伺服主轴;同时,攻螺纹的刀柄是刚性刀柄,没有自动调整间隙的功能。

1)参数输入界面。在会话式编程对话框中先按下水平软键[钻削],再按下垂直软键[螺纹](见图 5-1),进入图 5-12 所示的刚性攻螺纹编程界面,然后按下垂直软键[攻丝],进入图 5-13 所示的"攻丝"对话框,填入刚性攻螺纹[①]参数,即可完成编程工作。

2)参数含义。CYCLE84 指令攻螺纹运动轨迹参阅本书第四章第三节。在攻螺纹过程中,主轴转速与丝锥进给轴的位移之间严格保持同步,即主轴每转一转,丝锥沿进给轴移动一个螺距,因此,刚性攻螺纹时可用较高转速攻螺纹。CYCLE84 指令对话框参数及其含义见表 5-7。

---

① 攻螺纹旧称攻丝,书中为与图片统一,个别地方使用攻丝。

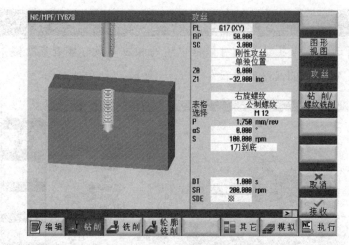

图 5-12　CYCLE84 指令刚性攻螺纹编程界面

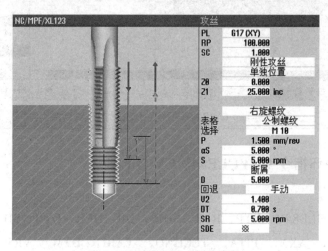

图 5-13　填入刚性攻螺纹参数

表 5-7　　　　　　　　　　　　CYCLE84 指令对话框参数及其含义

对话框参数	内部参数	含义
PL	_DMODE	加工平面的选择，通过"功能选择"键 进行平面切换
RP	RTP	返回平面，用绝对值进行编程
SC	SDIS	安全距离，无符号编程，其值为参考平面到加工开始平面的距离
攻螺纹模式		选项包括刚性攻丝、带补偿夹具攻丝（柔性攻丝），通过"功能选择"键 进行切换
加工位置		选项包括单独位置、位置模式（MCALL），通过"功能选择"键 进行位置切换，具体参阅本书第四章第三节
Z0	RFP	参考平面，孔上表面的绝对坐标
Z1	DP/DPR	攻螺纹深度 "Z1"可以使用增量坐标（INC），也可以使用绝对坐标（ABS），通过"功能选择"键 进行切换

续表

对话框参数	内部参数	含义
螺纹旋向	_AMODE	选项包括右旋螺纹、左旋螺纹,通过"功能选择"键 进行切换
表格		选项包括公制螺纹、无,通过"功能选择"键 进行切换 当选择"公制螺纹"时,螺纹为公制标准螺纹,应在下一行的"选择"中继续选择螺纹的公称尺寸,系统会在下一行自动显示出相应的螺距值"P" 当选择"无"时,螺纹为其他类型,应继续在下一行选项"P"后面填入待加工螺纹的螺距值
选择	_PTABA	选择标准螺纹,通过"功能选择"键 进行切换
P	_PITM	非公制螺纹的螺距,仅限"表格"(螺纹标准)选项选择"无"时,通过"功能选择"键 进行切换
αS	POSS	丝锥切入工件时主轴方向的角度值(仅限选择了无补偿夹具时提供)
S	SST	主轴转速(仅限选择了无补偿夹具时提供)
加工方法	_VARI	选项包括一刀到底、断屑、排屑(仅限选择了无补偿夹具时提供),通过"功能选择"键 进行切换
D	_DAM	在排屑和断屑方式下每一次攻螺纹的深度
回退		选项包括手动、自动(仅限选择了断屑时提供),通过"功能选择"键 进行切换
V2	_VRT	每次加工后的回退距离(仅限选择了刚性攻丝、断屑和手动回退时提供)
DT	_DTB	停留时间,以秒(s)为单位
SR	SST1	回退时的主轴转速(仅限选择了无补偿夹具时提供)
SDE	SDAC	循环结束后的旋转方向(仅限 G 指令程序) 选项包括 (顺时针旋转)、 (逆时针旋转)、 (主轴停转),通过"功能选择"键 进行切换

(3)柔性攻螺纹循环指令 CYCLE840

在柔性攻螺纹(又称浮动攻螺纹)状态下,攻螺纹的夹头和刀柄之间能自动调整间隙。

1)参数输入界面。CYCLE840 指令柔性攻螺纹编程界面如图 5-14 所示。

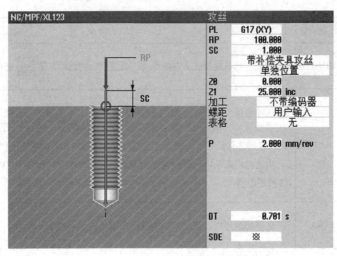

图 5-14　CYCLE840 指令柔性攻螺纹编程界面

2）参数含义。CYCLE840 指令柔性攻螺纹运动轨迹参阅本书第四章第三节。柔性攻螺纹可以弥补主轴转速与丝锥进给轴之间位置同步的匹配误差，对于精度要求不高的螺孔用这种方法加工可以满足要求，但当螺纹精度要求较高（6H 或以上）、工件的材质较软（铜或铝）时，螺纹精度将不能得到保证。还有一点要注意的是，若攻螺纹时主轴转速越高，Z 轴进给与螺距累积量之间的误差就越大，弹簧夹头的伸缩范围也必须足够大，由于弹簧夹头机械结构的限制，用这种方式攻螺纹时，主轴转速只能限制在 600 r/min 以下。CYCLE840 指令对话框参数及其含义见表 5-8。

表 5-8　　　　　　　　　　　　　　CYCLE840 指令对话框参数及其含义

对话框参数	内部参数	含义
PL	_DMODE	加工平面的选择，通过"功能选择"键 进行平面切换
RP	RTP	返回平面，用绝对值进行编程
SC	SDIS	安全距离，无符号编程，其值为参考平面到加工开始平面的距离
攻螺纹模式		选项包括刚性攻丝、带补偿夹具攻丝（柔性攻丝），通过"功能选择"键 进行切换
加工位置		选项包括单独位置、位置模式（MCALL），通过"功能选择"键 进行位置切换，具体参阅本书第四章第三节
Z0	RFP	参考平面，孔上表面的绝对坐标
Z1	DP/DPR	攻螺纹深度 "Z1"可以使用增量坐标（INC），也可以使用绝对坐标（ABS），通过"功能选择"键 进行切换
加工	_TECHNO	选项包括带编码器、不带编码器，通过"功能选择"键 进行切换

对话框参数	内部参数	含义
螺距		当上一项选择"带编码器"时，螺纹的螺距参数与刚性攻螺纹设置方法相同 当上一项选择"不带编码器"时，螺距的选项包括用户输入、有效进给率，通过"功能选择"键 进行切换 选择"用户输入"时，螺距参数设置方式与刚性攻螺纹相同；选择"有效进给率"时，螺距由加工循环前程序段中的主轴转速与进给速度决定
表格		选项包括公制螺纹、无，通过"功能选择"键 进行切换 当选择"公制螺纹"时，螺纹为公制标准螺纹，应在下一行的"选择"中继续选择螺纹的公称尺寸，系统会在下一行自动显示出相应的螺距值"P" 当选择"无"时，螺纹为其他类型，应继续在下一行选项"P"后面填入待加工螺纹的螺距值
选择	_PTABA	选择标准螺纹，通过"功能选择"键 进行切换
P	_PITM	非公制螺纹的螺距，仅限"表格"（螺纹标准）选项选择"无"时，通过"功能选择"键 进行切换
DT	_DTB	停留时间，以秒（s）为单位
SDE	SDAC	循环结束后的旋转方向（仅限 G 指令程序），选项包括 （顺时针旋转）、 （逆时针旋转）、 （主轴停转），通过"功能选择"键 键进行切换

（4）编程实例

例 5–4　用刚性攻螺纹循环指令 CYCLE84 编写图 5–15 所示工件两个螺孔（攻螺纹前已加工出 $\phi 10.3\,\mathrm{mm}$ 的底孔）的加工程序。

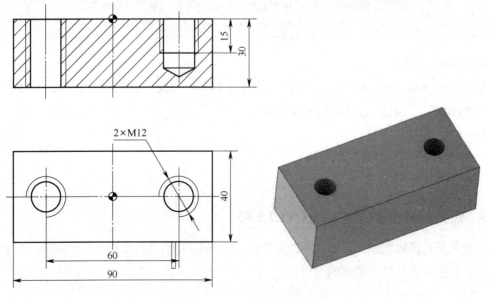

图 5–15　CYCLE84 指令编程实例

AA504.MPF；

N10 G90 G94 G40 G71 G54 F100；　　　　　　　　　（程序初始化）

N20 G74 Z0；

N30 T1D1；

N40 G00 X-30.0 Y0；

N50 Z30.0 M08；

N60 CYCLE84（50，0，3，，-32，1，5，，1.75，0，100，200，0，1，0，0，5，1.4，，"ISO_METRIC"，"M12"，，1001，2001001）；

提示

在图5-16所示的"攻丝"对话框中填写刚性攻螺纹参数，按垂直软键［接收］，系统自动生成以上CYCLE84程序段。

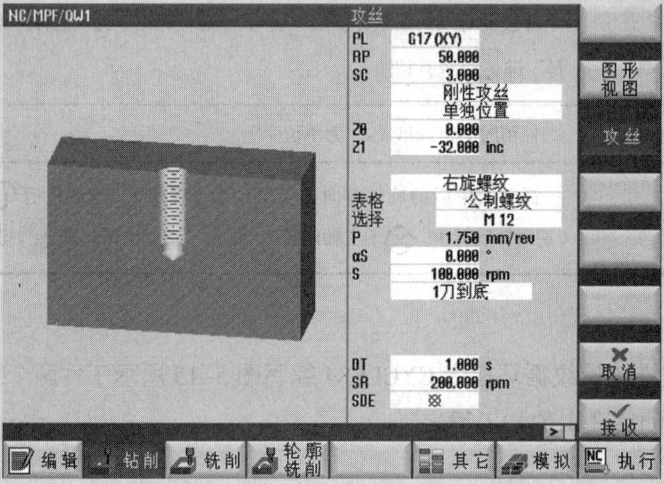

图5-16　CYCLE84指令"攻丝"对话框

N70 G00 X30.0 Y0；

N80 CYCLE84（50，0，3，，-18，1，5，，1.75，0，100，200，0，1，0，0，5，1.4，，"ISO_METRIC"，"M12"，，1001，2001001）；

N90 G74 Z0；

N100 M05 M09；

N110 M02；

5. 铰孔、粗镗孔循环指令 CYCLE85

铰孔属于孔的精密加工方法，所使用的加工刀具称为铰刀。铰刀不同于钻头，底部没有切削刃，只在侧面有可以切削的刃口。

（1）指令格式

CYCLE85（RTP，RFP，SDIS，DP，DPR，DTB，FFR，RFF，_GMODE，_DMODE，_AMODE）；

（2）参数输入界面

在程序输入与编辑界面中，按下水平软键［钻削］，按下垂直软键［钻削铰孔］（见图 5-1），再按下垂直软键［铰孔］（见图 5-5a），进入图 5-17 所示的"铰孔"对话框，填入铰孔参数，即可完成编程工作。

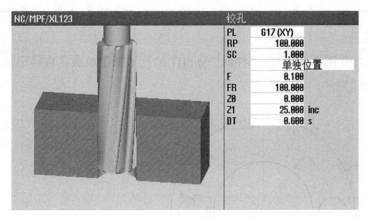

图 5-17　CYCLE85 指令"铰孔"对话框

（3）参数含义

铰孔、粗镗孔循环指令 CYCLE85 的孔加工运动轨迹参阅本书第四章第三节。由于铰刀的刃口很浅，直径尺寸很精确，因此只能对钻好的孔进行修光。CYCLE85 指令对话框参数及其含义见表 5-9。

表 5-9　　　　　　　　　　　　　CYCLE85 指令对话框参数及其含义

对话框参数	内部参数	含义
PL	_DMODE	加工平面的选择，通过"功能选择"键 [SELECT] 进行平面切换
RP	RTP	返回平面，用绝对值进行编程
SC	SDIS	安全距离，无符号编程，其值为参考平面到加工开始平面的距离
加工位置		选项包括单独位置、位置模式（MCALL），通过"功能选择"键 [SELECT] 进行位置切换，具体参阅本书第四章第三节
F	FFR	铰入或镗入时的进给速度
FR	RFF	铰出或镗出时的进给速度
Z0	RFP	参考平面，用绝对值进行编程

续表

对话框参数	内部参数	含义
Z1	DP/DPR	钻削深度 "Z1"可以使用增量坐标（INC），也可以使用绝对坐标（ABS），通过"功能选择"键 ![SELECT] 进行切换
DT	DTB	在孔底的停留时间，以秒（s）或转（r）为单位，通过"功能选择"键 ![SELECT] 进行切换

（4）编程实例

例 5-5 精加工图 5-18 所示工件两个 ϕ8H7 的孔（加工前底孔直径已加工至 7.8 mm），编写两孔的精加工程序。

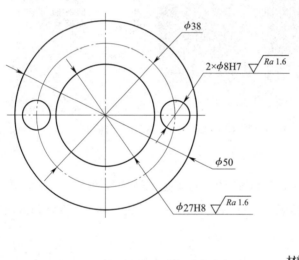

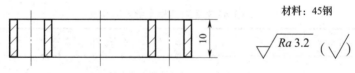

图 5-18 CYCLE85 指令编程实例

```
AA505.MPF;
N10 G90 G94 G40 G71 G54 F100;              （程序初始化）
N20 G74 Z0;
N30 T1D1;
N40 G00 X-30.0 Y0;
N50 Z30.0 M08;
N60 M03 S200;                              （铰孔时选用较低的转速）
N70 MCALL CYCLE85（50，0，3，，-15，1，50，100，，1，11）;
```

提示

在图 5-19 所示的"铰孔"对话框中填写铰孔参数，按垂直软键［接收］，系统自动生成以上 MCALL CYCLE85 程序段。

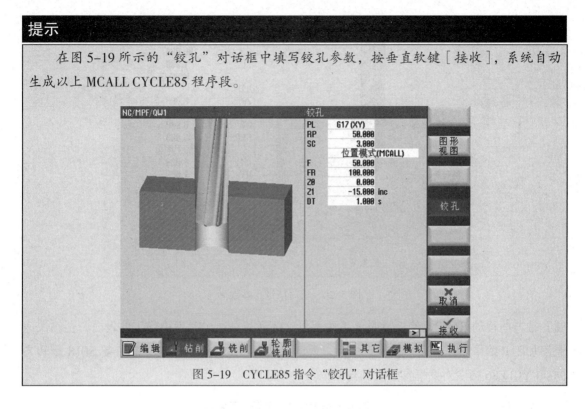

图 5-19　CYCLE85 指令"铰孔"对话框

N80 G00 X-19.0 Y0；

N90 X19.0；

N100 MCALL；　　　　　　　　　　　　　　　　　（取消模态调用）

N110 G74 Z0；

N120 M05 M09；

N130 M02；

6. 精镗孔循环指令 CYCLE86

精镗孔属于孔的精密加工方法，精镗孔对刀具和机床都有特殊的要求，刀具必须是单刀头的精镗刀，数控机床需要具备伺服主轴。

（1）指令格式

CYCLE86（RTP，RFP，SDIS，DP，DPR，DTB，SDIR，RPA，RPO，RPAP，POSS，_GMODE，_DMODE，_AMODE）；

（2）参数输入界面

在程序输入与编辑界面中按下水平软键［钻削］，再按下垂直软键［镗孔］，进入图 5-20 所示的"镗孔"对话框，填入精镗孔参数，即可完成编程工作。

（3）参数含义

精镗孔循环指令 CYCLE86 的运动轨迹参阅本书第四章第三节。镗刀以切削进给方式加工到孔底，实现主轴准停；刀具在加工平面第一轴方向移动 RPA，在第二轴方向移动 RPO，

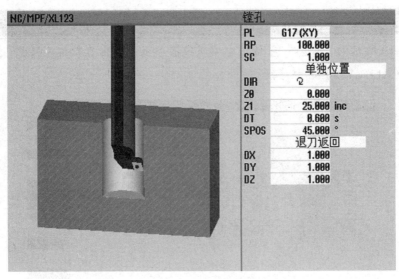

图 5-20　填写精镗孔参数

镗孔轴方向移动 RPAP，使刀具脱离工件表面，保证刀具退出时不擦伤工件表面；主轴快速退回加工开始平面，然后主轴快速退回，返回平面程序的循环起点，主轴恢复 SDIR 旋转方向。CYCLE86 指令对话框参数及其含义见表 5-10。

表 5-10　　　　　　　　　　　　CYCLE86 指令对话框参数及其含义

对话框参数	内部参数	含义
PL	_DMODE	加工平面的选择，通过"功能选择"键 进行平面切换
RP	RTP	返回平面，用绝对值进行编程
SC	SDIS	安全距离，无符号编程，其值为参考平面到加工开始平面的距离
加工位置		选项包括单独位置、位置模式（MCALL），通过"功能选择"键 进行位置切换，具体参阅本书第四章第三节
DIR	SDIR	主轴的旋转方向。这个选项需要根据所用精镗刀的结构而定 选项包括 （主轴正转）、 （主轴反转），通过"功能选择"键 进行切换 如果是正镗，应选择主轴正转；如果是反镗，应选择主轴反转
Z0	RFP	参考平面，用绝对值进行编程
Z1	DP/DPR	镗孔深度 "Z1"可以使用增量坐标（INC），也可以使用绝对坐标（ABS），通过"功能选择"键 进行切换
DT	DTB	镗刀在孔底的停留时间，以秒（s）或转（r）为单位，通过"功能选择"键 进行切换
SPOS	POSS	主轴的定向角度，即当镗刀进给至孔的底部时，需要主轴停止旋转并且将主轴定位到某一固定的角度，以便向镗刀刀尖相反的方向退刀

对话框参数	内部参数	含义
退刀方式	_GMODE	选项包括不退刀返回、退刀返回，通过"功能选择"键 🔘 进行切换 选择"不退刀返回"，可以避免反向退刀时产生的反向间隙，使镗孔时的定位更加精确。但是，在抬刀过程中镗刀的刀尖会在孔壁上划出一道细微的痕迹 选择"退刀返回"，系统可以让镗刀在抬刀前先进行 X、Y、Z 三个方向上的偏移，让刀尖脱离工件表面，然后快速回退到返回平面
DX	RPA	X 轴的退刀返回量（带方向的增量）
DY	RPO	Y 轴的退刀返回量（带方向的增量）
DZ	RPAP	Z 轴的退刀返回量（带方向的增量）

三、孔加工综合实例

例 5-6 在加工中心上完成图 5-21 所示工件的孔加工（在孔加工前，工件外轮廓均已加工完成），用 SIEMENS 828D 系统孔加工固定循环指令编写加工程序。

加工图 5-21 所示的工件时，加工工序及各工序选用的刀具、切削用量见表 5-11。

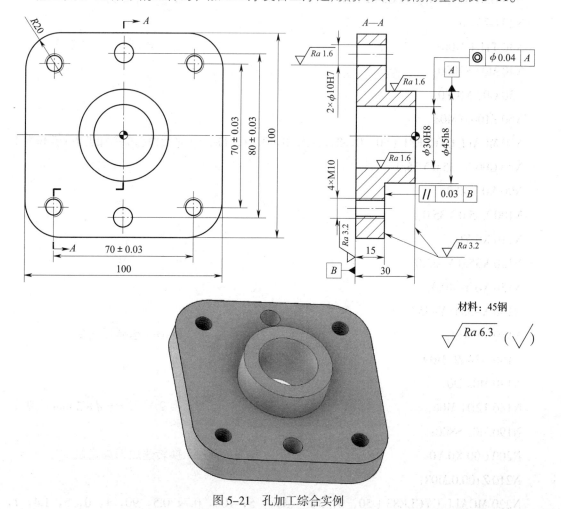

图 5-21 孔加工综合实例

表 5-11　　　　　　　　　　　　加工工序及各工序选用的刀具、切削用量

加工工序	刀具号	刀具规格	主轴转速 / (r·min⁻¹)	进给量 / (mm·min⁻¹)	背吃刀量 / mm
用中心钻进行孔定位	T01	A2.5 mm/6.3 mm 中心钻	2 000	50 ~ 100	D/2
钻 7 个孔	T02	φ8.5 mm 钻头	800	50 ~ 100	D/2
扩底板上的孔	T03	φ9.8 mm 钻头	700	100 ~ 200	0.65
用立铣刀扩孔（铣孔）	T04	φ16 mm 立铣刀	500	100 ~ 200	3.75
铰孔	T05	φ10H7 铰刀	200	50 ~ 100	0.1
攻螺纹	T06	M10 丝锥	100	100	0.5
镗 φ30 mm 通孔	T7	φ30 mm 精镗刀	1 200	100 ~ 200	0.2
工件去毛刺，倒钝锐边	—	—	—	—	—

AA506.MPF

N10 G90 G94 G40 G71 G54 F100；　　　　　　　　　　　　（程序开始部分）

N20 G74 Z0；

N30 T1D1 M06；　　　　　　　　　　　　　　　　　（换 1 号刀——中心钻）

N40 M03 S2000；

N50 G00 X0 Y0；

N60 Z100.0 M08；

N70 MCALL CYCLE81（50，0，2，，-3，0，0，1，11）；（采用模态指令加工 7 个定位孔）

N80 G00 X-35.0 Y35.0；

N90 X0 Y40.0；

N100 X35.0 Y35.0；

N110 X0 Y0；

N120 X35.0 Y-35.0；

N130 X0 Y-40.0；

N140 X-35.0 Y-35.0；

N150 MCALL；　　　　　　　　　　　　　　　　　　（取消模态循环指令）

N160 G74 Z0 M09；

N170 M05 D0；

N180 T2D1 M06；　　　　　　　　　　　　　（换 2 号刀——φ8.5 mm 钻头）

N190 M03 S800；

N200 G00 X0 Y0；　　　　　　　　　　　　　　　　（换转速后刀具定位）

N210 Z100.0 M08；

N220 MCALL CYCLE83（50，0，3，，-35，，5，100，0.7，0.5，90，1，0，5，1.4，1，

1.6，0，1，11211111）；　　　　　　　　（采用深孔循环模态指令加工 7 个孔）

　　N230 G00 X−35.0 Y35.0；

　　N240 X0 Y40.0；

　　N250 X35.0 Y35.0；

　　N260 X0 Y0；

　　N270 X35.0 Y−35.0；

　　N280 X0 Y−40.0；

　　N290 X−35.0 Y−35.0；

　　N300 MCALL；　　　　　　　　　　　　（取消模态循环指令）

　　N310 G74 Z0 M09；

　　N320 M05 D0；

　　N330 T3D1 M06；　　　　　　　　　　　（换 3 号刀——ϕ9.8 mm 钻头）

　　N340 M03 S700；

　　N350 G00 X0 Y0；　　　　　　　　　　（换转速后刀具定位）

　　N360 Z100.0 M08；

　　N370 MCALL CYCLE82（50，0，3，，−35，0.6，0，1，11）；　　（采用模态指令扩孔）

　　N380 X0 Y40.0；

　　N390 X0 Y−40.0；

　　N400 MCALL；　　　　　　　　　　　　（取消模态循环指令）

　　N410 G74 Z0 M09；

　　N420 M05 D0；

　　N430 T4D1 M06；　　　　　　　　　　　（换 4 号刀——ϕ16 mm 立铣刀）

　　N440 M03 S500；

　　N450 G00 X0 Y0；　　　　　　　　　　（换转速后刀具定位）

　　N460 Z100.0 M08；

　　N470 Z10.0；

　　N480 G01 Z0 F100；

　　N490 M98 P506L6；　　　　　　　　　　（调用 L506 号子程序 6 次）

　　N500 G00 Z100.0；

　　N510 T5D1 M06；　　　　　　　　　　　（换 5 号刀——ϕ10H7 铰刀）

　　N520 M03 S200；

　　N530 G00 X0 Y0；　　　　　　　　　　（换转速后刀具定位）

　　N540 Z100.0 M08；

　　N550 MCALL CYCLE85（50，0，3，，−35，1，50，100，，1，11）；

　　　　　　　　　　　　　　　　　　　　（采用模态指令铰孔）

N560 X0 Y40.0；

N570 X0 Y-40.0；

N580 MCALL；　　　　　　　　　　　　　　（取消模态循环指令）

N590 G74 Z0 M09；

N600 M05 D0；

N610 T6D1 M06；　　　　　　　　　　　　　（换 6 号刀——M10 丝锥）

N620 M03 S100；

N630 G00 X0 Y0；　　　　　　　　　　　　　（换转速后刀具定位）

N640 Z100.0 M08；

N650 MCALL CYCLE84（50，0，3，，-36，1，5，，1.5，5，100，200，0，1，0，0，5，
1.4，，"ISO_METRIC"，"M10"，，1001，2001001）；　（采用模态指令攻螺纹）

N660 G00 X-35.0 Y35.0；

N670 X35.0；

N680 Y-35.0；

N690 X-35.0；

N700 MCALL；　　　　　　　　　　　　　　　（取消模态循环指令）

N710 G74 Z0 M09；

N720 M05 D0；

N730 T7D1 M06；　　　　　　　　　　　　　（换 7 号刀——ϕ30 mm 精镗刀）

N740 M03 S1200；

N750 G00 X0 Y0；　　　　　　　　　　　　　（换转速后刀具定位）

N760 Z100.0 M08；

N770 CYCLE86（50，0，2，，-32，0.6，3，0.5，0.5，0.5，45，0，1，11）；
　　　　　　　　　　　　　　　　　　　　　（精镗孔）

N780 G74 Z0 M09；

N790 M05 D0；

N800 M30；　　　　　　　　　　　　　　　　（程序结束）

L506.SPF；　　　　　　　　　　　　　　　　（子程序）

N10 G91 G01 Z-5.0 F100；

N20 G90 G41 G01 X15.0 Y0 D01；

N30 G03 X15.0 Y0 I-15.0 J0；

N40 G40 G01 X0 Y0；

N50 M99　　　　　　　　　　　　　　　　　（返回主程序）

第三节 SIEMENS 828D 系统数控铣床 / 加工中心操作

SIEMENS 828D 系统采用 10.4in 薄膜场效应晶体管（thin film transistor，TFT）彩色显示屏，键盘采用 QWERTY 全键盘技术，可以直接输入程序文本、刀具名称和文本语言指令。系统操作简便，具有良好的人机交互性能。

数控铣床 / 加工中心面板主要由数控系统面板和机床控制面板两部分组成。数控系统面板主要由数控系统生产厂家原装配置，而机床控制面板根据机床制造企业的实际需求可自行设计及配置。本书主要以 TOM850A 型加工中心为例对数控铣床 / 加工中心的面板进行介绍，如图 5-22 所示。

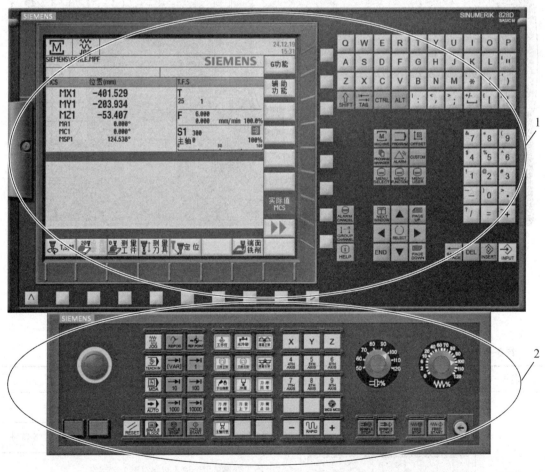

图 5-22 TOM850A 型加工中心面板

1—数控系统面板 2—机床控制面板

一、数控系统面板与机床控制面板介绍

1. 数控系统面板

（1）数控系统面板分区及其功能

SIEMENS 828D 数控系统面板主要由各种功能按键区、屏幕显示区组成，如图 5-23 所示。该系统面板各分区功能介绍见表 5-12。

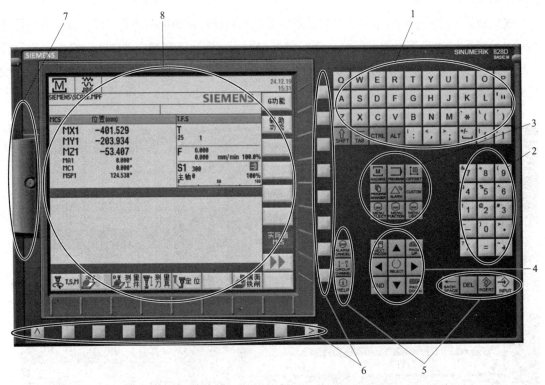

图 5-23　SIEMENS 828D 数控系统面板

1—字母区　2—数字区　3—热键区　4—光标区　5—控制键区　6—软键区
7—用户接口区　8—屏幕显示区

表 5-12　　　　　　　　　　SIEMENS 828D 数控系统面板分区及其功能

名称	功能按键	功能
字母区		用于输入字母 A ~ Z
		用于输入 "、" "*" "（" "）" "[" "]" "<" ">" "："等符号
		"上挡"键 用于输入双字符键上部字符
		"跳格"键 用于将光标缩进若干字符
		CTRL 和 ALT 键与其他键组合实现快捷功能

续表

名称	功能按键	功能
数字区		用于输入数字 0 ~ 9 和 "+" "-" "*" "/" "=" 等运算符
		利用上挡键 SHIFT 输入 "&" "%" "#" "@" 等符号
热键区		按 "加工" 键 MACHINE，显示当前加工位置的机床坐标值或工件坐标值
		按 "程序" 键 PROGRAM，显示正在执行或编辑的程序内容
		"参数" 键 OFFSET 用于打开 "参数" 操作区域，设置刀具清单、刀具磨损、刀库、零偏、用户变量等
		"程序管理" 键 PROGRAM MANAGER 用于调用 "程序管理器" 操作区域，管理程序列表
		"警报" 键 ALARM 用于打开报警清单窗口，查看报警信息
		"选择菜单" 键 MENU SELECT 用于打开功能选择窗口
		CUSTOM 是机床生产厂家自定义按键
光标区		"光标" 键 ◀ ▶ ▲ ▼ 用于将光标移至显示屏中各不同的字段或者行
		"功能选择" 键 SELECT 用于在多个选项中进行选择
		"窗口切换" 键 NEXT WINDOW 用于在实际工作窗口中激活下一个子窗口
		"翻页" 键 PAGE UP 和 PAGE DOWN 用于在目录或工作计划中翻页
		"结束" 键 END 用于将光标置于参数窗口中的最后一个输入字段
控制键区		"退格" 键 BACKSPACE 用于清除活动的输入字段中光标前的字符
		"删除" 键 DEL 用于清除参数字段中光标后的字符
		"插入" 键 INSERT 用于程序编辑过程中程序字的插入
		"输入" 键 INPUT 用于输入数据值、开 / 关目录、打开文件
		"取消报警" 键 ALARM CANCEL 用于清除报警信息显示
		GROUP CHANNEL 是 "通道选择" 键
		"帮助" 键 HELP 可为操作人员提供报警信息与帮助

续表

名称	功能按键	功能
软键区	∧ … ▢ … >	"回跳"键 ∧ 用于将光标移到上一栏
		"软键选择"键 ▢ 用于选择软键对应的菜单功能
		"扩展"键 > 用于扩展水平软键栏
用户接口区		1—以太网插口，用于通过网络传输数据
		2—RDY、NC、CF 状态发光二极管（lighting emitting diode，LED）指示灯
		3—USB 插口，用于通过 U 盘传输数据
		4—CF 插口，用于通过 CF（compact flash，CF）卡传输数据
屏幕显示区		数控系统屏幕显示，详见图 5-24 和表 5-13

（2）屏幕显示区的划分及分区功能

SIEMENS 828D 数控系统显示屏作为数控系统与操作人员的人机交互界面，包含了数控机床各种参数（如运行参数、报警信息等）和技术人员对数控机床的控制信息（如数控程序指令等），相关技术人员必须详细了解屏幕显示界面的组成和相关功能。屏幕显示区的划分如图 5-24 所示，其分区名称和功能见表 5-13。

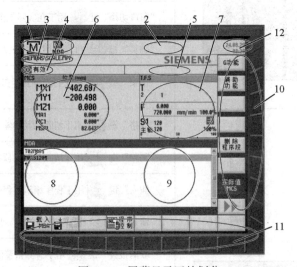

图 5-24　屏幕显示区的划分

1—有效操作区域和操作模式　2—报警或其他信息显示区　3—程序路径和名称　4—通道状态和程序控制内容显示区
5—通道运行信息显示区　6—坐标值显示区　7—T、F、S 信息显示区　8—工作界面
9—辅助信息栏　10—垂直软键栏　11—水平软键栏　12—系统时间显示区

表 5–13　　　　　　　　　　　　　　　　　屏幕显示区分区名称和功能

分区名称	功能
有效操作区域和操作模式显示区	有效操作区域：包括加工 ▣M、参数 ↕◻、程序 ▱、程序管理器 ⊞、诊断 △、调试 ⚒ 六种状态
	操作模式：包括手动进给 ▦JOG、手动数据输入 ▣MDA、自动运行 ⇥AUTO、重新定位和重新接近轮廓 ↗REPOS、返回参考点 ⇤REFPOINT 五种模式
报警或其他信息显示区	NC 或 PLC 信息：信息编号和文本以黑色字体显示
	报警显示：红色背景下，以白色字体显示报警编号，红色字体显示报警信息
	程序信息：绿色字体显示相关信息
程序路径和名称	显示当前所选择的程序名称和存储路径信息
通道状态和程序控制内容显示区	▨ 复位：使用"复位"键 ⎚RESET 使机床处于初始状态
	◈ 有效：正在处理程序，无异常状况
	⊙ 中断：使用"循环停止"键 ⊟CYCLE STOP 中断程序
	SB1 SKP DRF M01 RG0 DRY PRT：显示有效的程序段控制 SB1：粗略单步执行；SB2：计算程序段；SB3：精准单步执行；SKP：跳转程序段；DRF：手轮偏移；M01：有条件停止 1；RG0：快速倍率有效；DRY：空运行进给；PRT：程序测试
通道运行信息显示区	△停止：需要操作，如 △停止：单步执行结束
	⊙等待：不需要操作，如 ⊙等待：G4 S90 还有：90.0 U
坐标值显示区	**WCS** 或 **MCS**：显示工件坐标系或机床坐标系。通过垂直软键 [实际值/MCS] 切换
	位置 [mm]：显示机床各轴的实际坐标值
	余程：运行程序时显示当前数控程序段的剩余行程
T、F、S 信息显示区	⊤ ROUGHING_T80 A　　R0.000 1 ▣D1　　　239.000 X55.000 : 有效刀具信息 **ROUGHING_T80 A**：刀具名称；**D1**：当前刀具的刀沿号；▣：当前刀具类型符号；**R0.000**：刀尖圆弧半径；**Z39.000 X55.000**：刀具长度尺寸
	F 　0.000 　　　　0.300 mm/rev 60% : 进给率 F **0.000**：实际进给率；**0.300 mm/rev**：程序制定的进给率；**60%**：进给倍率百分比
	S1 1000　　　　↻ 主轴 700　　　70% : 主轴参数 S **S1 主轴**：当前运行主轴号；**1000**：程序主轴转速设定值；**700**：实际主轴转速；↻：主轴顺时针旋转；**70%**：主轴旋转倍率百分比

续表

分区名称	功能
当前加工程序	显示当前正在执行的程序内容
辅助信息栏	显示辅助功能等信息，包括程序运行时间、程序剩余时间和工件计数
垂直软键栏	显示各种功能菜单和有效 G 指令
水平软键栏	显示各种功能菜单
系统时间显示区	显示当前系统时间

2. 机床控制面板

数控机床控制面板主要由机床制造企业根据机床的配置和具体功能来设计控制模块。机床厂家、型号、规格不同，往往机床控制面板也有很大差异。TOM850A 型加工中心机床控制面板如图 5-25 所示，各功能键名称及其功能见表 5-14。

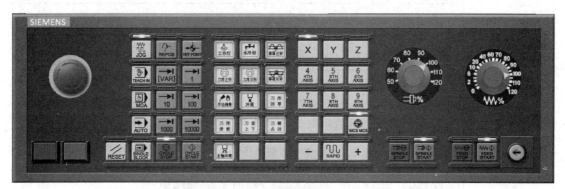

图 5-25　TOM850A 型加工中心机床控制面板

表 5-14　　　　TOM850A 型加工中心机床控制面板功能键名称及其功能

名称	功能键图	功能
机床总电源开关		机床总电源开关位于机床背面，状态 "0" 为关，状态 "1" 为开
系统电源开关		数控系统电源开关，绿色为电源开，红色为电源关
"急停"按钮		紧急停止开关，当出现紧急情况而按下"急停"按钮时，在显示屏上出现"EMG"字样，机床报警指示灯亮
主轴控制键		：红色键，按该键使主轴停止
		：绿色键，按该键启动主轴

续表

名称	功能键图	功能
进给控制键		：红色键，按该键停止当前正在运行的加工程序，应使机床运动轴停止
		：绿色键，按该键从当前程序段继续运行并将进给速度提高到设定值
数据钥匙开关		可通过钥匙开关的不同位置设置不同的数据访问级别
模式选择键		模式：可进行手动切削进给、手动快速进给、程序编辑、对刀操作等
		模式：重新定位及接近轮廓
		模式：可进行回参考点操作
		模式：可以在与机床的交互模式中编辑程序
		模式：进行手动数据输入
		模式：进行自动运行加工
复位键		1. 按下该键，使机床进入准备就绪状态，可以开始执行程序 2. 使机床停止正在执行的加工程序 3. 消除报警信息
自动运行控制键		："循环启动" 按键
		："循环暂停" 按键，又称 "进给保持" 按键
单段运行选择键		自动运行模式下的程序单段运行选择键
增量进给选择键		：以可变步长移动一段增量距离
		…：为增量进给步长，以 1 ~ 10 000 倍增量值的指定步长移动一段增量距离。增量步长的长度取决于机床基准
切削液开关		用于打开或关闭机床冷却系统
照明开关		用于打开或关闭机床照明系统

续表

名称	功能键图	功能
主轴旋转 选择键		主轴反转、停转、正转选择键，仅在"JOG"或"REF"模式有效
轴进给及进 给方向键		在"JOG"模式下，按下指定轴键，再按"+""–"键，即可使刀具沿指定的方向手动连续慢速进给，进给速度可通过进给速度倍率旋钮进行调节。按下中间位置的快速移动按键，再按下指定轴的方向键不松开，即可实现该方向上的快速进给 
坐标系 选择键		可以在工件坐标系（WCS）和机床坐标系（MCS）之间切换
主轴倍率 旋钮		用于增减编程设定的转速。编程设定的转速相当于100%，可在50% ~ 120%范围内变化。新的调节值在显示屏上转速状态的显示部分中显示为绝对值和百分比值
进给速度 倍率旋钮		用于增减编程设定的进给速度。编程设定的进给速度表示为100%，可在0 ~ 120%范围内变化，但在快速行程中最高只能达到100%。新的调节值在显示屏上进给状态的显示部分中显示为绝对值和百分比值

二、数控机床/加工中心基本操作

1. 开机和关机操作

（1）开机步骤

1）检查机床和数控系统各部分的初始状态是否正常。

2）将机床电气柜上的电源开关扳至"1"位，接通机床总电源。

3）按下机床控制面板上的绿色电源开按钮 ，数控系统启动，系统引导内容完成后，显示开机界面，如图5-26所示。

4）如显示屏右上角闪烁"#3000"（急停报警信息），应顺时针松开机床控制面板和手轮上的"急停"按钮，按下"复位"键  ，即可取消此报警信息；如果仍显示"#70000"（报警信息），则按下主轴控制键  和进给控制键  中的绿色键，即可使系统复位。

由于该系统机床的伺服电动机采用绝对编码器，断电后不需要回参考点（它有位置存储记忆功能，有的由电池保持记忆），因此断电后能记住当前的位置，重新通电后系统能将保存的位置调用出来。

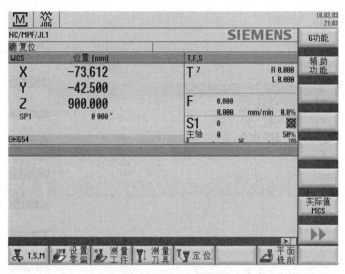

图 5-26　机床开机界面

（2）关机步骤

1）按下"加工"键 ，回到主界面。

2）卸下工件和刀具。

3）在"JOG"运行方式下，将工作台移至安全位置后按下"急停"按钮。

4）按下控制面板上的电源关按钮 ，关闭数控系统电源。

5）将机床电气柜上的电源开关旋至"0"位。

2．对刀操作

（1）XY 平面的对刀操作

1）按水平软键［T，S，M］，出现图 5-27 所示的界面，在"T，S，M"参数对话框中输入相应的参数值，然后按下机床控制面板上绿色的"循环启动"按键 ，使数控机床主轴正转。

2）按下水平软键［设置零偏］，出现图 5-28 所示的显示位置坐标的界面，选择"JOG（手动）"运行方式，然后选择手轮方式。选择相应的轴，快速摇动手轮，使其接近 X 轴方向的一条侧边（图 5-29 中 A 点处），降低手动进给倍率，使找正器慢慢接近工件侧边，从而正确地找正侧边 A 点。按下垂直软键［X=0］，此时显示屏显示 X 值为 0；将 Z 轴抬高，移动 X 轴到工件的另一侧，接近图 5-29 所示 B 点处，降低手动进给倍率，使找正器慢慢接近工件侧边，从而正确找正侧边 B 点。按系统面板上的"="

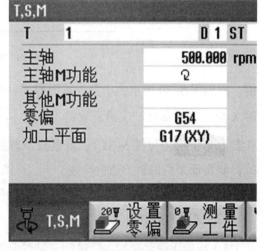

图 5-27　设定主轴转速

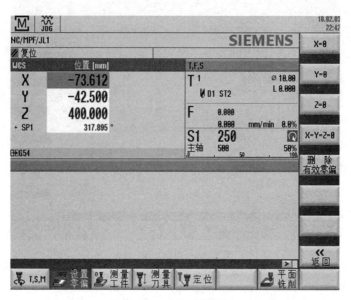

图 5-28 显示位置坐标

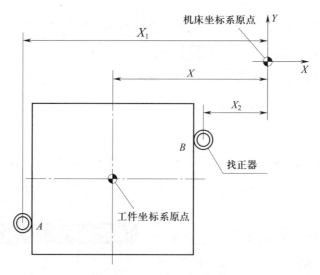

图 5-29 XY 平面对刀操作

键，出现图 5-30 所示的小型计算器界面，依次按 "/" "2" "=" 键，观察显示屏坐标界面此时 X 坐标值的变化，按垂直软键［接收］，按下系统面板上的 "OFFSET" 键 ，按垂直软键 （见图 5-31），观察显示屏界面中 G54 一栏的 X 坐标值，如果该值会自动更改，就表示 X 方向对刀值已生效。

3）用同样的方法进行 Y 方向的对刀操作。

（2）Z 轴方向的对刀操作

1）按机床控制面板上红色的主轴控制键 ，使主轴停止旋转，手动更换刀具。

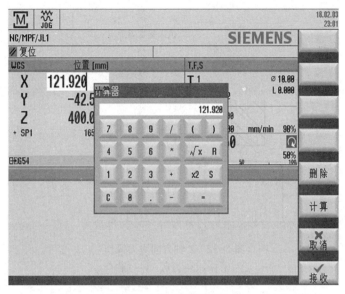

图 5-30　小型计算器界面

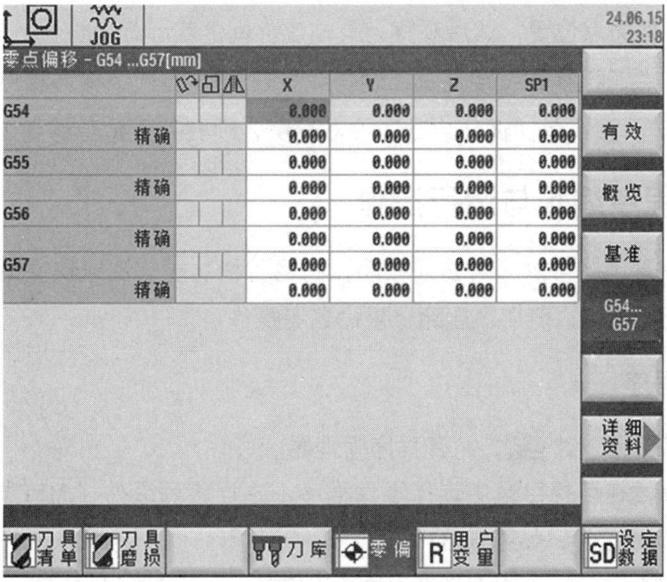

图 5-31　垂直软键【G54⋯G57】

　　2）在工件上方放置一个 $\phi 10$ mm 的测量用心棒（或量块），选择"JOG（手动）"运行方式，选择手轮方式。选择相应的轴，快速摇动手轮，使刀具在 Z 轴方向快速接近心棒（见图 5-32），然后降低手动进给倍率，使刀具与心棒轻轻接触。按垂直软键［Z=0］，按系统面板上的"="键，出现图 5-30 所示的小型计算器界面，依次按"−""10""="键，观察显示屏坐标界面此时 Z 坐标值的变化；按垂直软键［接收］，按下系统面板上的"OFFSET"键 ，按垂直软键　G54 … G57 ，观察显示屏界面中 G54 一栏的 Z 坐标值，如果该值会自动更改，就表示 Z 方向对刀值已生效。

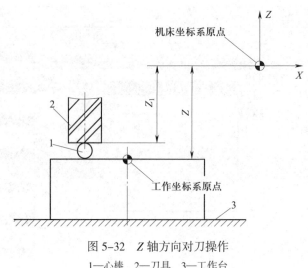

图 5-32　Z 轴方向对刀操作

1—心棒　2—刀具　3—工作台

（3）对刀正确性校验

为保证对刀的正确性，对刀结束后要进行对刀正确性的校验工作，具体操作如下：手动移动刀具靠近工件原点位置，然后观察刀具与工件间的实际相对位置，对照显示屏显示的机床坐标，判断零点偏移参数设定是否正确；或者在 MDI 方式下输入程序"M03 S500；G54 G00 X0 Y0 Z10.0；"，按绿色"循环启动"按键 ，观察刀具是否移到工件的对刀位置。

三、数控程序编辑与运行操作

用户通过程序管理器可以即时访问程序，利用各种功能软键或快捷键完成程序的新建、打开、修改、复制、粘贴、剪切、删除、重命名等操作。

1. 建立新程序

（1）按"程序管理"键 ，打开程序管理器。

（2）移动光标，在目标目录中选择零件程序（主程序后缀为".MPF"）、子程序（子程序后缀为".SPF"）或工件，如图 5-33 所示。

（3）按垂直软键［新建］，在对话框中输入程序名，按垂直软键［确认］，完成新程序的创建工作。若新建程序名为"AA001"的主程序（见图 5-34），程序管理器界面如图 5-35 所示。

图 5-33　程序管理器目录

图 5-34　创建"AA001"主程序

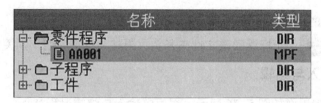

图 5-35　新建程序后程序管理器界面

（4）按水平软键［编辑］，进入程序编辑界面，开始输入程序，如图 5-36 所示。

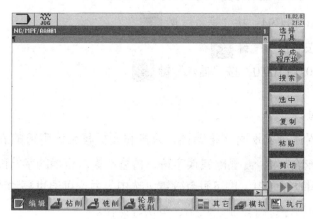

图 5-36　程序输入与编辑界面

2. 打开和关闭程序

（1）按"程序管理"键 ，打开程序管理器。

（2）移动光标至目标目录或程序名上。

（3）按垂直软键［打开］、光标键 ▶ 或按"输入"键 打开光标所在的目录或程序，如图 5-37 所示。

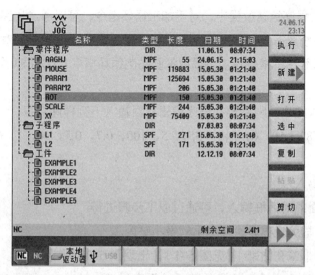

图 5-37　打开程序界面

（4）按垂直软键［关闭］、光标键 ◀ ，关闭当前打开的程序。

（5）按光标键 ◀ ，光标返回该文件夹开头，再按光标键 ◀ ，则关闭该文件夹。

3. 程序的输入与编辑

程序输入与编辑界面如图 5-36 所示，程序的输入与编辑过程如下：

（1）程序的输入

利用数控系统面板上的按键完成相应程序代码的输入。

例如，G90 G71 G40 G94；按"插入"键

　　　　T1D1；按"插入"键

　　　　G00 X100.0 Y100.0；按"插入"键

　　　　⋮

（2）程序的编辑

如果在输入的程序中发现有字符错误，只需将光标移至该字符的右侧或左侧，然后用"退格"键 或"删除"键 删除错误字符，再重新输入正确的字符即可。

在程序输入与编辑界面中，按下垂直软键［选中］后，可通过移动光标选中所需的程序或程序部分内容，对程序进行复制、粘贴、剪切等操作。

（3）编辑程序时的注意事项

1）零件程序未处于执行状态时，方可进行编辑。

2）若需要对原有程序进行编辑，可以通过程序管理器，用光标选择需要编辑的程序，然后按垂直软键［打开］，即可编辑程序。

3）加工程序中的任何修改均被数控系统即时存储。

4. 固定循环的编辑

在数控铣削加工程序编辑过程中，对于加工循环指令，可以通过程序编辑界面手动输入，但 SIEMENS 828D 系统具有良好的人机交互性能，可以通过视窗界面的对话框输入，更直观、便捷，也更容易保证程序的准确性。下面以深孔钻削循环指令 CYCLE83 为例进行介绍。

（1）手动输入

若采用手动输入方式，则需要在程序编辑界面输入下列程序内容：

MCALL CYCLE83（50，0，3，，-35，，5，100，0.7，0.5，90，1，0，5，1.4，1，1.6，0，1，11211111）；

（2）对话框式输入

若使用视窗界面的对话框输入，可通过以下步骤进行：

1）在程序输入与编辑界面，按水平软键［钻削］。

2）按垂直软键［深孔钻削］（见图 5-1），出现图 5-38 所示的深孔钻削界面。

3）在对应的参数栏中输入相应数值后按垂直软键［接收］，即可完成与手动输入相同的程序内容的输入工作。

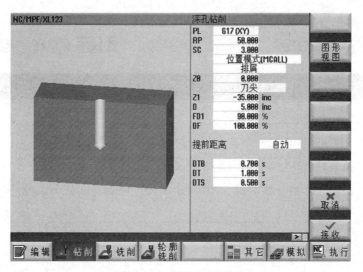

图 5-38 深孔钻削界面

5. 数控程序的自动运行（AUTO）

（1）自动运行前的准备

1）机床刀架必须回参考点。

2）待加工零件的加工程序已经输入，经调试后确认无误。

3）加工前的其他准备工作均已就绪，如对刀操作、刀补等参数的设置。

4）必要的安全锁定装置已经启动。

（2）自动加工的操作过程

1）在程序管理器中打开所需的程序，按"自动"模式键 [图] 或按水平软键 [执行]，系统自动切换到"加工"操作区，数控程序自动运行界面如图 5-39 所示。

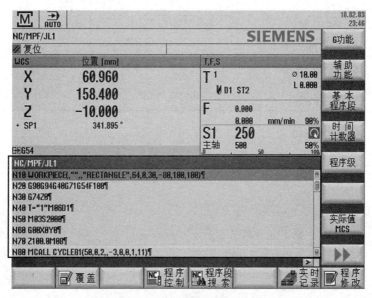

图 5-39 数控程序自动运行界面

2）按下"循环启动"按键 即可开始执行程序，自动加工工件。

3）在程序自动执行过程中，可以通过"循环停止"键 实现程序运行暂停功能。

思考与练习

1. 如何进行开电源和关电源操作？

2. SNUMERIK 828D 系统的屏幕可划分为哪些区域？

3. 简述深孔加工循环指令 CYCLE83 的孔加工动作。

4. 试用孔加工循环指令编写图 5-40 所示工件外轮廓与孔的加工程序。

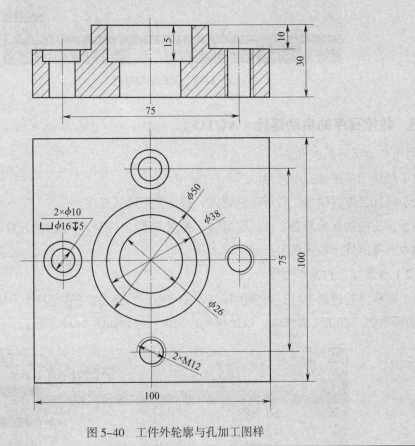

图 5-40 工件外轮廓与孔加工图样

第六章　职业技能等级认定应会试题实例

高级数控铣床／加工中心操作工应会试题一

一、零件图样

加工图 6-1 所示的工件，毛坯尺寸为 90 mm×90 mm×18 mm，试分析其加工工艺并编写数控铣削加工程序。

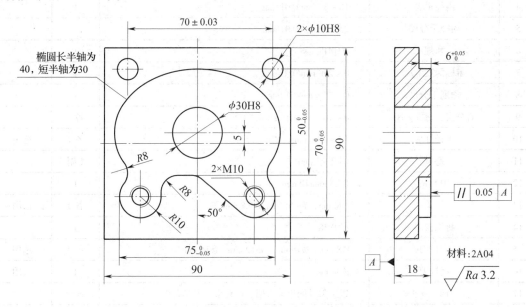

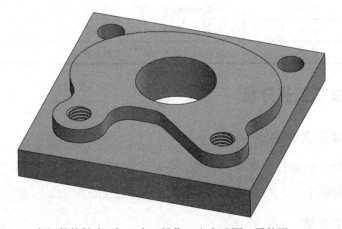

图 6-1　高级数控铣床／加工中心操作工应会试题一零件图

二、加工准备

加工本例工件选用的机床是配备 FANUC 0i 或 SIEMENS 802D 系统的 XK7150 型数控铣床，毛坯为 90 mm×90 mm×18 mm 的铝件。加工中使用的工具、刀具、量具、夹具和材料清单见表 6-1。

表 6-1　　　　　　　　　工具、刀具、量具、夹具和材料清单

序号	名称	规格	数量	备注
1	游标卡尺	0～150 mm/0.02 mm	1	
2	游标万能角度尺	0°～320°/2′	1	
3	千分尺	0～25 mm、25～50 mm、50～75 mm/0.01 mm	各1	
4	内径量表	18～35 mm/0.01 mm	1	
5	内径千分尺	25～50 mm/0.01 mm	1	
6	塞规	ϕ10H8	1	
7	游标深度卡尺	0～250 mm/0.02 mm	1	
8	深度千分尺	0～25 mm/0.01 mm	1	
9	百分表、磁性表座	0～10 mm/0.01 mm	各1	
10	半径样板	R7～14.5 mm、R15～25 mm	各1	选用
11	塞尺	0.02～1 mm	1副	
12	中心钻	B2.5 mm/10 mm	1	
13	钻头	ϕ8 mm、ϕ8.5 mm、ϕ9.8 mm 等	各1	选用
14	机用铰刀	ϕ10H8	1	
15	立铣刀	ϕ8 mm、ϕ10 mm、ϕ12 mm、ϕ16 mm	各1	选用
16	精镗刀	ϕ30 mm	1	选用
17	刀柄、夹头	以上刀具的相关刀柄、钻夹头、弹簧夹头	若干	
18	夹具	精密机用虎钳、垫铁、三爪自定心卡盘	各1	选用
19	毛坯	90 mm×90 mm×18 mm 的铝件	1	
20	其他	常用数控铣床/加工中心机床辅具	若干	

三、加工工艺分析

1. 编程原点的确定

由于工件外轮廓以工件中心对称，根据编程原点的确定原则，在 G17 平面内编程原点取在工件的对称中心，Z 向编程原点取在工件的上表面。

2. 加工工艺

（1）工件的装夹

由于该工件为单件加工，因此在加工过程中选用通用夹具进行装夹。加工本例工件时，

根据加工要求选用精密机用虎钳作为夹具，首先找正机用虎钳钳口与坐标轴方向的平行度，然后进行工件的装夹。工件装夹后，要找正工件上表面与机床工作台面的平行度，然后找正工件中心，并将该点设为工件坐标系的原点。

（2）刀具和切削用量的选用

本例工件外轮廓的粗、精加工均选用 $\phi12$ mm 立铣刀。

（3）切削用量的选用

切削用量的确定取决于编程人员的经验、工件的加工精度和表面质量、工件材料的性质、刀具的材料和形状、刀柄的刚度等因素。

1）主轴转速（n）。对于高速钢刀具，切削速度 v_c=20 ~ 30 m/min，根据公式 $n=\dfrac{1\,000v_c}{\pi D}$ 选取粗加工时主轴转速 n=800 r/min，精加工时主轴转速 n=1 200 r/min。

2）进给速度（v_f）。粗加工时，为了提高生产效率，在工件质量得到保证的前提下，可选择较高的进给速度，一般为 100 ~ 200 mm/min，本例中粗加工进给速度取 150 mm/min。精加工时，为保证加工精度和表面质量要求，应选择较低的进给速度，一般为 50 ~ 100 mm/min，本例中精加工进给速度取 50 mm/min。

刀具空行程的进给速度一般取 G00 速度，或在 600 ~ 1 500 mm/min 范围内选取。

3）背吃刀量和侧吃刀量。采用高速钢刀具粗加工时，背吃刀量一般可取（0.5 ~ 0.8）D（D 为刀具直径），本例中粗加工的背吃刀量取 6 mm。精加工时，为了保证工件表面质量，一般背吃刀量等于精加工余量。

高速钢刀具的侧吃刀量为（0.75 ~ 1）D（D 为刀具直径）。

3. 工件基点的计算

加工本例工件时选择 MasterCAM 软件或 CAXA 制造工程师软件进行基点坐标分析，得出图 6-2a 中的局部基点坐标，见表 6-2。

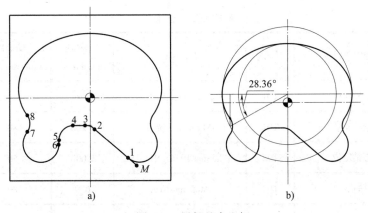

图 6-2 局部基点坐标

表 6-2   局部基点坐标

基点	坐标	基点	坐标	基点	坐标
1	（21.08，−32.66）	4	（−9.50，−15.0）	7	（−35.38，−18.85）
2	（3.23，−16.87）	5	（−17.50，−23.0）	8	（−35.2，−9.25）
3	（−2.91，−15.0）	6	（−17.50，−25.0）	M	（26.0，−36.79）

4. 椭圆编程中的极角问题

椭圆曲线除了采用公式 $\dfrac{x^2}{a^2}+\dfrac{y^2}{b^2}=1$（其中 a 和 b 为半轴长度）表示，还可以采用极坐标表示，如图 6-3 所示。对于极坐标的极角，除了椭圆上四分点处的极角（α）等于几何角度（β），其余各点处的极角与几何角度不相等，在编程中一定要加以注意。本工件的椭圆与圆弧交点处的极角为 28.36°，如图 6-2b 所示。

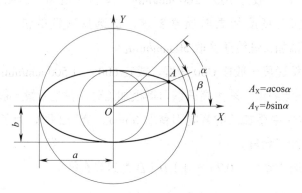

$$A_X=a\cos\alpha$$
$$A_Y=b\sin\alpha$$

图 6-3 椭圆的极坐标表示方法

5. 编制数控加工工艺卡

通过以上分析，本例工件的数控加工工艺卡见表 6-3。

表 6-3   数控加工工艺卡

工步号	工步内容（加工面）	刀具号	刀具规格	主轴转速 /（r · min⁻¹）	进给速度 /（mm · min⁻¹）	背吃刀量 / mm
1	粗铣外轮廓	T01	ϕ12 mm 立铣刀	800	150	6
2	精铣外轮廓	T01	ϕ12 mm 立铣刀	1 200	80	6
3	中心钻定位	T02	B2.5 mm/10 mm 中心钻	2 000	50	0.5D
4	钻孔	T03	ϕ8.5 mm 钻头	600	80	0.5D
5	钻孔	T04	ϕ9.8 mm 钻头	600	80	0.5D
6	铣孔	T05	ϕ16 mm 立铣刀	600	80	6

续表

工步号	工步内容（加工面）	刀具号	刀具规格	主轴转速 /（r·min⁻¹）	进给速度 /（mm·min⁻¹）	背吃刀量 / mm
7	铰孔	T06	ϕ10H8 铰刀	200	80	0.1
8	攻螺纹	T07	M10 丝锥	200	300	
9	镗孔	T08	ϕ30 mm 精镗刀	800	100	0.3
10	手动去毛刺，倒钝锐边，自检					
编制		审核		批准	共　页　第　页	

四、参考程序

本例工件采用极角方式进行宏程序或参数编程，编程过程中以极角 α 作为自变量，每次角度增量为 1°，而 X 坐标和 Y 坐标是因变量，则公式中的坐标为 X=40cosα，Y=30sinα。编程过程中使用以下变量进行运算，参考程序见表 6-4。

\#100（R10）：椭圆上各点对应的角度 α。

\#1（R1）=40.0*COSα：椭圆上各点在工件坐标系中的 X 坐标。

\#2（R2）=30.0*SINα+5.0：椭圆上各点在工件坐标系中的 Y 坐标。

表 6-4　　　　高级数控铣床 / 加工中心操作工应会试题一参考程序

程序段号	FANUC 0i 系统程序	SIEMENS 802D 系统程序	程序说明
	O0601;	AA601.MPF;	外轮廓加工程序
N10	G90 G94 G21 G40 G54 F150;	G90 G94 G71 G40 G54 F150;	程序初始化
N20	G91 G28 Z0;	G74 Z0;	Z 向返回参考点
N30	M03 S800;	T1D1 M03 S800;	主轴正转，转速为 800 r/min
N40	G90 G00 X0 Y−55.0 M08;	G00 X0 Y−55.0 M08;	定位至起刀点，切削液开
N50	Z30.0;	Z30.0;	
N60	G01 Z−6.0;	G01 Z−6.0;	
N70	G41 G01 X26.0 Y−36.79 D01;	G41 G01 X−26.0 Y−36.79;	延长线上建立刀补
N80	X3.23 Y−16.87;	X3.23 Y−16.87;	加工外轮廓
N90	G03 X−2.91 Y−15.0 R8.0;	G03 X−2.91 Y−15.0 CR=8.0;	
N100	G01 X−9.5;	G01 X−9.5;	
N110	G03 X−17.5 Y−23.0 R8.0;	G03 X−17.5 Y−23.0 CR=8.0;	
N120	G01 Y−25.0;	G01 Y−25.0;	

续表

程序段号	FANUC 0i 系统程序	SIEMENS 802D 系统程序	程序说明
N130	G02 X−35.38 Y−18.85 R−10.0;	G02 X−35.38 Y−18.85 CR=−10.0;	加工外轮廓
N140	G03 X−35.2 Y−9.25 R8.0;	G03 X−35.2 Y−9.25 CR=8.0;	
N150	#100=207.36;	R10=207.36;	椭圆起始点极角
N160	#1=40.0*COS［#100］;	MA1: R1=40.0*COS（R10）;	椭圆上各点 X 坐标
N170	#2=30.0*SIN［#100］+5.0;	R2=30.0*SIN（R10）+5.0;	椭圆上各点 Y 坐标
N180	G01 X#1 Y#2;	G01 X=R1 Y=R2;	加工椭圆轮廓
N190	#100=#100−1.0;	R10=R10−1.0;	每次增量为 1°
N200	IF［#100 GE−28.36］GOTO 160;	IF R10>=−28.36 GOTOB MA1;	条件判断
N210	G03 X 35.38 Y−18.85 R8.0;	G03 X 35.38 Y−18.85 CR=8.0;	加工下方圆弧
N220	G02 X21.08 Y−32.66 R10.0;	G02 X21.08 Y−32.66 CR=10.0;	
N230	G40 G01 X0 Y−55.0;	G40 G01 X0 Y−55.0;	取消刀具半径补偿
N240	G91 G28 Z0 M09;	G74 Z0 M09;	Z 向返回参考点
N250	M05;	M05;	程序结束部分
N260	M30;	M02;	
	O0602;	AA602.MPF;	精铰孔程序
N10	G90 G94 G21 G40 G54 F80;	G90 G94 G71 G40 G54 F80;	程序开始部分
N20	G91 G28 Z0;	G74 Z0;	
N30	M03 S200;	T1D1 M03 S200;	
N40	G90 G00 X0 Y0 M08;	G00 X0 Y0 M08;	刀具定位，切削液开
N50	G85 X−35.0 Y35.0 Z−23.0 R5.0 F80;	MCALL CYCLE85（30.0, 0, 5.0, −23.0,, 0, 80, 200）;	模态调用孔加工程序加工两个孔
N60	X35.0;	G00 X−35.0 Y35.0; X35.0;	
N70	G91 G28 Z0;	G74 Z0;	程序结束部分
N80	M30;	M02;	

　注：1. 其他加工程序略。

　　　2. 轮廓精加工程序与粗加工程序类似，只需修改程序中的切削用量即可。

　　　3. 精加工时，修改刀具半径补偿值。

五、检测评分

加工本例工件的工时定额（包括编程与程序手动输入）为 4 h，其评分表见表 6-5。

表 6-5　　　　　　　　　高级数控铣床／加工中心操作工应会试题一评分表

序号	项目		技术要求	配分	评分标准	检测记录	得分
1	工件加工	轮廓与孔	$50_{-0.05}^{0}$ mm	6	超差 0.01 mm 扣 1 分		
2			$70_{-0.05}^{0}$ mm	6	超差 0.01 mm 扣 1 分		
3			$75_{-0.05}^{0}$ mm	6	超差 0.01 mm 扣 1 分		
4			$6_{0}^{+0.05}$ mm	6	超差 0.01 mm 扣 1 分		
5			$\boxed{//}\ 0.05\ \boxed{A}$	6	不合格不得分		
6			$\phi10$H8（2 处）	5×2	超差 0.01 mm 扣 1 分		
7			（70±0.03）mm	6	超差 0.01 mm 扣 1 分		
8			$\phi30$H8	8	超差 0.01 mm 扣 1 分		
9			M10（2 处）	5×2	超差不得分		
10			一般尺寸	5	超差不得分		
11		其他	$Ra \leqslant 3.2$ μm	6	不合格每处扣 1 分，扣完为止		
12			工件按时完成	5	未按时完成不得分		
13			工件无缺陷	5	出现一处缺陷扣 1 分		
14			椭圆轮廓正确	5	不正确不得分		
15	程序与工艺		程序正确，工艺合理	5	每错一处扣 1 分		
16			加工工序卡合理、完整	5	不合理每处扣 1 分		
17	机床操作		机床操作规范		出错一次倒扣 2 分		
18			工件、刀具装夹正确		出错一次倒扣 2 分		
19	安全文明生产		安全操作		出现安全事故停止操作，未按规定整理机床酌情倒扣 5～30 分		
20			整理机床				
	合计			100			

高级数控铣床 / 加工中心操作工应会试题二

一、零件图样

加工图 6-4 所示的工件，毛坯尺寸为 90 mm×90 mm×18 mm，试分析其加工工艺并编写其数控铣削加工程序。

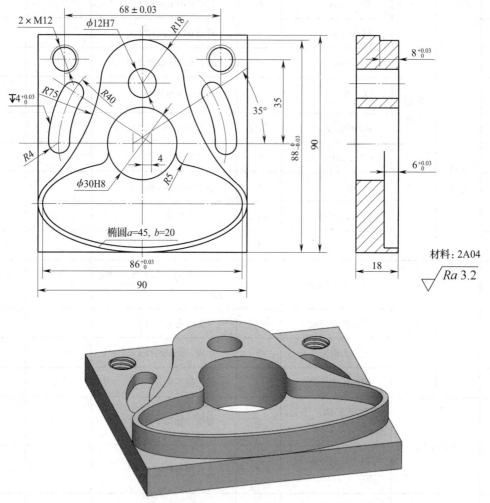

图 6-4　高级数控铣床 / 加工中心操作工应会试题二零件图

二、加工准备

加工本例工件选用的机床是配备 FANUC 0i 或 SIEMENS 802D 系统的 XK7150 型数控铣床，毛坯为 90 mm×90 mm×18 mm 的铝件。加工中使用的工具、刀具、量具、夹具参照表 6-1 进行配置。

三、加工工艺分析

1. 计算基点坐标

加工本例工件时选择 MasterCAM 软件或 CAXA 制造工程师软件进行基点坐标分析，得出的局部基点坐标如图 6-5 所示。

采用绘图分析法分析椭圆起始点的极角，其极角如图 6-5 所示。

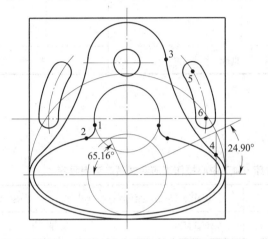

基点坐标：
1（-14.72，-2.91）
2（-18.63，-8.78）
3（-17.82，27.55）
4（40.68，-16.45）
5（28.77，22.94）
6（36.0，0）

图 6-5 局部基点坐标

2. 编制数控加工工艺卡

通过以上分析，本例工件的数控加工工艺卡见表 6-6。

表 6-6 数控加工工艺卡

工步号	工步内容 （加工面）	刀具号	刀具规格	主轴转速 / （r·min⁻¹）	进给速度 / （mm·min⁻¹）	背吃刀量 / mm
1	钻孔	T01	ϕ8 mm 钻头	600	80	0.5D
2	粗铣外轮廓	T02	ϕ16 mm 立铣刀	600	120	8
3	精铣外轮廓	T02	ϕ16 mm 立铣刀	1 000	80	8
4	粗铣内轮廓	T03	ϕ12 mm 立铣刀	1 000	120	6
5	精铣内轮廓	T03	ϕ12 mm 立铣刀	1 500	80	6
6	粗、精铣腰形槽	T03	ϕ12 mm 立铣刀	1 000	120	4
7	扩孔	T04	ϕ11.8 mm 钻头	600	80	1.9
8	扩孔	T05	ϕ11.3 mm 钻头	800	80	1.65
9	铣孔	T02	ϕ16 mm 立铣刀	600	120	8

续表

工步号	工步内容 （加工面）	刀具号	刀具规格	主轴转速 / （r·min⁻¹）	进给速度 / （mm·min⁻¹）	背吃刀量 / mm
10	铰孔	T05	φ12H7 铰刀	200	80	0.1
11	精镗孔	T06	φ30 mm 镗刀	1 200	80	0.2
12	攻螺纹	T07	M12 丝锥	200	350	
13	手动去毛刺，倒钝锐边， 自检					
编制		审核		批准	共 页 第 页	

四、参考程序

本例工件的参考程序见表 6-7。

表 6-7　　高级数控铣床 / 加工中心操作工应会试题二参考程序

程序段号	FANUC 0i 系统程序	SIEMENS 802D 系统程序	程序说明
	O0603;	AA603.MPF;	程序号
N10	G90 G94 G21 G40 G54 F120;	G90 G94 G71 G40 G54 F120;	程序初始化
N20	G91 G28 Z0;	G74 Z0;	Z 向返回参考点
N30	M03 S600;	T2D1 M03 S600;	主轴正转，转速为 600 r/min
N40	G90 G00 X-55.0 Y0 M08;	G00 X-55.0 Y0 M08;	
N50	Z30.0;	Z30.0;	定位至起刀点，切削液开
N60	G01 Z-8.0;	G01 Z-8.0;	
N70	G41 G01 X-45.0 Y-20.21 D01;	G41 G01 X-45.0 Y-20.21;	延长线上建立刀补
N80	G03 X-17.82 Y27.55 R75.0;	G03 X-17.82 Y27.55 CR=75.0;	
N90	G02 X17.82 R18.0;	G02 X17.82 CR=18.0;	加工外轮廓圆弧
N100	G03 X40.68 Y-16.45 R75.0;	G03 X40.68 Y-16.45 CR=75.0;	
N110	#100=383.90;	R10=383.90;	椭圆起始点极角
N120	#1=45.0*COS [#100];	MA1: R1=45.0*COS（R10）;	椭圆上各点 X 坐标
N130	#2=20.0*SIN [#100] -25.0;	R2=20.0*SIN（R10）-25.0;	椭圆上各点 Y 坐标
N140	G01 X#1 Y#2;	G01 X=R1 Y=R2;	加工椭圆轮廓
N150	#100=#100-1.0;	R10=R10-1.0;	每次增量为 1°
N160	IF [#100 GE 155.10] GOTO 120;	IF R10>=155.10 GOTOB MA1;	条件判断

续表

程序段号	FANUC 0i 系统程序	SIEMENS 802D 系统程序	程序说明
N170	G40 G01 X−55.0 Y0;	G40 G01 X−55.0 Y0;	取消刀具半径补偿
N180	G91 G28 Z0 M09;	G74 Z0 M09;	Z 向返回参考点
N190	M05;	M05;	程序结束部分
N200	M30;	M02;	
	O0604;	AA604.MPF;	程序号
N10	G90 G94 G21 G40 G54 F80;	G90 G94 G71 G40 G54 F80;	程序初始化
N20	G91 G28 Z0;	G74 Z0;	Z 向返回参考点
N30	M03 S1000;	T3D1 M03 S1000;	主轴正转，转速为 1 000 r/min
N40	G90 G00 X0 Y0 M08;	G00 X0 Y0 M08;	刀具定位，切削液开
N50	Z30.0;	Z30.0;	
N60	G01 Z−6.0;	G01 Z−6.0;	
N70	G41 G01 Y−15.0 D01;	G41 G01 Y−15.0;	建立刀补
N80	G03 X−14.72 Y−2.91 R−15.0;	G03 X−14.72 Y−2.91 CR=−15.0;	加工圆弧轮廓
N90	G02 X−18.63 Y−8.78 R5.0;	G02 X−18.63 Y−8.78 CR=5.0;	
N100	#101=114.84;	R11=114.84;	椭圆起始点极角
N110	#11=43.0*COS［#101］;	MA1: R21=43.0*COS（R11）;	椭圆上各点 X 坐标
N120	#12=18.0*SIN［#101］−25.0;	R22=18.0*SIN（R11）−25.0;	椭圆上各点 Y 坐标
N130	G01 X#11 Y#12;	G01 X=R21 Y=R22;	加工椭圆轮廓
N140	#101=#101+1.0;	R11=R11+1.0;	每次增量为 1°
N150	IF［#101 LE 425.16］GOTO 110;	IF R11<=425.16 GOTOB MA1;	条件判断
N160	G02 X14.72 Y−2.91 R5.0;	G02 X14.72 Y−2.91 CR=5.0;	加工圆弧轮廓
N170	G40 X0 Y−15.0;	G40 X0 Y−15.0;	取消刀具半径补偿
N180	G91 G28 Z0 M09;	G74 Z0 M09;	Z 向返回参考点
N190	M05;	M05;	程序结束部分
N200	M30;	M02;	
	O0605;	AA605.MPF;	精镗孔程序
N10	G90 G94 G21 G40 G54 F80;	G90 G94 G71 G40 G54 F80;	程序开始部分
N20	G91 G28 Z0;	G74 Z0;	
N30	M03 S1200;	T6D1 M03 S1200;	

程序段号	FANUC 0i 系统程序	SIEMENS 802D 系统程序	程序说明
N40	G90 G00 X0 Y0 M08;	G00 X0 Y0 M08;	刀具定位，切削液开
N50	G76 X0 Y0 Z–20.0 R5.0 Q1000 F80;	CYCLE86（30.0，0，5.0，–20.0，，0，3，1，0，1，0）;	精镗孔
N60	G91 G28 Z0;	G74 Z0;	程序结束部分
N70	M30;	M02;	

注：其他加工程序略。

五、检测评分

加工本例工件的工时定额（包括编程与程序手动输入）为 4 h，其评分表见表 6-8。

表 6-8　　　　　高级数控铣床／加工中心操作工应会试题二评分表

序号	项目		技术要求	配分	评分标准	检测记录	得分
1	工件加工	轮廓与孔	$88_{-0.03}^{0}$ mm	5	超差 0.01 mm 扣 1 分		
2			$86_{0}^{+0.03}$ mm	5	超差 0.01 mm 扣 1 分		
3			$8_{0}^{+0.03}$ mm	5	超差 0.01 mm 扣 1 分		
4			$6_{0}^{+0.03}$ mm	5	超差 0.01 mm 扣 1 分		
5			$4_{0}^{+0.03}$ mm	5	超差 0.01 mm 扣 1 分		
6			（68 ± 0.03）mm	5	超差 0.01 mm 扣 1 分		
7			M12（2 处）	5×2	超差不得分		
8			ϕ30H8	6	超差 0.01 mm 扣 1 分		
9			ϕ12H7	6	超差 0.01 mm 扣 1 分		
10			椭圆轮廓正确	6×2	超差不得分		
11			腰形槽正确	5	超差不得分		
12			一般尺寸	5	超差不得分		
13		其他	$Ra \leq 3.2$ μm	6	不合格每处扣 1 分，扣完为止		
14			工件按时完成	5	未按时完成不得分		
15			工件无缺陷	5	出现一处缺陷扣 1 分		
16	程序与工艺		程序正确，工艺合理	5	每错一处扣 1 分		
17			加工工序卡合理、完整	5	不合理每处扣 1 分		

续表

序号	项目	技术要求	配分	评分标准	检测记录	得分
18	机床操作	机床操作规范		出错一次倒扣 2 分		
19		工件、刀具装夹正确		出错一次倒扣 2 分		
20	安全文明生产	安全操作		出现安全事故停止操作，未按规定整理机床酌情倒扣 5 ~ 30 分		
21		整理机床				
合计			100			

高级数控铣床 / 加工中心操作工应会试题三

一、零件图样

加工图 6-6 所示的工件，毛坯尺寸为 90 mm × 90 mm × 18 mm，试分析其加工工艺并编写其数控铣削加工程序。

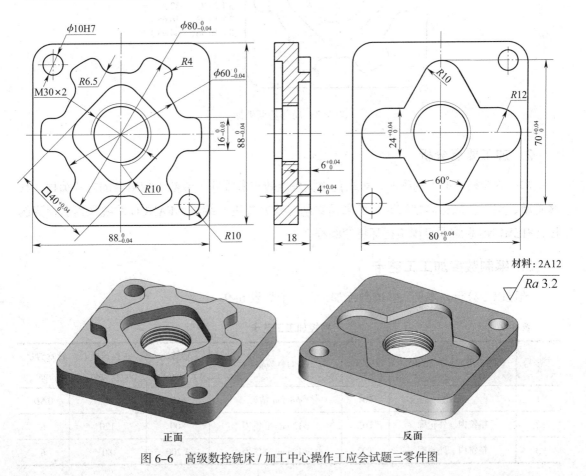

图 6-6 高级数控铣床 / 加工中心操作工应会试题三零件图

二、加工准备

加工本例工件选用的机床是配备 FANUC 0i 或 SIEMENS 802D 系统的 XK7150 型数控铣床，毛坯为 90 mm×90 mm×18 mm 的铝件。加工中使用的工具、刀具、量具、夹具参照表 6-1 进行配置。

三、加工工艺分析

1. 计算基点坐标

加工本例工件时选择 MasterCAM 软件或 CAXA 制造工程师软件进行基点坐标分析，得出的局部基点坐标如图 6-7 所示。

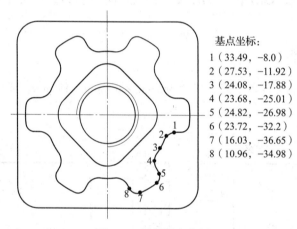

基点坐标：
1（33.49，−8.0）
2（27.53，−11.92）
3（24.08，−17.88）
4（23.68，−25.01）
5（24.82，−26.98）
6（23.72，−32.2）
7（16.03，−36.65）
8（10.96，−34.98）

图 6-7　局部基点坐标

2. 加工要点分析

加工六个相同的外轮廓时，可采用坐标系旋转与宏程序（参数）相结合的方式编程，程序简单、明了。加工内螺纹时，可采用铣削螺纹方式进行编程，FANUC 系统采用宏程序编程，SIEMENS 系统采用固定循环指令编程。

3. 编制数控加工工艺卡

通过以上分析，本例工件的数控加工工艺卡见表 6-9。

表 6-9　　　　　　　　　　　数控加工工艺卡

工步号	工步内容（加工面）	刀具号	刀具规格	主轴转速/（r·min⁻¹）	进给速度/（mm·min⁻¹）	背吃刀量/mm
1	钻孔	T01	ϕ8 mm 钻头	600	80	0.5D
2	粗铣内、外轮廓	T02	ϕ12 mm 立铣刀	800	120	6
3	精铣内、外轮廓	T02	ϕ12 mm 立铣刀	1 200	80	6

续表

工步号	工步内容（加工面）	刀具号	刀具规格	主轴转速/ （r·min⁻¹）	进给速度/ （mm·min⁻¹）	背吃刀量/ mm
4	扩孔	T03	ϕ9.8 mm 钻头	600	80	1.9
5	铣孔	T02	ϕ12 mm 立铣刀	800	120	6
6	铰孔	T04	ϕ10H8 铰刀	200	80	0.1
7	铣削螺纹	T05	螺纹铣刀	800	80	1
8	粗铣反面内轮廓	T02	ϕ12 mm 立铣刀	800	120	6
9	精铣反面内轮廓	T02	ϕ12 mm 立铣刀	1 200	80	6
10	手动去毛刺，倒钝锐边， 自检					
编制		审核		批准		共 页 第 页

四、参考程序

本例工件的参考程序见表 6-10。

表 6-10　　　　　高级数控铣床 / 加工中心操作工应会试题三参考程序

程序段号	FANUC 0i 系统程序	SIEMENS 802D 系统程序	程序说明
	O0606;	AA606.MPF;	外圆凸台加工程序
N10	G90 G94 G21 G40 G54 F120;	G90 G94 G71 G40 G54 F120;	程序初始化
N20	G91 G28 Z0;	G74 Z0;	Z 向返回参考点
N30	M03 S800;	T2D1 M03 S800;	主轴正转，转速为 800 r/min
N40	G90 G00 X55.0 Y–25.0 M08;	G00 X55.0 Y–25.0 M08;	定位至起刀点，切削液开
N50	Z30.0;	Z30.0;	
N60	G01 Z–6.0;	G01 Z–6.0;	
N70	#1=360.0;	R1=360.0;	坐标系旋转
N80	G68 X0 Y0 R#1;	MA1: ROT RPL=R1;	
N90	G41 G01 Y–8.0 D01;	G41 G01 Y–8.0;	延长线上建立刀补
N100	X33.49;	X33.49;	加工单个外轮廓
N110	G03 X27.53 Y–11.92 R6.5;	G03 X27.53 Y–11.92 CR=6.5;	
N120	G02 X24.08 Y–17.88 R30.0;	G02 X24.08 Y–17.88 CR=30.0;	
N130	G03 X23.68 Y–25.01 R6.5;	G03 X23.68 Y–25.01 CR=6.5;	

续表

程序段号	FANUC 0i 系统程序	SIEMENS 802D 系统程序	程序说明
N140	G01 X24.82 Y−26.98;	G01 X24.82 Y−26.98;	加工单个外轮廓
N150	G02 X23.72 Y−32.2 R4.0;	G02 X23.72 Y−32.2 CR=4.0;	
N160	G02 X16.03 Y−36.65 R40.0;	G02 X16.03 Y−36.65 CR=40.0;	
N170	G02 X10.96 Y−34.98 R4.0;	G02 X10.96 Y−34.98 CR=4.0;	
N180	G40 G01 X0 Y−45.0;	G40 G01 X0 Y−45.0;	取消刀具半径补偿
N190	G69;	ROT;	取消坐标系旋转
N200	#1=#1−60.0;	R1=R1−60.0;	旋转角度减小 60°
N210	IF［#1 GE 60.0］GOTO 80;	IF R1>=60.0 GOTOB MA1;	条件判断
N220	G00 Z5.0;	G00 Z5.0;	抬刀
N230	G90 G00 X0 Y0;	G00 X0 Y0;	刀具定位
N240	G01 Z−6.0;	G01 Z−6.0;	
N250	G68 X0 Y0 R45.0;	ROT RPL=45.0;	坐标系旋转
N260	G41 G01 X0 Y−10.0 D01;	G41 G01 X0 Y−10.0;	延长线上建立刀补
N270	G03 X20.0 R10.0;	G03 X20.0 CR=10.0;	加工正面内轮廓
N280	G01 Y10.0;	G01 Y10.0;	
N290	G03 X10.0 Y20.0 R10.0;	G03 X10.0 Y20.0 CR=10.0;	
N300	G01 X−10.0;	G01 X−10.0;	
N310	G03 X−20.0 Y10.0 R10.0;	G03 X−20.0 Y10.0 CR=10.0;	
N320	G01 Y−10.0;	G01 Y−10.0;	
N330	G03 X−10.0 Y−20.0 R10.0;	G03 X−10.0 Y−20.0 CR=10.0;	
N340	G01 X10.0;	G01 X10.0;	
N350	G40 G01 X0 Y0;	G40 G01 X0 Y0;	取消刀补
N360	G69;	ROT;	取消坐标系旋转
N370	G91 G28 Z0 M09;	G74 Z0 M09;	Z 向返回参考点
N380	M05;	M05;	程序结束部分
N390	M30;	M02;	
	O0607;	AA607.MPF;	铣削内螺纹
N10	G90 G94 G21 G40 G54 F80;	G90 G94 G71 G40 G54 F80;	程序初始化
N20	G91 G28 Z0;	G74 Z0;	Z 向返回参考点
N30	M03 S800;	T5D1 M03 S800;	主轴正转，转速为 800 r/min

续表

程序段号	FANUC 0i 系统程序	SIEMENS 802D 系统程序	程序说明
N40	G90 G00 X0 Y0;	G00 X0 Y0;	刀具定位，切削液开
N50	Z2.0 M08;	Z30.0 M08;	
N60	#101=0;	CYCLE90（10.0，0，2.0，-20.0，，30.0，28.0，2.0，50，2，0，0，0）;	铣削内螺纹
N70	G41 G01 X15.0 Y0 D01;		
N80	G02 I−15.0 Z#1;		
N90	#1=#1−2.0;		
N100	IF［#1 GE−22.0］GOTO 80;		
N110	G40 G01 X0 Y0;		
N120	G91 G28 Z0 M09;	G74 Z0 M09;	Z 向返回参考点
N130	M05;	M05;	程序结束部分
N140	M30;	M02;	

五、检测评分

加工本例工件的工时定额（包括编程与程序手动输入）为 4 h，其评分表见表 6-11。

表 6-11　　　　　　高级数控铣床／加工中心操作工应会试题三评分表

序号	项目		技术要求	配分	评分标准	检测记录	得分
1	工件加工	内、外轮廓	$\phi 80^{\ 0}_{-0.04}$ mm	5	超差 0.01 mm 扣 1 分		
2			$\phi 60^{\ 0}_{-0.04}$ mm	5	超差 0.01 mm 扣 1 分		
3			$16^{\ 0}_{-0.03}$ mm（6 处）	2×6	超差 0.01 mm 扣 1 分		
4			$40^{+0.04}_{\ 0}$ mm（2 处）	5×2	超差 0.01 mm 扣 1 分		
5			$70^{+0.04}_{\ 0}$ mm	5	超差 0.01 mm 扣 1 分		
6			$80^{+0.04}_{\ 0}$ mm	5	超差 0.01 mm 扣 1 分		
7			$24^{+0.04}_{\ 0}$ mm（2 处）	4×2	超差 0.01 mm 扣 1 分		
8			$6^{+0.04}_{\ 0}$ mm	4	超差 0.01 mm 扣 1 分		
9			$4^{+0.04}_{\ 0}$ mm	4	超差 0.01 mm 扣 1 分		
10			一般尺寸	4	超差 0.01 mm 扣 1 分		
11		内孔	$\phi 10H7$（2 处）	4×2	不合格每处扣 4 分		
12			M30×2	8	超差不得分		
13		其他	$Ra \leq 3.2$ μm	6	不合格每处扣 1 分，扣完为止		
14			工件按时完成	3	未按时完成不得分		
15			工件无缺陷	3	出现缺陷不得分		

续表

序号	项目	技术要求	配分	评分标准	检测记录	得分
16	程序与工艺	程序正确，工艺合理	5	每错一处扣1分		
17		加工工序卡合理、完整	5	不合理每处扣1分		
18	机床操作	机床操作规范		出错一次倒扣2分		
19		工件、刀具装夹正确		出错一次倒扣2分		
20	安全文明生产	安全操作		出现安全事故停止操作，未按规定整理机床酌情倒扣5～30分		
21		整理机床				
合计			100			

高级数控铣床 / 加工中心操作工应会试题四

一、零件图样

加工图 6-8 所示的工件，毛坯尺寸为 90 mm×90 mm×20 mm，试编写其数控铣削加工程序。

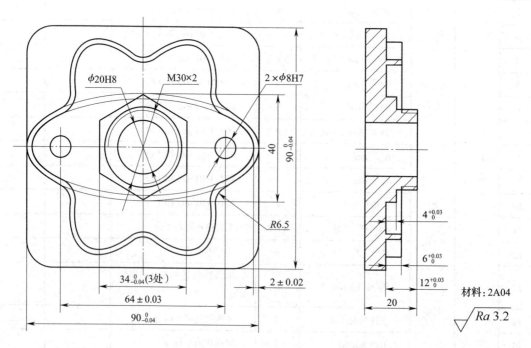

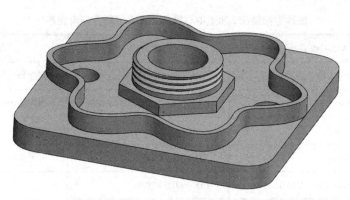

图 6-8 高级数控铣床 / 加工中心操作工应会试题四零件图

二、加工准备

加工本例工件选用的机床是配备 FANUC 0i 或 SIEMENS 802D 系统的 XK7150 型数控铣床，毛坯为 90 mm×90 mm×20 mm 的铝件。加工中使用的工具、刀具、量具、夹具参照表 6-1 进行配置。

三、加工工艺分析

1. 加工难点分析

编写内、外椭圆轮廓的加工程序时，可采用坐标系旋转结合宏程序编程。编写内轮廓中六方体的加工程序时，可采用极坐标编程。编写外螺纹的加工程序时，可采用宏程序编程。

2. 制定加工工艺

加工本例工件的操作步骤如下：

（1）采用 ϕ16 mm 立铣刀粗、精铣反面外轮廓。

（2）翻转工件，以精铣后的外轮廓重新装夹，选择 ϕ6 mm 钻头钻孔。

（3）采用 ϕ20 mm 立铣刀去除余量。

（4）采用 ϕ12 mm 立铣刀粗、精铣外轮廓。

（5）采用 ϕ12 mm 立铣刀粗、精铣内型腔和 ϕ30 mm 圆柱。

（6）选择 ϕ7.8 mm 钻头扩孔。

（7）选择 ϕ8H7 铰刀铰孔。

（8）采用外螺纹铣刀铣削外螺纹。

（9）手动去毛刺，倒钝锐边，自检。

四、参考程序

本例工件的参考程序见表 6-12。

表 6-12 高级数控铣床 / 加工中心操作工应会试题四参考程序

程序段号	FANUC 0i 系统程序	SIEMENS 802D 系统程序	程序说明
	O0608;	AA608.MPF;	程序号
N10	G90 G94 G21 G40 G54 F100;	G90 G94 G71 G40 G54 F100;	程序初始化
N20	G91 G28 Z0;	G74 Z0;	Z 向返回参考点
N30	M03 S600;	T1D1 M03 S600;	主轴正转，转速为 600 r/min
N40	G90 G00 X60.0 Y20.0;	G00 X60.0 Y20.0;	
N50	Z30.0 M08;	Z30.0 M08;	定位至起刀点，切削液开
N60	G01 Z-12.0 F100;	G01 Z-12.0 F100;	
N70	#11=360.0;	R11=360.0;	
N80	G68 X0 Y0 R#11;	MA1: ROT RPL=R11;	坐标系旋转
N90	G41 G01 X34.64 Y26.5 D01;	G41 G01 X34.64 Y26.5;	
N100	G03 X31.98 Y14.07 R6.5;	G03 X31.98 Y14.07 CR=6.5;	延长线上建立刀补
N110	#1=13.57	R1=13.57	
N120	#2=45*SQRT［400.0-#1*#1］/20;	MA2: R2=45*SQRT［400.0-R1*R1］/20;	
N130	G01 X#2 Y#1;	G01 X=R2 Y=R1;	加工单个椭圆轮廓
N140	#1=#1-0.5;	R1=R1-0.5;	
N150	IF［#1 GE -14.07］GOTO 120;	IF R1>=-14.07 GOTOB MA2;	
N160	G40 G01 X40.0 Y-20.0;	G40 G01 X40.0 Y-20.0;	
N170	#11=#11-60.0;	R11=R11-60.0;	采用坐标系旋转方式加工六个
N180	IF［#11 GE 60.0］GOTO 80;	IF R11>=60.0 GOTOB MA1;	相同的轮廓
N190	G69;	ROT;	
N200	G00 Z5.0;	G00 Z5.0;	
N210	X32.0 Y0;	X32.0 Y0;	刀具定位加工六边形
N220	G01 Z-12.0;	G01 Z-12.0;	
N230	G90 G17 G16;	G111 X0 Y0;	极坐标编程
N240	G41 G01 X19.63 Y30.0 D01;	G41 G01 RP=19.63 AP=30.0;	
N250	Y330.0;	AP=330.0;	
N260	Y270.0;	AP=270.0;	采用极坐标加工六边形
N270	Y210.0;	AP=210.0;	

续表

程序段号	FANUC 0i 系统程序	SIEMENS 802D 系统程序	程序说明
N280	Y150.0;	AP=150.0;	采用极坐标加工六边形
N290	Y90.0;	AP=90.0;	
N300	Y30.0;	AP=30.0;	
N310	G15;	G40 G01 X35.0 Y45.0;	取消极坐标
N320	G40 G01 X35.0 Y45.0;		取消刀具半径补偿
N330	G91 G28 Z0 M09;	G74 Z0 M09;	程序结束部分
N340	M30;	M02;	
	O0609;	AA609.MPF;	铣削螺纹加工程序
	⋮	⋮	
N60	M03 S800;	T1D1 M03 S800;	程序开始部分
N70	G00 X40.0 Y0;	G00 X40.0 Y0;	
N80	Z2.0;	Z2.0;	
N90	#1=0;	R1=0;	
N100	G41 G01 X15.0 Y0 D01;	G41 G01 X15.0 Y0 D01;	
N110	G02 I−15.0 Z#1;	N100 G02 I−15.0 Z=R1;	铣削外螺纹加工程序
N120	#1=#1−2.0;	R1=R1−2.0;	
N130	IF［#1 GE−6.0］GOTO 110;	IF R1>=−6.0 GOTOB MA1;	
N140	G40 G01 X50.0 Y0;	G40 G01 X50.0 Y0;	
	⋮	⋮	程序结束部分

五、检测评分

加工本例工件时的工时定额（包括编程与程序手动输入）为 4 h，其评分表见表 6–13。

表 6–13　　　　　高级数控铣床／加工中心操作工应会试题四评分表

序号	项目		技术要求	配分	评分标准	检测记录	得分
1	工件加工	外轮廓	椭圆 $90_{-0.04}^{0}$ mm（3处）	6×3	超差 0.01 mm 扣 1 分		
2			外形 $90_{-0.04}^{0}$ mm（2处）	3×2	超差 0.02 mm 扣 1 分		
3			$34_{-0.04}^{0}$ mm（3处）	3×3	超差 0.01 mm 扣 1 分		

续表

序号	项目		技术要求	配分	评分标准	检测记录	得分
4	工件加工	外轮廓	（2±0.02）mm	8	超差0.01 mm扣1分		
5			$6_0^{+0.03}$ mm	4	超差0.01 mm扣1分		
6			$4_0^{+0.03}$ mm	4	超差0.01 mm扣1分		
7			$12_0^{+0.03}$ mm	4	超差0.01 mm扣1分		
8			M30×2	8	超差不得分		
9			一般尺寸	3	每错一处扣1分		
10		内孔	ϕ8H7（2处）	2×2	不合格每处扣1分		
11			（64±0.03）mm	6	超差0.01mm扣2分		
12			ϕ20H8	4	不合格不得分		
13			孔表面质量	6	超差不得分		
14		其他	$Ra \leqslant 3.2$ μm	6	不合格每处扣2分，扣完为止		
15			工件按时完成		未按时完成倒扣2~5分		
16			工件无缺陷		出现缺陷倒扣2~5分		
17	程序与工艺		程序正确，工艺合理	5	每错一处扣1分		
18			加工工序卡合理、完整	5	不合理每处扣1分		
19	机床操作		机床操作规范		出错一次倒扣2分		
20			工件、刀具装夹正确		出错一次倒扣2分		
21	安全文明生产		安全操作		出现安全事故停止操作，未按规定整理机床酌情倒扣5~30分		
22			整理机床				
合计				100			

高级数控铣床 / 加工中心操作工应会试题五

一、零件图样

加工图6-9所示的工件，毛坯尺寸为90 mm×90 mm×18 mm，试编写其数控铣削加工程序。

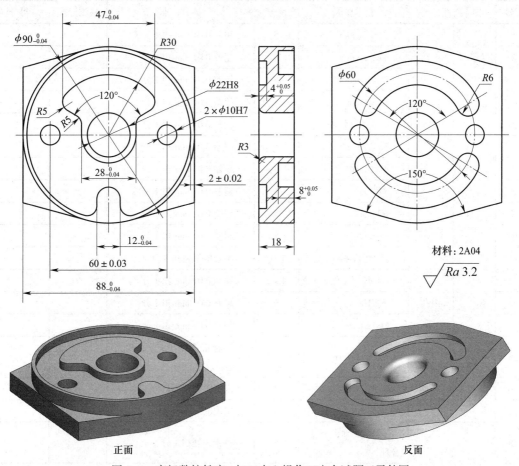

图 6-9　高级数控铣床 / 加工中心操作工应会试题五零件图

二、加工准备

加工本例工件选用的机床是配备 FANUC 0i 或 SIEMENS 802D 系统的 XK7150 型数控铣床，毛坯为 90 mm×90 mm×18 mm 的铝件。加工中使用的工具、刀具、量具、夹具参照表 6-1 进行配置。

三、加工工艺分析

请读者自行进行加工工艺分析。

四、参考程序

请读者自行编制加工程序。

五、检测评分

加工本例工件时的工时定额（包括编程与程序手动输入）为 4 h，其评分表见表 6-14。

表 6-14 高级数控铣床／加工中心操作工应会试题五评分表

序号	项目		技术要求	配分	评分标准	检测记录	得分
1	工件加工	内、外轮廓	$\phi 90_{-0.04}^{0}$ mm	5	超差 0.01 mm 扣 1 分		
2			$47_{-0.04}^{0}$ mm	5	超差 0.01 mm 扣 1 分		
3			$28_{-0.04}^{0}$ mm	5	超差 0.01 mm 扣 1 分		
4			$12_{-0.04}^{0}$ mm	5	超差 0.01 mm 扣 1 分		
5			(2 ± 0.02) mm	5	超差 0.01 mm 扣 1 分		
6			$88_{-0.04}^{0}$ mm	5	超差 0.01 mm 扣 1 分		
7			$4_{0}^{+0.05}$ mm	5	超差 0.01 mm 扣 1 分		
8			$8_{0}^{+0.05}$ mm	5	超差 0.01 mm 扣 1 分		
9			$R3$ mm	5	超差 0.01 mm 扣 1 分		
10			一般尺寸	5	超差 0.01 mm 扣 1 分		
11			反面凹形槽（2 处）	5×2	不合格每处扣 5 分		
12		内孔	$\phi 10H7$（2 处）	4×2	超差 0.01 mm 扣 1 分		
13			$\phi 22H8$	6	超差 0.01 mm 扣 1 分		
14			(60 ± 0.03) mm	4	超差 0.01 mm 扣 1 分		
15		其他	$Ra \leqslant 3.2$ μm	6	不合格每处扣 1 分，扣完为止		
16			工件按时完成	3	未按时完成不得分		
17			工件无缺陷	3	出现缺陷不得分		
18	程序与工艺		程序正确，工艺合理	5	每错一处扣 1 分		
19			加工工序卡合理、完整	5	不合理每处扣 1 分		
20	机床操作		机床操作规范		出错一次倒扣 2 分		
21			工件、刀具装夹正确		出错一次倒扣 2 分		
22	安全文明生产		安全操作		出现安全事故停止操作，未按规定整理机床酌情倒扣 5～30 分		
23			整理机床				
合计				100			

高级数控铣床／加工中心操作工应会试题六

一、零件图样

加工图 6-10 所示的工件，毛坯尺寸为 100 mm×100 mm×20 mm，试编写其数控铣削加工程序。

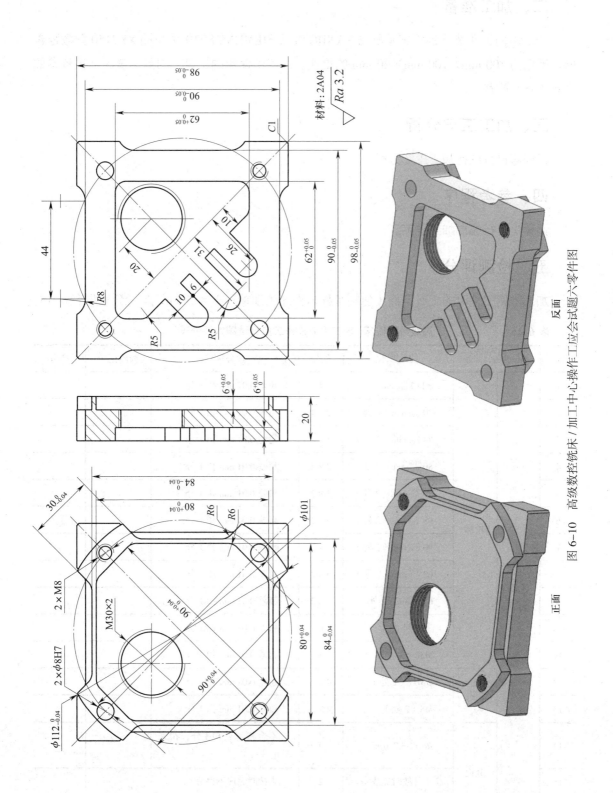

图 6-10　高级数控铣床 / 加工中心操作工应会试题六零件作图

二、加工准备

加工本例工件选用的机床是配备 FANUC 0i 或 SIEMENS 802D 系统的 XK7150 型数控铣床，毛坯为 100 mm×100 mm×20 mm 的铝件。加工中使用的工具、刀具、量具、夹具参照表 6-1 进行配置。

三、加工工艺分析

请读者自行进行加工工艺分析。

四、参考程序

请读者自行编制加工程序。

五、检测评分

加工本例工件时的工时定额（包括编程与程序手动输入）为 5.5 h，其评分表见表 6-15。

表 6-15　　　　　　　高级数控铣床 / 加工中心操作工应会试题六评分表

序号	项目		技术要求	配分	评分标准	检测记录	得分
1	工件加工	内、外轮廓	$\phi 112_{-0.04}^{0}$ mm	4	超差 0.01 mm 扣 1 分		
2			$30_{-0.04}^{0}$ mm（4 处）	2×4	超差 0.01 mm 扣 1 分		
3			$84_{-0.04}^{0}$ mm（2 处）	3×2	超差 0.01 mm 扣 1 分		
4			$80_{0}^{+0.04}$ mm（2 处）	3×2	超差 0.01 mm 扣 1 分		
5			$90_{0}^{+0.04}$ mm（2 处）	3×2	超差 0.01 mm 扣 1 分		
6			$98_{-0.05}^{0}$ mm（2 处）	3×2	超差 0.01 mm 扣 1 分		
7			$90_{-0.05}^{0}$ mm（2 处）	3×2	超差 0.01 mm 扣 1 分		
8			$62_{0}^{+0.05}$ mm（2 处）	3×2	超差 0.01 mm 扣 1 分		
9			$6_{0}^{+0.05}$ mm（2 处）	3×2	超差 0.01 mm 扣 1 分		
10			一般尺寸	6	超差 0.01 mm 扣 1 分		
11			M30×2	6	超差 0.01 mm 扣 1 分		
12		内孔	$\phi 8H7$（2 处）	4×2	超差 0.01 mm 扣 1 分		
13			M8（2 处）	4×2	超差 0.01 mm 扣 1 分		
14		其他	$Ra \leqslant 3.2$ μm	4	不合格每处扣 1 分，扣完为止		
15			工件按时完成	2	未按时完成不得分		
16			工件无缺陷	2	出现缺陷不得分		

续表

序号	项目	技术要求	配分	评分标准	检测记录	得分
17	程序与工艺	程序正确，工艺合理	5	每错一处扣1分		
18		加工工序卡合理、完整	5	不合理每处扣1分		
19	机床操作	机床操作规范		出错一次倒扣2分		
20		工件、刀具装夹正确		出错一次倒扣2分		
21	安全文明生产	安全操作		出现安全事故停止操作，未按规定整理机床酌情倒扣5~30分		
22		整理机床				
合计			100			

思考与练习

1. 如何进行零件图分析?

2. 分析图6-9所示工件的加工工艺，分别编写 FANUC 系统和 SIEMENS 系统的加工程序。

3. 分析图6-10所示工件的加工工艺，分别编写 FANUC 系统和 SIEMENS 系统的加工程序。

4. 加工图6-11所示的工件，毛坯尺寸为 130 mm×100 mm×30 mm，试分析其加工工艺并编写加工程序。

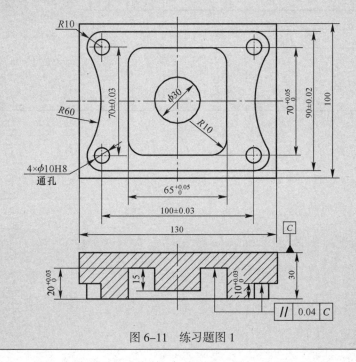

图 6-11　练习题图 1

5. 加工图 6-12 所示的工件，毛坯尺寸为 148 mm×118 mm×26 mm，试编制其数控加工工序卡和数控铣削加工程序。

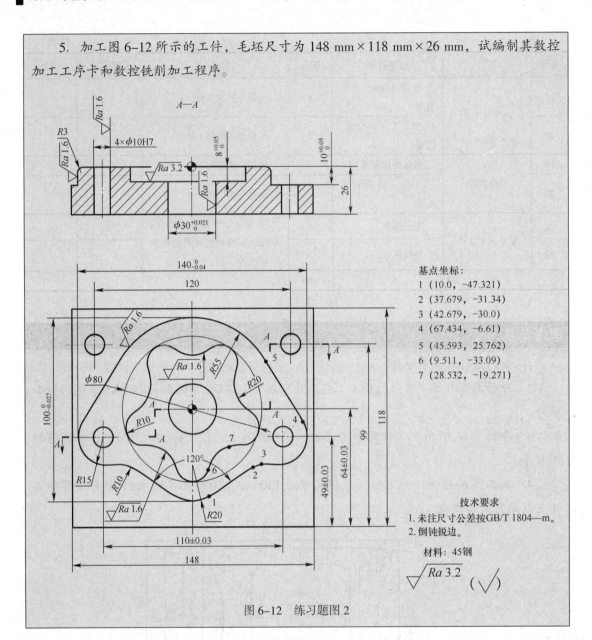

基点坐标：
1 (10.0, −47.321)
2 (37.679, −31.34)
3 (42.679, −30.0)
4 (67.434, −6.61)
5 (45.593, 25.762)
6 (9.511, −33.09)
7 (28.532, −19.271)

技术要求
1. 未注尺寸公差按GB/T 1804—m。
2. 倒钝锐边。

材料：45钢

图 6-12 练习题图 2